住房和城乡建设部"十四五"规划教材

高等学校土木工程学科专业指导委员会规划教材

（按高等学校土木工程本科指导性专业规范编写）

流 体 力 学

（第二版）

吴　玮　张维佳　主编

刘鹤年　主审

U0180898

中国建筑工业出版社

图书在版编目（CIP）数据

流体力学/吴玮，张维佳主编. —2 版. —北京：
中国建筑工业出版社，2021.3
住房和城乡建设部"十四五"规划教材　高等学校土
木工程学科专业指导委员会规划教材
ISBN 978-7-112-25753-9

Ⅰ．①流…　Ⅱ．①吴…②张…　Ⅲ．①流体力学-高
等学校-教材　Ⅳ．①O35

中国版本图书馆 CIP 数据核字（2020）第 256186 号

　　本书为住房和城乡建设部"十四五"规划教材，根据《高等学校土木工程本科指导性专业规范》编写。

　　本书是在第一版基础上，根据近年来教育教学改革实际修订而成。全书共分 9 章，主要内容有：绪论、流体静力学、流体动力学基础、流动阻力、有压流动、明渠流动、堰流、渗流和波浪理论基础等。本书针对土木工程专业的特点，在系统阐述基本理论与基本原理的基础上，注重对学生理论联系实际能力的培养。

　　本书可作为土木工程、交通工程、水利工程、环境工程、给排水科学与工程和工程力学等专业流体力学（水力学）教学用书。

　　为了更好地支持相应课程的教学，我们向采用本书作为教材的教师提供课件，有需要者可与出版社联系。建工书院：http://edu.cabplink.com，邮箱：jckj@cabp.com.cn，电话：(010) 58337285。

　　责任编辑：吉万旺　王　跃
　　责任校对：张　颖

住房和城乡建设部"十四五"规划教材
高等学校土木工程学科专业指导委员会规划教材
（按高等学校土木工程本科指导性专业规范编写）

流体力学（第二版）

吴　玮　张维佳　主编
刘鹤年　主审

*

中国建筑工业出版社出版、发行（北京海淀三里河路 9 号）
各地新华书店、建筑书店经销
霸州市顺浩图文科技发展有限公司制版
北京圣夫亚美印刷有限公司印刷

*

开本：787 毫米×1092 毫米　1/16　印张：14¾　字数：301 千字
2022 年 2 月第二版　　2022 年 2 月第八次印刷
定价：**48.00** 元（赠教师课件）
ISBN 978-7-112-25753-9
(36995)

出 版 说 明

党和国家高度重视教材建设。2016 年，中办国办印发了《关于加强和改进新形势下大中小学教材建设的意见》，提出要健全国家教材制度。2019 年 12 月，教育部牵头制定了《普通高等学校教材管理办法》和《职业院校教材管理办法》，旨在全面加强党的领导，切实提高教材建设的科学化水平，打造精品教材。住房和城乡建设部历来重视土建类学科专业教材建设，从"九五"开始组织部级规划教材立项工作，经过近 30 年的不断建设，规划教材提升了住房和城乡建设行业教材质量和认可度，出版了一系列精品教材，有效促进了行业部门引导专业教育，推动了行业高质量发展。

为进一步加强高等教育、职业教育住房和城乡建设领域学科专业教材建设工作，提高住房和城乡建设行业人才培养质量，2020 年 12 月，住房和城乡建设部办公厅印发《关于申报高等教育职业教育住房和城乡建设领域学科专业"十四五"规划教材的通知》（建办人函〔2020〕656 号），开展了住房和城乡建设部"十四五"规划教材选题的申报工作。经过专家评审和部人事司审核，512 项选题列入住房和城乡建设领域学科专业"十四五"规划教材（简称规划教材）。2021 年 9 月，住房和城乡建设部印发了《高等教育职业教育住房和城乡建设领域学科专业"十四五"规划教材选题的通知》（建人函〔2021〕36 号）。为做好"十四五"规划教材的编写、审核、出版等工作，《通知》要求：（1）规划教材的编著者应依据《住房和城乡建设领域学科专业"十四五"规划教材申书书》（简称《申请书》）中的立项目标、申报依据、工作安排及进度，按时编写出高质量的教材；（2）规划教材编著者所在单位应履行《申请书》中的学校保证计划实施的主要条件，支持编著者按计划完成书稿编写工作；（3）高等学校土建类专业课程教材与教学资源专家委员会、全国住房和城乡建设职业教育教学指导委员会、住房和城乡建设部中等职业教育专业指导委员会应做好规划教材的指导、协调和审稿等工作，保证编写质量；（4）规划教材出版单位应积极配合，做好编辑、出版、发行等工作；（5）规划教材封面和书脊应标注"住房和城乡建设部'十四五'规划教材"字样和统一标识；（6）规划教材应在"十四五"期间完成出版，逾期不能完成的，不再作为《住房和城乡建设领域学科专业"十四五"规划教材》。

住房和城乡建设领域学科专业"十四五"规划教材的特点：一是重点以修订教育部、住房和城乡建设部"十二五""十三五"规划教材为主；二是严格按照专业标准规范要求编写，体现新发展理念；三是系列教材具有明显特点，满足不同层次和类型的学校专业教学要求；四是配备了数字资源，适应现代化教学的要求。规划教材的出版凝聚了作者、主审及编辑的心血，得到了有关院校、出版单位的大力支持，教材建设管理过程有严格保障。希望广大院校及各专业师生在选用、使用过程中，对规划教材的编写、出版质量进行反馈，以促进规划教材建设质量不断提高。

住房和城乡建设部"十四五"规划教材办公室

2021 年 11 月

第二版前言

本书是住房和城乡建设部"十四五"规划教材，高等学校土木工程学科专业指导委员会规划教材，为高等学校土木工程专业流体力学课程编写，适用于40～60学时的教学安排。也可作为交通工程、水利工程、环境工程、给排水科学与工程和工程力学等专业流体力学（水力学）教学用书。

本书是对2011年出版的《流体力学》（第一版）的修订，以适应新形势下高等教育人才培养模式和教育教学改革需要。

本次修订保持第一版教材由浅入深、由理论到应用的基本体系，在此基础上，力求有所改进和提高。主要修订的内容有：（1）在文字阐述方面做了进一步推敲，对部分章节（第1章、第6章）内容进行调整与归并使条理更为清晰，便于读者阅读学习；（2）细化了恒定总流基本方程的推导过程，加强对方程式物理含义的阐述；（3）对小结和学习指导部分的文字表述进行了调整优化，便于读者总结复习。

本书介绍流体力学的基本概念、基本原理和工程应用。全书共9章：绪论、流体静力学、流体动力学基础、流动阻力、有压流动、明渠流动、堰流、渗流、波浪理论基础。教材在编写过程中力求体系完整、内容精炼、由浅入深、循序渐进，全书内容符合《高等学校土木工程本科指导性专业规范》对流体力学课程的基本要求，注重培养学生分析计算实际流动问题的能力和实验能力。

为更好支持课程教学，本书附配套教学课件。

参与本次修订的有苏州科技大学吴玮、王涌涛、袁煦、吕晓辉。本书由苏州科技大学吴玮、张维佳任主编，吴玮负责本次修订并统稿。其中张维佳、吴玮编写第1章、第8章、第9章，袁煦、张维佳共同编写第2章、第3章，王涌涛、张维佳、吕晓辉共同编写第4章、第5章，吴玮编写第6章、第7章。

本书由哈尔滨工业大学刘鹤年教授主审。在审稿过程中，刘鹤年教授认真阅读了书稿并提出了十分宝贵的意见和建议，在此谨表诚挚谢意。本书的编写承蒙高等学校土木工程学科专业指导委员会的指导、中国建筑工业出版社的帮助和苏州科技大学教学委员会的支持，在此一并致以最诚挚的感谢。

由于编者水平有限，不妥之处恳请读者及专家批评指正。

编者

2020年9月

第一版前言

本书是普通高等教育土建学科专业"十二五"规划教材，是高等学校土木工程专业指导委员会规划教材。

随着高等学校人才培养模式的不断更新，流体力学也迎来了新的挑战。为适应新形势下的要求，在保证基本知识体系的前提下，本书力求内容精练，编排更加合理，更适合于自学。本书根据土木工程专业的特点，简化数学过程，强调知识点的物理含义与工程背景，强调研究方法与实验手段，使读者在学习过程中不断积累自己理论联系实际的意识与能力。

本书在表现手法上作了一些新的尝试。比如符号与插图等，在执行我国现行各类标准的基础上，力争与国际接轨。为便于读者进一步学习，书中关键词汇后附有英文同义词。

作为土木工程专业主干课程之一的教材，本书与时俱进，对陈旧的内容根据最新的规范予以修改。例如，水的密度是根据 1989 年第 77 届国际计量委员会议通过的《1990 年国际温标 ITS—90》修改，同时给出了热胀系数的回归方程，便于数学处理。工程背景方面根据《高等学校土木工程本科指导性专业规范》（2010）以及土木工程专业的专业方向，强化了小桥孔和涵管的水力计算方法，扩展了现代建筑物横向风振原因——卡门涡街的基本原理，增选了波浪理论的基础内容，以适应专业发展的不断需求。

本书由苏州科技学院张维佳主编并统稿。张维佳编写第 1 章、第 8 章、第 9 章，袁煦、张维佳共同编写第 2 章、第 3 章，王涌涛、张维佳共同编写第 4 章、第 5 章，吴玮编写第 6 章、第 7 章。

本书由哈尔滨工业大学刘鹤年教授主审。在审稿过程中，刘鹤年教授认真阅读了书稿并提出了十分宝贵的意见和建议，在此谨表诚挚的谢意。本书的编写承蒙高等学校土木工程专业指导委员会的指导、中国建筑工业出版社的帮助和苏州科技学院教学委员会的支持，在此一并致以最诚挚的感谢。

编者水平有限，书中难免有不妥之处，敬请读者批评指正。

编者
2011 年 5 月

目　　录

符 号 表

A—面积(m^2)

A_r—面积比尺 [无量纲]

a—加速度(m/s^2)

　—管道比阻 s^2/m^6

　—水跃高度(m)

a_r—加速度比尺 [无量纲]

B—宽度(m)

　—明渠水面宽(m)

b—明渠底宽(m)

　—堰宽(m)

C—谢才系数($m^{0.5}s^{-1}$)

C_D—阻力系数 [无量纲]

C_d—流量系数 [无量纲]

C_{HW}—海曾-威廉系数 [无量纲]

C_v—流速系数 [无量纲]

c—波速(m/s)

D—圆管或圆球直径(m)

d—桥墩宽度(m)

Eu—欧拉数 [无量纲]

E_V—体积弹性模量(Pa)

e—绝对粗糙度(m)

　—明渠断面单位能量(m)

F—力(N)

F_B—浮力(N)

F_b—质量力(N)

F_D—阻力(N)

F_G—重力(N)

F_{Gr}—重力比尺 [无量纲]

F_I—惯性力(N)

F_{Ir}—惯性力比尺 [无量纲]

F_P—压力(N)

F_{Pr}—压力比尺 [无量纲]

Fr—弗汝德数 [无量纲]

F_s—表面力(N)

F_V—黏滞力,切向力(N)

F_{Vr}—黏滞力比尺 [无量纲]

f—单宽力(N/m)

f_b—单位质量力(N)

g—重力加速度,$g=9.8m/s^2$

H—总水头(m)

　—水深(m)

　—堰上水头(m)

　—高度(m)

H_s—水泵安装高(m)

　—最小服务水头(m)

h—水深(m)

　—水头(m)

h_C—临界水深(m)

h_c—作用面形心点水深(m)

　—收缩断面水深(m)

h_f—沿程水头损失(m)

h_l—总水头损失(m)

h_m—局部水头损失(m)

h_N—明渠均匀流正常水深(m)

h_p—压强水头(m)

h_v—真空度(m)

h'—水跃跃前水深(m)

h''—水跃跃后水深(m)

$\bar{h}$—平均水深(m)

I—惯性矩(m^4)

I_c—对过作用面形心轴惯性矩(m^4)

i—明渠底坡 [无量纲]

i_C—临界底坡 [无量纲]

J—水力坡度 [无量纲]

　—水跃函数

J_p—测压管水头线坡度 [无量纲]

　—明渠水面线坡度 [无量纲]

K—流量模数(m^3/s)

　—仪器常数($m^{2.5}/s$)

　—卡门通用常数 [无量纲]

k—渗透系数(m/s)

　—波数

L—长度(m)

l—长度(m)

　—混合长度(m)

l_r—长度比尺 [无量纲]

m—质量(kg)

　—堰流量系数 [无量纲]

　—明渠边坡系数 [无量纲]

n—粗糙系数 [无量纲]

　—土壤的孔隙度 [无量纲]

P—湿周(m)

　—堰高(m)

p—压强或相对压强(Pa)

p_{abs}—绝对压强(Pa)

p_a—大气压强(Pa)

p_v—真空压强(Pa)

Q—流量(m^3/s)

Q_p—通过流量(m^3/s)

Q_s—途泄流量(m^3/s)

q—节点流量(m^3/s)

　—单宽流量(m^2/s)

R—水力半径(m)

　—影响半径(m)

　—气体常数 [J/(kg·K)]

Re—雷诺数 [无量纲]

R_h—水力最优水力半径(m)

r—半径(m)

r_0—圆管半径(m)

T—温度(°C)

　—时间(s)

S—抽水深度(m)

St—斯特劳哈尔数 [无量纲]

s—管道阻抗(s^2/m^5);

t—时间(s)

t_r—时间比尺 [无量纲]

U—流速(m/s)

u—流速(m/s)

u_r—流速比尺 [无量纲]

V—体积(m^3)

V_r—体积比尺 [无量纲]

v—断面平均流速(m/s)

v_r—流速比尺 [无量纲]

v^*—壁剪切速度(m/s)

X—单位质量力 x 方向分力(m/s^2)

x—坐标值(m)

Y—单位质量力 y 方向分力(m/s^2)

y—坐标值(m)

y_c—作用面形心点坐标值(m)

y_D—压力中心坐标值(m)

Z—单位质量力 z 方向分力(m/s^2)

z—坐标值(m)

　—位置水头,距基准面高度(m)

　—标高(m)

α—角度

　—动能修正系数 [无量纲]

　—无压圆管充满度 [无量纲]

α_h—水力最优充满度 [无量纲]

α_V—热胀系数(°C^{-1} 或 K^{-1})

β—动量修正系数 [无量纲]

β_h—水力最优宽深比 [无量纲]

δ—壁厚(m)

　—边界层厚度(m)

　—堰顶厚度(m)

δ_v—黏性底层厚度(m)

ε—收缩系数 [无量纲]

　—变形速度(s^{-1})

　—相位差

ζ—局部阻力系数 [无量纲]

　—波浪铅垂位移(m)

ζ_k—边墩系数 [无量纲]

ζ_0—闸墩系数 [无量纲]

ζ'—墩型系数 [无量纲]

θ—角度

θ_h—水力最优充满角

κ—压缩系数(Pa^{-1})

λ—模型比尺 [无量纲]

　—沿程阻力系数 [无量纲]

　—波长

μ—动力黏度(Pa·s)

　—流量系数 [无量纲]

ν—运动黏度(m^2/s)

ξ—相位差

ρ—密度(kg/m^3)

σ—表面张力系数(N/m)

　—堰淹没系数 [无量纲]

τ—切应力(Pa)

τ_0—壁面切应力(Pa)

φ—流速势

　—流速系数 [无量纲]

ψ—流函数

　—进口形状系数

ω—角速度(s^{-1})

　—角频率

第1章
绪　论

本章知识点

【知识点】连续介质模型，作用在流体上的力，流动性、惯性、黏滞性、压缩性与热胀性等主要物理性质。

【重点】作用在流体上的力的分类与表达，黏滞性的定义与牛顿内摩擦定律，压缩性与热胀性的概念，理想流体与不可压缩流体。

【难点】对黏滞性的理解。

1.1　流体力学及其任务

流体是液体和气体的统称。流体力学(fluid mechanics)是力学的一个分支，是研究流体机械运动规律及其应用的一门科学。

流体运动遵循机械运动的普遍规律，如质量守恒定律、牛顿运动定律、能量转化和守恒定律。这些普遍规律是流体力学理论的基础。

流体是由大量的分子构成的。如果以分子作为研究流体运动的基本单元，由于分子之间存在空隙，描述流体的物理量(如密度、压强和流速等)在空间的分布是不连续的；分子的随机热运动又导致了空间任一点上流体物理量在时间上变化的不连续。因此以分子作为研究流体运动的基本单元极为困难。流体力学研究流体的宏观机械运动规律，这一规律是研究对象中大量分子微观运动的宏观表现。分子间距离十分微小，即使在很小的体积中，也包含大量分子，足以得到与分子数目无关的各项统计平均特性。欧拉(L. Euler，瑞士数学家与力学家，1707~1783)于1755年首先提出了连续介质(continuum)模型的概念，即把流体看成是由密集质点构成的、内部无空隙的连续体。这里的质点是指与流动空间相比体积可以忽略不计而又具有一定质量的流体微团。连续介质模型的提出既可避开分子运动的复杂性，又可将描述流体的物理量视为空间坐标和时间变量的连续函数，采用数学分析方法来研究流体运动。

流体力学的基本研究方法包括理论分析、实验研究和数值计算。理论分析通过对流体性质及流动特性的科学抽象，提出合理的理论模型，应用力学普遍规律，建立控制流体运动的方程组，将流动问题转化为数学问题，并在一定的边界条件和初始条件下求解。实验研究则是通过对具体流动的观察与

1

测量来认识流动的规律。理论分析结果需要经过实验验证，实验又须用理论来指导。数值计算则是在计算机技术应用的基础上，采用各种离散化方法（有限元法或有限差分法等），建立数值模型，通过计算机对基本方程组进行求解，获得定量描述流场的现代方法。上述三种方法相辅相成，既可单独解决问题，又可相互补充，为解决复杂工程技术问题奠定了基础。

作为一门独立学科，流体力学可以借助上述三种方法解决工程实际问题，在诸多领域中得到广泛应用。例如航海领域中的船舶航行；航空领域中的飞机飞行；动力工程中的水力与火力发电；机械工程中的液压传动与润滑；石油工程中的固井、采油与输油；化学工程中的分离、成型与输送；医疗领域中的体内微循环与血液流变；体育竞赛中游泳、赛艇、赛车与球类；军事工程中的导弹与鱼雷；农业的喷灌；水利工程中的导流与泄洪；市政工程的输配水；环境工程中的废水与废气处理；通风与空调工程中的气流组织；特别是在结构工程中，建筑物所承受的风荷载与波浪荷载、基坑排水以及道路桥涵设计等更是涉及了一系列的流体力学问题。

1.2　作用在流体上的力

作用在流体上的力，按作用方式可分为表面力和质量力两类。

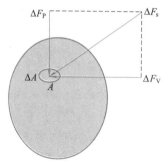

图 1-1　表面力

1.2.1　表面力

在流体中任取隔离体为研究对象，见图 1-1。通过直接接触，作用在隔离体表面上的力为表面力（surface force）。表面力的大小用应力来表示。设 A 为隔离体表面上任意一点，包含 A 点取微元面积 ΔA，设作用在 ΔA 上的表面力为 ΔF_s。若将该力分解为法向分力（压力）ΔF_P 和切向分力 ΔF_V，则 ΔA 上的平均压应力 $\bar{p}$ 和平均切应力 $\bar{\tau}$ 可分别表示为

$$\bar{p} = \frac{\Delta F_P}{\Delta A} \tag{1-1}$$

$$\bar{\tau} = \frac{\Delta F_V}{\Delta A} \tag{1-2}$$

取极限可分别得

$$p = \lim_{\Delta A \to 0} \frac{\Delta F_P}{\Delta A} = \frac{dF_P}{dA} \tag{1-3}$$

$$\tau = \lim_{\Delta A \to 0} \frac{\Delta F_V}{\Delta A} = \frac{dF_V}{dA} \tag{1-4}$$

式中　p——A 点的压应力，又称 A 点的压强（pressure）；

τ——A 点的切应力（shear stress）。

应力的单位为帕斯卡，简称帕，用符号 Pa 表示（$1\mathrm{Pa}=1\mathrm{N/m^2}$）。

1.2.2 质量力

质量力是指作用在隔离体内每个质点上的力，力的大小与流体质量呈正比，故称质量力。均质流体中，质量力与体积亦呈正比，故质量力也称为体积力（body force）。重力是最常见的质量力。

质量力的大小用单位质量流体所受质量力，即单位质量力表示。设均质流体质量为 m，所受质量力为 $\vec{F}_{\mathrm{m}}$，即

$$\vec{F}_{\mathrm{m}}=F_{\mathrm{mx}}\vec{i}+F_{\mathrm{my}}\vec{j}+F_{\mathrm{mz}}\vec{k} \tag{1-5}$$

式中 $\vec{i}$、$\vec{j}$、$\vec{k}$——x、y、z 坐标轴方向的单位矢量。

则单位质量力为

$$\vec{f}_{\mathrm{m}}=\frac{\vec{F}_{\mathrm{m}}}{m}=\frac{F_{\mathrm{mx}}}{m}\vec{i}+\frac{F_{\mathrm{my}}}{m}\vec{j}+\frac{F_{\mathrm{mz}}}{m}\vec{k}=X\vec{i}+Y\vec{j}+Z\vec{k} \tag{1-6}$$

式中 X、Y 和 Z——分别为单位质量力 $\vec{f}_{\mathrm{m}}$ 在坐标轴 x、y 和 z 上的分量。

若作用在流体上的质量力只有重力，并设 z 坐标铅垂向上，则有

$$F_{\mathrm{mx}}=0, \quad F_{\mathrm{my}}=0, \quad F_{\mathrm{mz}}=-mg$$

单位质量重力在坐标轴 x、y 和 z 上的分量分别为 $X=0$、$Y=0$ 和 $Z=\frac{-mg}{m}=-g$。

单位质量力的单位为米每二次方秒（$\mathrm{m/s^2}$），与加速度单位相同。

1.3 流体的主要物理性质

1.3.1 流动性

流体在静止时不能承受切力作用，在任何微小切力的作用下，流体都会发生连续不断的变形，直到切力消失，变形才会停止，这种性质称为流动性（mobility）。流动性是流体不同于固体的最基本特征，也使得流体便于用连续管道、渠道进行输送，适宜用作供热、供冷等工作介质。另外，无论静止或运动，流体都几乎不能承受拉力。

1.3.2 惯性

惯性（inertia）是物体维持原有运动状态的性质。质量是惯性大小的度量。单位体积的质量称为密度（density），以符号 ρ 表示。流体中某点的密度为

$$\rho=\lim_{\Delta V\to 0}\frac{\Delta m}{\Delta V} \tag{1-7}$$

式中 ρ——某点流体的密度；

ΔV —— 包含该点的微小体积；

Δm —— 微小体积内的流体质量。

对于均质流体，密度为单位体积的质量

$$\rho = \frac{m}{V} \tag{1-8}$$

式中 V —— 流体体积；

m —— 流体质量。

密度的单位是千克每立方米（kg/m^3）。

在一个标准大气压条件下，水和空气的密度分别见表 1-1 和表 1-2。其他几种常见流体的密度见表 1-3。

水 的 密 度　　　　　　　表 1-1

温度（℃）	0	4	10	20	30	40	50	60	70	80	90	100
密度（kg/m^3）	999.840	999.972	999.699	998.203	995.645	992.212	998.030	983.191	977.759	971.785	965.304	958.345

空 气 的 密 度　　　　　　　表 1-2

温度（℃）	0	5	10	15	20	25	30	40	50	60	80	100
密度（kg/m^3）	1.293	1.270	1.248	1.226	1.205	1.185	1.165	1.128	1.093	1.060	1.000	0.947

其他几种常见流体的密度（20℃）　　　　　　　表 1-3

流体名称	氢气	氧气	二氧化碳	汽油（92 号）	酒精	煤油	海水	甘油	水银
密度（kg/m^3）	0.084	1.33	1.84	725	789	808	1030	1263	13550

1.3.3 黏滞性

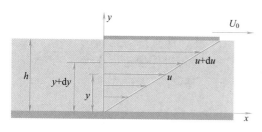

图 1-2 黏滞性实验

黏滞性是流体特有的物理性质。

间距为 h 的两块平行平板间充满静止液体，见图 1-2。下板固定不动，上板以速度 U_0 平行下板运动。紧贴下板的液体黏附在板壁上，速度为零；紧贴上板的液体则随其以速度 U_0 运动。在 U_0、h 都比较小的情况下，两平板间各流层的液体速度沿 y 方向近似呈直线分布。

随上板一同运动的相邻流层，自上而下地带动内部各流层运动。相反，静止的下板及其相邻流层又自下而上地影响各层的流动。这说明流体内部各流层间存在着切向力，即内摩擦力。这种由于流体相对运动产生内摩擦力以抵抗其运动的性质称为黏滞性（viscosity）。黏滞性就是流体的内摩擦特性。

根据研究，牛顿（I. Newton，英国物理学家，1642～1727）于 1687 年提出：内摩擦力（黏滞力）F_V 与流速梯度 $\dfrac{\mathrm{d}u}{\mathrm{d}y}$ 呈比例，与流层的相互接触面积 A 呈比例，与流体的性质有关，即内摩擦力（黏滞力）

$$F_V = \mu A \frac{\mathrm{d}u}{\mathrm{d}y} \tag{1-9}$$

或切应力

$$\tau = \frac{F_V}{A} = \mu \frac{\mathrm{d}u}{\mathrm{d}y} \tag{1-10}$$

上式称为牛顿内摩擦定律（Newton's equation of viscosity）。

比例系数 μ 称为动力黏度（dynamic viscosity），单位是帕秒（Pa·s）。动力黏度是流体黏滞性的度量，μ 值越大，流体越黏，流动性越差。

动力黏度 μ 与流体密度 ρ 的比值称为运动黏度（kinematic viscosity）

$$\nu = \frac{\mu}{\rho} \tag{1-11}$$

运动黏度 ν 的单位为平方米每秒（m^2/s）。

流体的黏滞性随温度而变化，不同温度下水和空气的黏度分别见表 1-4 和表 1-5。其他几种常见流体的黏度见表 1-6。

不同温度下水的黏度　　　　　　　　　　　　表 1-4

$t(℃)$	$\mu(10^{-3}\mathrm{Pa·s})$	$\nu(10^{-6}\mathrm{m}^2/\mathrm{s})$	$t(℃)$	$\mu(10^{-3}\mathrm{Pa·s})$	$\nu(10^{-6}\mathrm{m}^2/\mathrm{s})$
0	1.792	1.792	40	0.654	0.659
5	1.519	1.519	45	0.597	0.603
10	1.310	1.310	50	0.549	0.556
15	1.145	1.146	60	0.469	0.478
20	1.009	1.011	70	0.406	0.415
25	0.895	0.897	80	0.357	0.367
30	0.800	0.803	90	0.317	0.328
35	0.721	0.725	100	0.284	0.296

不同温度下空气的黏度　　　　　　　　　　　　表 1-5

$t(℃)$	$\mu(10^{-3}\mathrm{Pa·s})$	$\nu(10^{-6}\mathrm{m}^2/\mathrm{s})$	$t(℃)$	$\mu(10^{-3}\mathrm{Pa·s})$	$\nu(10^{-6}\mathrm{m}^2/\mathrm{s})$
−40	0.0149	9.80	60	0.0201	19.6
−20	0.0161	11.5	70	0.0204	20.5
0	0.0172	13.7	80	0.0210	21.7
10	0.0178	14.7	90	0.0216	22.0
20	0.0183	15.7	100	0.0218	23.6
30	0.0187	16.6	120	0.0228	26.2
40	0.0192	17.6	160	0.0242	30.6
50	0.0196	18.6	200	0.0259	35.8

其他几种常见流体的黏度（20℃）　　　　　　　　　　　　表 1-6

流体名称	氢气	氧气	二氧化碳	四氯化碳	水银	煤油	原油	SAE10 润滑油	甘油
$\mu(10^{-3}\mathrm{Pa·s})$	0.009	0.020	0.015	0.970	1.56	1.92	7.20	82.0	1499
$\nu(10^{-6}\mathrm{m}^2/\mathrm{s})$	107.1	15.04	8.043	0.611	0.115	2.38	8.41	89.3	1191

可以看出，水和空气的黏度随温度的变化规律是不相同的。液体的黏滞性主要是分子间引力作用的结果。温度升高时，液体分子动能增大，引力减小。因此，作为液体的代表，水的黏度随温度的升高而减小。气体的黏滞性则主要是分子热运动产生的动量交换所致，温度越高，分子的动量越大，动量交换越激烈。因此，作为气体的代表，空气的黏度随温度的升高而增大。

【例题 1-1】　如图 1-3 所示，相距 20mm 的两平行平板间充满 20℃的某种

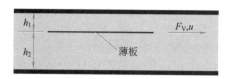

图 1-3　油中薄板

润滑油，油中有一面积 $A = 0.5\mathrm{m}^2$、厚度忽略不计的薄板，该薄板与两平板平行并与一侧平板间距 $h_1 = 7\mathrm{mm}$。若以速度 $u = 0.1\mathrm{m/s}$ 拖动薄板，试求拖动该薄板所需的拉力。

【解】

查表 1-6 得 $\mu = 0.082\mathrm{Pa \cdot s}$

由式(1-9)得薄板上表面所受切力为

$$F_{V1} = \mu A \frac{\mathrm{d}u}{\mathrm{d}y} = 0.082 \times 0.5 \times \frac{0.1}{0.007} = 0.586\mathrm{N}$$

薄板下表面所受切力为

$$F_{V2} = 0.082 \times 0.5 \frac{0.1}{0.013} = 0.315\mathrm{N}$$

拖动该薄板所需拉力为

$$F_V = F_{V1} + F_{V2} = 0.586 + 0.315 = 0.901\mathrm{N}$$

黏滞性往往给流体运动规律的研究带来困难。为了简化理论分析，特引入理想流体(ideal fluid)或无黏性流体的概念。相对于真实流体或黏性流体，理想流体是指不存在黏滞性或黏度为零的流体。理想流体并不存在，只是一种对物性简化的模型。实际应用时，应考虑对忽略黏滞性所产生偏差的修正。

1.3.4　压缩性与热胀性

压强增大，流体体积缩小，密度增大的性质称为压缩性(compressibility)。温度升高，流体体积增大，密度减小的性质称为热胀性(thermal expansion)。

（1）液体的压缩性与热胀性

液体的压缩性大小用压缩系数 κ 表示。一定温度下，液体的体积为 V，压强增加 $\mathrm{d}p$ 后，体积减小 $\mathrm{d}V$，则压缩系数可表示为

$$\kappa = -\frac{\mathrm{d}V/V}{\mathrm{d}p} \tag{1-12}$$

压缩系数 κ 的单位为每帕斯卡(Pa^{-1})。

根据液体压缩前后，质量 ρV 不变，可得

$$-\frac{\mathrm{d}V}{V} = \frac{\mathrm{d}\rho}{\rho} \tag{1-13}$$

于是压缩系数还可表示为

$$\kappa = \frac{\mathrm{d}\rho/\rho}{\mathrm{d}p} \tag{1-14}$$

液体的压缩系数随温度和压强变化。0℃时不同压强条件下的水的压缩系数见表1-7。

水 的 压 缩 系 数　　　　　　　　　　　　　　　表 1-7

压强(Pa)	5×10^5	10×10^5	20×10^5	40×10^5	80×10^5
压缩系数(Pa^{-1})	0.538×10^{-9}	0.536×10^{-9}	0.531×10^{-9}	0.528×10^{-9}	0.515×10^{-9}

压缩系数的倒数是体积弹性模量(bulk modulus)，即

$$E_V = \frac{1}{\kappa} = -V\frac{\mathrm{d}p}{\mathrm{d}V} = \rho\frac{\mathrm{d}p}{\mathrm{d}\rho} \tag{1-15}$$

体积弹性模量 E_V 的单位为帕斯卡(Pa)。

【例题 1-2】 压强增加多少能使水的体积分别减小 0.1% 和 1%?

【解】

由式(1-15)得

$$\Delta p = -E_V\frac{\Delta V}{V}$$

当 $\frac{\Delta V}{V} = -0.1\%$ 时，压强增量

$$\Delta p = -2.1\times10^9\times(-0.001) = 2.1\times10^6\mathrm{Pa} = 2.1\mathrm{MPa}$$

当 $\frac{\Delta V}{V} = -1\%$ 时，压强增量

$$\Delta p = -2.1\times10^9\times(-0.01) = 21\mathrm{MPa}$$

液体的热胀性用热胀系数 α_V 表示。一定压强下，液体的体积为 V，温度升高 $\mathrm{d}T$ 后，体积增加 $\mathrm{d}V$ 或密度减少 $\mathrm{d}\rho$，则热胀系数可表示为

$$\alpha_V = \frac{\mathrm{d}V/V}{\mathrm{d}T} = -\frac{\mathrm{d}\rho/\rho}{\mathrm{d}T} \tag{1-16}$$

热胀系数 α_V 的单位是温度的倒数，℃$^{-1}$ 或 K^{-1}。

液体的热胀系数随压强和温度而变化，水在 1 个大气压下，热胀系数与温度的关系曲线见图1-4。实用中，可采用该关系曲线的回归式

$$\alpha_V = (-5.754\times10^{-7}T^4 + 1.705\times10^{-4}T^3 - 2.015$$
$$\times10^{-2}T^2 + 1.698T - 6.497)\times10^{-5} \tag{1-17}$$

通常情况下，水的压缩性和热胀性都很小，可忽略不计。但在特殊情况下，如输送液体管道中阀门突然关闭时，由于水击导致了较大的压差，就必须要考虑液体的密度随压强的变化；同样道理，在液压封闭系统或热水采暖系统中，必须要考虑较大工作温度变化时液体体积膨胀。

虽然实际液体都具有压缩性，但有些液体在流动过程中，密度的变化很小，压缩性可以忽略不计，可视为不可压缩(incompressible)。所谓不可压缩流体，是指各点密度都不变，即 $\rho = \mathrm{const}$ 的流体。不可压缩流体是又一理想化的模型。

7

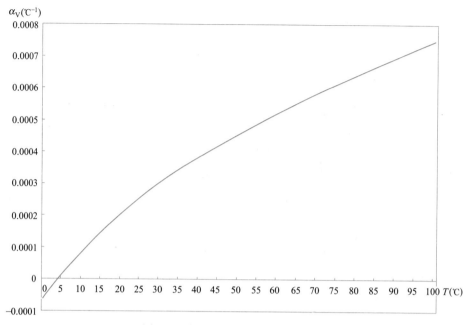

图 1-4 热胀系数与温度的关系曲线

【例题 1-3】 开口容器盛有 85L 水温 10℃ 的水。若将其加热到 60℃，水的体积增加了百分之几？若要维持原来的体积，将去掉多少质量的水？

【解】

体积的相对增量，即可根据式(1-16)和式(1-17)积分求得，又可采用两温度下体积与密度之积，即质量守恒的关系求解。

由式(1-16)得

$$\frac{\Delta V}{V_{10}} = \int_{V_{10}}^{V_{60}} \frac{dV}{V_{10}} = \int_{10}^{60} \alpha_V dt$$

将式(1-17)代入后积分得

$$\frac{\Delta V}{V_{10}} = 0.0167$$

水温为 10℃ 时，查表 1-1 得水的密度为 $\rho_{10} = 999.699 \text{kg/m}^3$，85L 水的质量为

$$m = 999.699 \times 0.085 = 84.974 \text{kg}$$

水温为 60℃ 时，查表 1-1 得水的密度为 $\rho_{60} = 983.191 \text{kg/m}^3$，此时水的体积为

$$V_{60} = \frac{84.974}{983.191} = 0.08642 \text{m}^3$$

体积增加的百分比为

$$\frac{\Delta V}{V_{10}} = \frac{V_{60} - V_{10}}{V_{10}} = \frac{0.08642 - 0.085}{0.085} = 0.0167 = 1.67\%$$

所去掉水的质量为

$$\Delta m = (V_{60} - V_{10})\rho_{60} = (0.08642 - 0.085) \times 983.191 = 1.396\text{kg}$$

（2）气体的压缩性与热胀性

气体的压缩性与热胀性远大于液体。一般情况下，气体的密度、压强与温度之间的关系遵循理想气体状态方程式，即

$$\frac{p}{\rho} = RT \tag{1-18}$$

式中　　p——气体的绝对压强（Pa）；

　　　　ρ——气体的密度（kg/m³）；

　　　　T——气体的绝对温度（K）；

　　　　R——气体常数 [J/(kg·K)]，对于空气，$R = 287\text{J}/(\text{kg·K})$。

温度不变时，气体的密度与压强之比等于常数，二者相互呈正比。

在气流速度不大或通道较短的气体流动过程中，诸如通风管道、低温烟道等，压强和温度变化不大，气体密度没有明显变化，计算时可忽略压缩性和热胀性，视为不可压缩。高速气体流动问题，计算时通常需要考虑压缩性和热胀性。

1.3.5　表面张力特性

表面张力（surface tension）是液体表面在分子作用半径薄层内的分子由于两侧分子引力不平衡，在表层沿表面方向所产生的拉力。液体表面上单位长度所受的表面张力称为表面张力系数 σ，单位为牛每米（N/m）。

由于表面张力很小，流体力学中一般不予考虑。但在某些情况下，如微小液滴，水深很小的明渠水流和堰流等，它的影响是不可忽略的。

在流体力学的实验中，经常使用装有水或水银的细玻璃管作为一种测量压强的仪器，即测压管。管内液面表层的流体分子与管内壁的相互作用将产生所谓的毛细现象，见图 1-5。

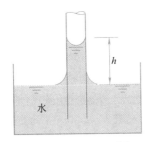
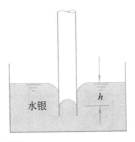

图 1-5　毛细现象

为避免由于毛细现象对使用测压管带来的误差，通常测压管的直径不小于 10mm。

1.3.6　汽化压强特性

液体分子逸出液面向空间扩散的过程称为汽化，液体汽化为蒸汽。汽化

的逆过程称为凝结，蒸汽凝结为液体。

在液体表面，汽化与凝结同时存在，当这两个过程达到动平衡时，宏观的汽化现象停止。此时液体的蒸汽称为饱和蒸汽，饱和蒸汽所产生的压强称为饱和蒸汽压(saturation pressure)或汽化压强(vapor pressure)。液体的汽化压强与温度有关，关系见表1-8。

水 的 汽 化 压 强　　　　　　　　　　表 1-8

水温(℃)	0	5	10	15	20	40	50	60	70	90	100
汽化压强(kPa)	0.61	0.87	1.23	1.70	2.34	7.38	12.3	19.9	31.2	70.1	101.33

温度一定时，当液体某处的压强低于其汽化压强时，也会产生汽化，这将对该液体相邻的固体壁面产生不良影响，即所谓的气蚀(cavitation)。

小结及学习指导

1. 连续介质模型则是对流体连续性宏观意义上的理解，是流体力学研究的前提性假设。流动性是流体区别于固体的本质特性，深刻领会其含义是进一步学好流体力学的关键。

2. 作用在流体上力的分类与表达是流体力学特有的分类方法，正确理解表面力与质量力的定义是后续章节中的理论分析的基础。

3. 密度、黏度、压缩系数与热胀系数是描述流体几个主要物理性质的量，对这些量的掌握可加深对相应物理性质的理解。黏滞性中所涉及的基本概念为本章的重点内容，包括黏滞性的定义、牛顿内摩擦定律的含义、动力黏度与运动黏度的关系与区别。理想流体与不可压缩流体两个假设的本质是简化了工程中相应问题的分析方法，避免了不必要的复杂化。

习题

1-1　20℃时，55L92号汽油的质量是多少？

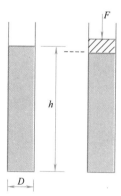

图1-6　习题1-3图

1-2　密度 $\rho = 850 \text{kg/m}^3$ 的某流体动力黏度 $\mu = 0.005 \text{Pa} \cdot \text{s}$，其运动黏度 ν 为多少？

1-3　如图1-6所示，底端封闭的刚性直管，管内径 $D = 15 \text{mm}$，管内充入深 $h = 500 \text{mm}$ 的水。若在水面密闭活塞上施加 $F = 0.35 \text{kN}$ 的力，忽略活塞自重，试问水深减小多少？

1-4　已知海面下 $h = 8 \text{km}$ 处的压强为 $p = 8.17 \times 10^7 \text{Pa}$，设海水的平均体积弹性模量 $E_\text{V} = 2.34 \times 10^9 \text{Pa}$，试求该深处海水的密度。

1-5　已知牛顿平板实验中动板与静板的间距为 $h = 0.5 \text{mm}$，若施加 $\tau = 4 \text{Pa}$ 的单位面积力以 $u = 0.5 \text{m/s}$

的速度拖动动板，试求实验所用流体的动力黏度？

1-6 如图 1-7 所示，倾角为 30°的斜面上放有质量 $m＝2.5kg$、面积 $A＝0.3m^2$ 的平板，若在平板与斜面间充入厚度 $\delta＝0.5mm$、动力黏度 $\mu＝0.1Pa·s$ 的油层，试求平板的下滑速度。

1-7 如图 1-8 所示，一圆锥体绕其中心轴以 $\omega＝16s^{-1}$ 做等角速度旋转，锥体与固定壁面的间距 $\delta＝1mm$，其中充满动力黏度 $\mu＝0.1Pa·s$ 的润滑油。若锥体最大半径 $R＝0.3m$，高 $H＝0.5m$，试求作用于锥体的力矩。

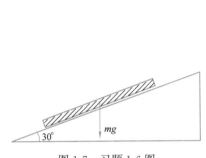

图 1-7　习题 1-6 图

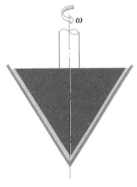

图 1-8　习题 1-7 图

1-8 试分别计算 1 个大气压作用下，水从 10℃加热到 60℃和 30℃加热到 80℃时的体积膨胀系数。若加热前的水体积为 $10m^3$，加热后体积各增加多少？

第2章
流 体 静 力 学

本章知识点

> 【知识点】流体静压强的特性，重力作用下流体静压强的分布规律，压强的度量，测压管水头，压强分布图，液体作用在平面壁上总压力的大小及作用点，液体作用在曲面壁上总压力的水平分力与铅垂分力及其合力，阿基米德原理。
>
> 【重点】静止流体中点压强的计算，液体作用在平面壁上总压力大小与作用点的计算，液体作用在曲面壁上总压力水平分力与铅垂分力的计算。
>
> 【难点】压力体的画法。

　　流体静力学研究流体在静止或相对静止（平衡）状态下的力学规律及其应用。当流体处于平衡状态时，各质点间均不产生相对运动，流体内部不存在切应力，因而在研究流体静力学问题时，没有必要区分理想流体与实际流体。

　　本章主要研究流体静力学基本规律，包括流体静压强的分布规律，流体静压力的计算方法，从而解决工程中遇到的一些实际问题。

2.1　静止流体中应力的特性

　　静止流体中的应力具有以下两个特性：

　　特性一：静止流体中只存在压应力——静压强，其方向垂直指向作用面。

　　静止流体中任取隔离体，若其表面任一点应力 f_s 的方向与该点的法线方向不同，则 f_s 可分解为法向应力 p 和切向应力 τ，而静止流体不能承受切力，即 $\tau = 0$，否则其静止状态将被破坏；此外，流体又不能够承受拉力，所以流体只能受压，即静止流体中只存在压应力——压强，其方向与作用面内法线方向一致。

　　特性二：静止流体中任一点压强的大小与作用面的方位无关。

　　静止流体中任取一点 O，围绕 O 点取微元直角四面体 $OABC$ 为隔离体，正交的三条边长分别为 dx、dy 和 dz。以 O 为原点，沿四面体的三条正交边建立坐标系，如图 2-1 所示。

　　作用在四面体上的力分为表面力和质量力，其中表面力为作用在四面体四个面上的压力 F_{Px}、F_{Py}、F_{Pz} 和 F_{Pn}。设四个面上的平均压强分别为 p_x、p_y、p_z 和 p_n，于是有

$$F_{Px} = p_x dA_x = p_x \frac{1}{2} dy dz$$

$$F_{Py} = p_y dA_y = p_y \frac{1}{2} dz dx$$

$$F_{Pz} = p_z dA_z = p_z \frac{1}{2} dx dy$$

$$F_{Pn} = p_n A_n$$

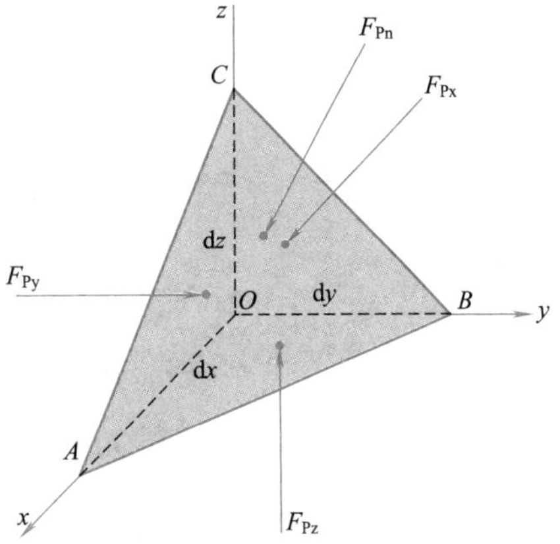

图 2-1　静止流体微元四面体受力分析

式中 dA_x、dA_y、dA_z 和 dA_n 分别为四面体在 x、y、z 和 n 方向的投影面积。

四面体 $OABC$ 体积为 $dV = \frac{1}{6} dx dy dz$，质量力在 x、y、z 三个方向的分力分别为

$$F_{mx} = X\rho dV$$

$$F_{my} = Y\rho dV$$

$$F_{mz} = Z\rho dV$$

列出作用在四面体上的力平衡方程为

$$\sum F_x = F_{Px} - F_{Pn}\cos(n, x) + F_{mx} = 0$$
$$\sum F_y = F_{Py} - F_{Pn}\cos(n, y) + F_{my} = 0 \qquad (2-1)$$
$$\sum F_z = F_{Pz} - F_{Pn}\cos(n, z) + F_{mz} = 0$$

式中 (n, x)、(n, y) 和 (n, z) 分别为平面 ABC（面积 dA_n）的法线方向与 3 个坐标轴的夹角。

以 x 方向为例，因为 $F_{Pn}\cos(n, x) = p_n dA_n \cos(n, x) = p_n dA_x$，故力平衡方程可展开为

$$p_x \frac{1}{2} dy dz - p_n \frac{1}{2} dy dz + X \frac{1}{6}\rho dx dy dz = 0$$

化简得

$$p_x - p_n + X \frac{1}{6}\rho dx = 0$$

当四面体趋向于 O 点，上式最后一项趋于零，于是有

$$p_x - p_n = 0$$

或

$$p_x = p_n$$

同理可得

$$p_y - p_n = 0 \quad \text{和} \quad p_z - p_n = 0$$

由此可见

$$p_x = p_y = p_z = p_n \qquad (2-2)$$

由于 O 点和四面体 ABC 面 n 的方向均为任取，故上式说明静止流体内任一点的静压强在各个方向上大小都相等，与作用面方位无关。但不同点的压强的大小是不一样的，作为连续介质，静止流体中任一点压强 p 的大小只是

该点空间坐标的连续函数，即

$$p = p(x, y, z) \tag{2-3}$$

2.2 重力作用下静止流体中压强的分布规律

一般情况下，在实际工程中涉及的质量力主要是重力，所以相关的流体力学问题也主要是重力场中静止流体的力平衡问题。

2.2.1 流体静力学基本方程式

在静止流体中，任意取出一倾斜放置的微元柱体。设柱体长为 l，横截面面积为 dA，如图 2-2 所示。

柱体所受的表面力包括作用在侧表面及两端面的压力。根据流体静压强沿作用面内法线分布的特性，侧表面压力 F_{Ps} 与轴向正交，沿轴向没有分力；两端面的压力为 F_{P1} 和 F_{P2}，沿轴线方向。

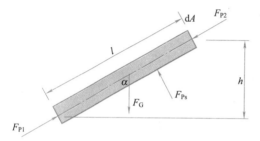

图 2-2 重力场中液体内微小圆柱的受力平衡

柱体所受的质量力只有重力 F_G，方向向下，与轴线的夹角为 α。

列柱体轴线方向的力平衡方程，可得

$$F_{P2} - F_{P1} - F_G \cos\alpha = 0$$

由于微元柱体两端面积 dA 为微小量，可近似认为端面上各点压强相等。设柱体两端面的压强分别为 p_1 和 p_2，对应的压力则分别为

$$F_{P1} = p_1 dA$$

和

$$F_{P2} = p_2 dA$$

柱体所受重力为

$$F_G = \rho g l \, dA$$

代入力平衡方程式得

$$p_2 dA - p_1 dA - \rho g l \, dA = 0$$

消去 dA，并考虑 $l\cos\alpha = h$，整理得

$$p_2 - p_1 = \rho g h \tag{2-4}$$

上式说明：静止流体中任两点的压强差等于两点间的深度差与密度和重力加速度的乘积。将上式改写为

$$p_2 = p_1 + \rho g h \tag{2-5}$$

表示压强随深度增加而不断增大。而深度增加的方向就是静止流体所受质量力——重力作用的方向。所以，压强沿质量力方向增加。

若将式(2-5)应用于静止气体中，考虑到气体的密度较小，当任意两点间的高差亦不大时，质量力 $\rho g h$ 与表面力 p 相比可以忽略不计。因此，可以认为静止气体中任意两点的压强近似相等，即

$$p_1 = p_2 = p = c \qquad (2\text{-}6)$$

如图 2-3 所示，已知液面压强 p_0，则
液体内部任意点的压强可表示为

$$p = p_0 + \rho g h \qquad (2\text{-}7)$$

式中　p——液体内任意点的压强(Pa)；

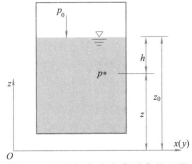

图 2-3　重力场中盛水容器内的压强

$\quad\quad p_0$——液面压强(Pa)；

$\quad\quad \rho$——液体的密度(kg/m^3)；

$\quad\quad h$——该任意点在液面下的淹没深
度(m)。

式(2-5)、式(2-7)均称为液体静力学
基本方程式，表示静止液体中，压强随深度按直线变化的规律。静止液体中
任一点的压强是由液面压强和该点在液面下的深度与密度和重力加速度的乘
积两个部分所组成，压强的大小与盛液容器的形状无关，与盛液容器的大小
也无直接关系。

压强相同的点组成的面称为等压面。由式(2-7)知，深度相同的各点，压
强也相同，因此，静止液体中的等压面为水平面。

2.2.2　帕斯卡原理——压强的等值传递

设某静止液体的液面压强为 p_0，根据液体静力学基本方程式(2-7)可求出
液体内淹没深度为 h 的 A 点压强为

$$p_A = p_0 + \rho g h_A$$

现若将液面压强增加一个增量 Δp_0，使其变为 $p_0' = p_0 + \Delta p_0$，根据液体静力
学基本方程式(2-7)可求出此刻的 A 点压强为

$$p_A' = p_0' + \rho g h_A = p_0 + \Delta p_0 + \rho g h_A = p_A + \Delta p_0$$

可见，静止液体中某一点压强的变化，将等值地传到其他各点，这就是
著名的帕斯卡(B. Pascal，法国数学家，1623—1662)原理。该原理自 17 世纪
中叶被发现以来，在各种液压机械与设备中广为应用。

2.2.3　压强的度量

压强的大小通过压强值来表示。根据不同的计量基准，同一点的压强可
以由不同的压强值来描述。

绝对压强(absolute pressure)是指以不存在任何气体分子的完全真空作为
零点计量的压强值，用符号 p_{abs} 表示；相对压强(gage pressure)则是以当地
大气压(atmospheric pressure or barometric pressure)为零点计量的压强值，
用符号 p 表示。绝对压强和相对压强之差为当地大气压强 p_a，如图 2-4 所示。

两种压强计量值的关系可用下式描述

$$p_{abs} = p_a + p \qquad (2\text{-}8)$$

或

$$p = p_{abs} - p_a \tag{2-9}$$

实际上，绝大多数的生产与生活都处在当地大气压的环境下，采用相对压强计算可不必考虑大气压的作用，使计算更为简化。例如图 2-5 所示开口容器中，液面压强为该点的当地大气压强，计算液体内部任一点相对压强时，可近似以液面处的当地大气压作为零点，即此开口容器的液面相对压强为零，于是液体静力学基本方程式则可简化为

$$p = \rho g h \tag{2-10}$$

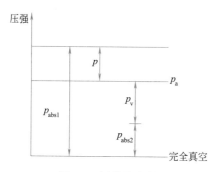

图 2-4　压强的度量

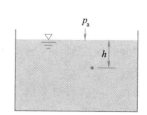

图 2-5　开口容器

压力表(gage)是工程中一种测量压强的仪表，因测量元件处于当地大气压作用之下，所测得的压强值是该点的绝对压强超过当地大气压的部分，即相对压强。故相对压强又称为表压强。

当绝对压强小于当地大气压时，相对压强为负值，这种状态称为真空(vacuum)，工程中又称负压(negative gage pressure)。真空的大小用真空压强或真空值来度量，以符号 p_v 表示，如图 2-4 所示。

真空压强是绝对压强不足于当地大气压的差值，可表示为

$$p_v = p_a - p_{abs}$$

或

$$p_v = -(p_{abs} - p_a) = -p \tag{2-11}$$

2.2.4　静力学基本方程式物理意义

液体静力学基本方程式(2-7)还可以表示为另一种形式。设容器中液面压强为 p_0，液体中任意两点 1、2 到基准面 0-0 的高度分别为 z_1 和 z_2，对应的压强分别为 p_1 和 p_2，容器中液面到基准面 0-0 的高度为 z_0，由式(2-7)分别可得

$$p_1 = p_0 + \rho g (z_0 - z_1)$$
$$p_2 = p_0 + \rho g (z_0 - z_2)$$

上式除以 ρg，并整理后得

$$z_1 + \frac{p_1}{\rho g} = z_0 + \frac{p_0}{\rho g}$$

$$z_2+\frac{p_2}{\rho g}=z_0+\frac{p_0}{\rho g}$$

两式联立得

$$z_1+\frac{p_1}{\rho g}=z_2+\frac{p_2}{\rho g}=z_0+\frac{p_0}{\rho g}=c$$

其中 1、2 点为任选，故将上式关系可以推广到整个液体，得出具有普遍意义的规律，即

$$z+\frac{p}{\rho g}=c \tag{2-12}$$

如图 2-6 所示，式(2-12)中各项的意义如下：

z 为某点(如 A 点)在基准面以上的高度，称为位置高度或位置水头(elevation head)。其物理意义为受单位重力作用流体相对于基准面的重力势能(位置势能)，简称单位位能。

$\frac{p}{\rho g}$ 为该点测压管高度或压强水头(pressure head)。当该点的绝对压强大于当地大气压时，在该点接一测压管，液体在相对压强 p 的作用下沿测压管上升了高度 h_p，由式(2-10)可求得

$$h_p=\frac{p}{\rho g} \tag{2-13}$$

其物理意义为受单位重力作用流体具有的压强势能，简称单位压能。

$z+\frac{p}{\rho g}$ 则称为测压管水头(static head or piezometric head)，其物理意义为受单位重力作用流体具有的总势能，简称单位势能。

$z+\frac{p}{\rho g}=c$ 表示静止流体中各点的测压管水头相等，说明在静止流体内部，各点的单位势能相等。各点测压管水头的连线即测压管水头线是水平线。

当某点处于真空状态时，该点的真空压强也可用几何高度来描述。如图 2-7

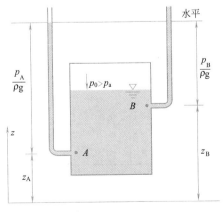

图 2-6 测压管水头

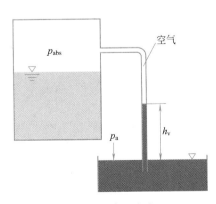

图 2-7 真空高度

17

所示，密闭容器接一根竖直向下的玻璃管并插入液槽内，由于容器内压强小于当地大气压，槽内的液体在容器内外压强差的作用下沿玻璃管上升了 h_v 的高度。因玻璃管内液面的压强等于被测点的压强，故根据液体静力学基本方程式可得

$$p_a = p_{abs} + \rho g h_v$$

或

$$h_v = \frac{p_a - p_{abs}}{\rho g} = \frac{p_v}{\rho g} \qquad (2\text{-}14)$$

h_v 称为真空高度，简称真空度。

2.2.5 压强的计量单位

应力单位是压强的定义单位，其国际单位制单位是帕(Pa)，$1Pa = 1N/m^2$。当压强很大时，常采用千帕(kPa 或 $10^3 Pa$)或兆帕(MPa 或 $10^6 Pa$)。

工程中也用大气压强的倍数来表示压强的大小。以海平面的大气压强作为大气压的基本单位称为标准大气压，记为"atm"，$1atm = 101325Pa$。工程中为了简化计算，一般采用工程大气压，记为"at"，$1at = 98000Pa$ 或 $1at = 0.1MPa$。

压强的大小还可用液柱高度表示。常用的有米水柱(mH_2O)、毫米水柱(mmH_2O)和毫米汞柱($mmHg$)。根据测压管高度和真空度的定义，相对压强为 p 时可维持的液柱高为 $h = \dfrac{p}{\rho g}$，真空压强为 p_v 时可维持的液柱高为 $h_v = \dfrac{p_v}{\rho g}$。例如 1 标准大气压和 1 工程大气压可维持的水柱高可分别表示为

$$h = \frac{p_a}{\rho g} = \frac{101325}{1000 \times 9.8} = 10.33 mH_2O$$

和

$$h = \frac{p_{at}}{\rho g} = \frac{98000}{1000 \times 9.8} = 10 mH_2O$$

以上三种压强计量单位的换算关系见表 2-1。

压强单位换算表　　　　　　　　　　　　　　　　表 2-1

压强单位	Pa	mmH₂O	mH₂O	mmHg	at	atm
换算关系	9.8	1	0.001	0.0735	10^{-4}	9.67×10^{-5}
	9800	1000	1	73.5	0.1	0.0967
	133.33	13.6	0.0136	1	0.00136	0.0132
	98000	10000	10	735	1	0.967
	101325	10332	10.332	760	1.033	1

2.2.6 压强分布图

压强分布图即应力分布图，通常绘制在受压面承压一侧，表示压强大小

和方向的图形，一般按相对压强绘制。对于开口容器，液面相对压强为 0，液体的相对压强，沿水深呈线性分布，如图 2-8 所示。

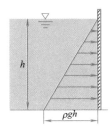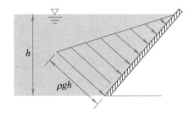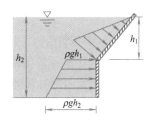

图 2-8 压强分布图

2.3 液柱式测压计

在实际工程和科学实验中，经常需要测量压强的大小。用于测量压强的仪器有多种，本节仅结合流体静力学基本方程式的应用，介绍液柱式测压计。

2.3.1 等压面

等压面是压强相等的点构成的面，等压面与质量力正交。静止流体，质量力只有重力，则等压面为水平面。在静止连通的同种液体中，水平面即为等压面。

设容器及相连通的 U 形管内，装有不同密度、互不混合的液体，密度分别为 ρ 和 ρ_m，如图 2-9 所示。过两种液体的分界面作水平面 MN 以及水平面 $M_1 N_1$，设 U 形管最低点为 d 点，各段距离分别为 h_1、h_2。

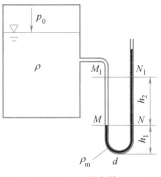

根据流体静力学基本方程式分析各点的压强关系，d 点压强可表示为

$$p_d = p_M + \rho_m g h_1$$

和

$$p_d = p_N + \rho_m g h_1$$

显然有

$$p_M = p_N$$

图 2-9 连通器内等压面

再由流体静力学基本方程式分别求 M、N 和 M_1、N_1 之间的压强关系

$$p_M = p_{M_1} + \rho g h_2$$

和

$$p_N = p_{N_1} + \rho_m g h_2$$

其中 $\rho \neq \rho_m$，故而得

$$p_{M_1} \neq p_{N_1}$$

通过以上分析可得出以下结论：在静止连通的容器内作水平面，若连通

一侧液体的密度相同，该水平面是等压面（如 MN），否则不是等压面（如 M_1N_1）。

2.3.2　液柱式测压计

（1）测压管

测压管是一端接测点，另一端开口竖直向上的玻璃管，如图 2-10 所示。根据测压管内液柱高度 h，便可根据流体静力学基本方程式确定测点的相对压强

$$p = \rho g h \tag{2-15}$$

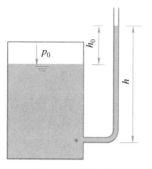

或

$$p_0 = \rho g h_0$$

用测压管测压具有准确直观等优点。但测点的相对压强一般不宜过大，测压管高度一般不超过 2m，否则导致测读不便。此外，为避免毛细现象，测压管不宜过细。

（2）U 形管测压计

以水银作为测压介质，U 形管测压计可用于量测较大的压强。

图 2-10　测压管

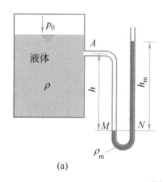

(a)

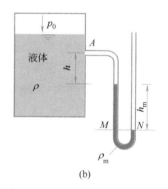

(b)

图 2-11　U 形管测计

如图 2-11(a)所示，$M\text{-}N$ 为等压面，由流体静力学基本方程式可求得

$$p_A + \rho g h = \rho_m g h_m$$
$$p_A = \rho_m g h_m - \rho g h \tag{2-16}$$

当测点 A 处于真空状态时，U 形管测压计的液面变化如图 2-11（b）所示。$M\text{-}N$ 为等压面，由流体静力学基本方程式可求得

$$p_A + \rho g h + \rho_m g h_m = 0$$
$$p_V = -p_A = \rho g h + \rho_m g h_m \tag{2-17}$$

（3）压差计

压差计用于测量两点的压强差。常用的 U 形管水银压差计如图 2-12 所示。U 形管分别与测点 A、B 连接，在两点压强差的作用下，压差计内的水银柱形成一定的高度差 h_m，即压差计的读值。设两测点的高差为 Δz，作等

压面 MN，再由流体静力学基本方程式可求得

$$p_A + \rho g(x + h_m) = p_B + \rho g(\Delta z + x) + \rho_m g h_m$$

A、B 两点的压强差为

$$p_A - p_B = (\rho_m - \rho)g h_m + \rho g \Delta z \quad (2\text{-}18)$$

将 $\Delta z = z_B - z_A$ 代入上式，两端各项除以 ρg，整理得 A、B 两点的测压管水头差为

$$\left(z_A + \frac{p_A}{\rho g}\right) - \left(z_B + \frac{p_B}{\rho g}\right) = \left(\frac{\rho_m}{\rho} - 1\right)h_m$$
$$(2\text{-}19)$$

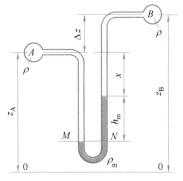

图 2-12　压差计

上述液柱式测压计的工作原理是流体静力学基本方程。此类测压仪器构造简单，测量精度较高，但量度范围有限，常用于实验室测量。

2.4　液体作用在平面壁上的总压力

工程中不仅需要了解流体内部压强分布规律，还需要计算流体作用在受压面上的总压力。对于气体，可以近似认为受压面上各点压强相等，总压力大小等于压强与受压面面积乘积。与气体不同，液体的各空间点的压强不相等，计算总压力时必须考虑压强的分布规律。求解液体作用在平面上的总压力(force on a plane area)的方法有解析法和图算法两种。

2.4.1　解析法

解析法适用于任意形状、任意方位受压平面上总压力的计算。

如图 2-13 所示，面积为 A、形状任意的平面，与水平面夹角为 α，一侧承受液体的压力作用。以受压平面的延伸面与液面的交线为 Ox 轴，Oy 轴垂直于 Ox 轴沿受压面向下。平面上任一点的位置可由该点坐标 $(x、y)$ 确定。

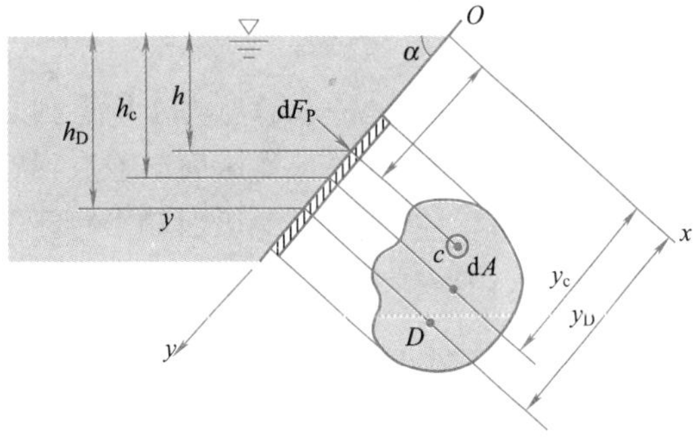

受压面上任取微元面积 dA，其在液面以下深度为 h。液体作用在 dA 上的微元压力为

$$dF_P = \rho g h \, dA = \rho g y \sin\alpha \, dA \quad (2\text{-}20)$$

图 2-13　解析法求解平面壁上总压力

作用在受压面上所有微元压力相互平行，将上式对整个受压面进行积分便可求得总压力的大小为

$$F_P = \int dF_P = \rho g \sin\alpha \int_A y \, dA \quad (2\text{-}21)$$

式中的积分 $\int_A y \, dA$ 为受压面 A 对 Ox 轴的静矩，其值等于受压面面积与形心

点坐标的乘积，即

$$\int_A y \mathrm{d}A = y_c A$$

y_c——受压面形心点的 y 坐标。

代入上式，并考虑 $y_c \sin\alpha = h_c$，$\rho g h_c = p_c$，于是

$$F_P = \rho g \sin\alpha y_c A = \rho g h_c A = p_c A \tag{2-22}$$

式中　F_P——液体作用在受压面上的总压力(N)；

　　　h_c——受压面形心点的淹没深度(m)；

　　　p_c——受压面形心点的压强(Pa)。

式(2-17)表明，液体作用在平面壁上的总压力的大小等于受压面面积与其形心点的压强的乘积，与作用面的形状和倾角无关。

根据流体静压强的性质，总压力垂直指向作用面。

总压力作用点(压力中心)(center of pressure)D 的位置坐标 y_D，可根据合力矩定理求得，各分力对 Ox 轴的力矩之和等于总压力 F_P 对 Ox 轴的力矩，即

$$F_P y_D = \int y \mathrm{d}F_P = \rho g \sin\alpha \int_A y^2 \mathrm{d}A \tag{2-23}$$

$$\rho g \sin\alpha y_c \cdot A \cdot y_D = \rho g \sin\alpha \cdot \int_A y^2 \mathrm{d}A = \rho g \sin\alpha \cdot I_x$$

式中 $I_x = \int_A y^2 \mathrm{d}A$ 是受压面 A 对 Ox 轴的惯性矩，则

$$y_D = \frac{I_x}{y_c A} \tag{2-24}$$

根据惯性矩的平行移轴定理，将 $I_x = I_c + y_c^2 A$ 代入式(2-24)，得

$$y_D = y_c + \frac{I_c}{y_c A} \tag{2-25}$$

式中　y_D——总压力作用点到 Ox 轴的距离(m)；

　　　y_c——受压面形心点到 Ox 轴的距离(m)；

　　　I_c——受压面对平行于 Ox 轴的形心轴的惯性矩，宽为 b 高为 h 的底边平行于 Ox 轴的矩形受压面惯性矩 $I_c = \frac{1}{12}bh^3$，直径为 D 的圆形受压面的惯性矩 $I_c = \frac{1}{64}\pi D^4$；

　　　A——受压面的面积(m^2)。

同理，对 Oy 轴应用合力矩定理可以求出 x_D。在实际工程中受压面大多具有与 Oy 轴平行的对称轴，此时压力中心 D 位于对称轴上，因而无需计算 x_D。

式(2-20)中 $\frac{I_c}{y_c A} > 0$，故 $y_D > y_c$，说明总压力作用点 D 一般在受压面形心点之下。只有在受压面为水平面时，压力中心 D 才与形心点重合。

【例题 2-1】 如图 2-14 所示一铅直矩形壁面，顶边与液面平齐。已知水深 $h=3\mathrm{m}$，壁面宽 $b=1.5\mathrm{m}$，试求作用于壁面上液体总压力的大小 F_P 并确定其作用点 D 的位置。

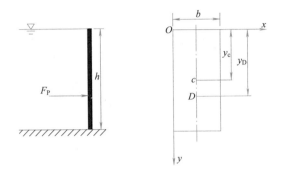

图 2-14　例题 2-1 图

【解】
$$F_P = p_c A$$

其中：
$$p_c = \frac{1}{2}\rho g h$$

$$A = bh$$

代入式(2-22)得总压力的大小为

$$F_P = \frac{1}{2}\rho g b h^2 = \frac{1}{2}\times 1000\times 9.8\times 1.5\times 3^2 = 66150\mathrm{N}$$

根据式(2-25)
$$y_D = y_c + \frac{I_c}{y_c A}$$

其中：
$$y_c = \frac{1}{2}h$$

$$I_c = \frac{1}{12}bh^3$$

总压力作用点 D 的 y 坐标为

$$y_D = y_c + \frac{I_c}{y_c A} = \frac{1}{2}h + \frac{\frac{1}{12}bh^3}{\frac{1}{2}bh^2} = \frac{2}{3}h = \frac{2}{3}\times 3 = 2\mathrm{m}$$

2.4.2　图算法

对于底边平行于液面的矩形受压平面，还可采用图算法求解液体总压力的大小及其作用点。

设底边平行于液面的矩形平面 AB，与水平面夹角为 α，平面宽度 b，上、下底边的淹没深度分别为 h_1 和 h_2，如图 2-15 所示。

23

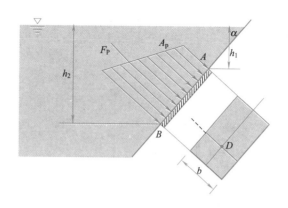

图 2-15 图算法求解平面壁上总压力

由解析法知

$$F_P = \rho g \sin\alpha\, y_c A = \rho g h_c A = p_c A$$

式中

$$h_c = h_1 + \frac{1}{2}(h_2 - h_1) = \frac{1}{2}(h_1 + h_2)$$

$$A = \frac{(h_2 - h_1)}{\sin\alpha} b$$

于是总压力大小为

$$F_P = \frac{1}{2}(\rho g h_1 + \rho g h_2)\frac{(h_2 - h_1)}{\sin\alpha} b = A_p b \qquad (2\text{-}26)$$

式中 A_p——压强分布图的面积（m²）；

b——受压面宽度（m）。

由此可见，对于底边平行于液面的矩形受压面，总压力的大小等于压强分布图面积和受压面宽度的乘积，总压力的作用线过压强分布图的形心，作用线与受压面的交点就是总压力的作用点。

2.5 液体作用在曲面壁上的总压力

与平面相比，作用在曲面壁上的压强不仅大小随位置而变，方向也因位置的不同而不同。因此，作用在曲面壁上的总压力（force on a curved area）一般是空间力系的合力，不能采用求解平面总压力的简单积分方法。通常可分别求出总压力在 x，y，z 三个方向的分量，然后求合力。

2.5.1 液体作用在曲面壁上的总压力

实际工程中受压面以母线水平的二向曲面最为多见，如弧形闸门等。本节以母线水平的二向曲面为例，推导曲面壁上总压力的计算公式，其所得结论可直接推广应用于三向曲面。

如图所示二向曲面 AB，其母线垂直于图面，一侧承受液体的压力。选坐标系，令 xOy 平面与液面重合，y 轴平行于曲面母线，z 轴铅垂向下，如图 2-16 所示。

曲面 AB 上沿母线方向任取面积为 dA 的条形微元面 EF，液体作用在 EF 上的压力为 dF_P，EF 与铅垂投影面的夹角为 α。将 dF_P 分解为水平分力（horizontal force on curved area）dF_{Px} 和铅垂分力（vertical force on curved area）dF_{Pz}，即

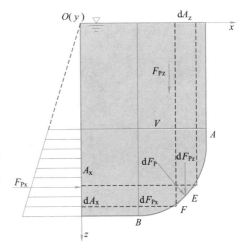

图 2-16　曲面壁上的总压力

$$dF_{Px} = dF_P \cos\alpha = \rho g h \, dA \cos\alpha = \rho g h \, dA_x$$

$$dF_{Pz} = dF_P \sin\alpha = \rho g h \, dA \sin\alpha = \rho g h \, dA_z$$

式中　dA_x——EF 在 yOz 坐标平面上的投影，称为 dA 的铅垂投影面；

　　　dA_z——EF 在 xOy 坐标平面上的投影，称为 dA 的水平投影面。

对 dF_{Px} 积分得总压力的水平分力

$$F_{Px} = \int dF_{Px} = \rho g \int_{A_x} h \, dA_x \qquad (2-27)$$

式中积分 $\int_{A_x} h \, dA_x$ 是曲面 AB 的铅垂投影面 A_x 对 Oy 轴的静矩，将 $\int_{A_x} h \, dA_x = h_c A_x$ 代入式（2-27），得

$$F_{Px} = \rho g h_c A_x = p_c A_x \qquad (2-28)$$

式中　F_{Px}——曲面上总压力的水平分力（N）；

　　　A_x——曲面的铅垂投影面积（m^2）；

　　　h_c——铅垂投影面 A_x 形心点的淹没深度（m）；

　　　p_c——铅垂投影面 A_x 形心点的压强（Pa）。

式（2-28）表明，液体作用在曲面上总压力的水平分力，等于作用在该曲面铅垂投影面上的压力。

对 dF_{Pz} 积分得总压力的铅垂分力

$$F_{Pz} = \int dF_{Pz} = \rho g \int_{A_z} h \, dA_z = \rho g V \qquad (2-29)$$

式中积分 $\int_{A_z} h \, dA_z = V$ 是曲面到自由液面（或自由液面的延伸面）之间的铅垂柱体——压力体的体积。式（2-29）表明，液体作用在曲面上总压力的铅垂分力，等于压力体内液体的重量。

压力体和液体位于曲面同一侧时，称为实压力体，F_{Pz} 方向向下，如图 2-17 所示。

25

压力体和液体分别位于曲面两侧时，称为虚压力体，F_{Pz} 方向向上，如图 2-18 所示。

 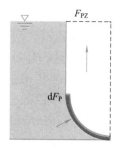

图 2-17　实压力体　　　　　　　图 2-18　虚压力体

将水平分力和铅垂分力合成得液体作用在曲面上的总压力

$$F_P = \sqrt{F_{Px}^2 + F_{Pz}^2} \tag{2-30}$$

设总压力作用线与水平面夹角为 θ，则

$$\tan\theta = \frac{F_{Pz}}{F_{Px}} \tag{2-31}$$

过 F_{Px} 作用线(通过 A_x 压强分布图形心)和 F_{Pz} 作用线(通过压力体的形心)的交点，作与水平面呈 θ 角的直线就是总压力作用线，该线与曲面的交点即为总压力作用点。

【例题 2-2】　圆柱形压力水罐如图 2-19 所示，半径 $R=0.5\mathrm{m}$，长 $l=2\mathrm{m}$，压力表读值 $p_M=23.72\mathrm{kPa}$。试求：(1)端部平面盖板所受水压力；(2)上、下半圆筒所受水压力；(3)连接螺栓所受总拉力。

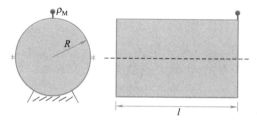

图 2-19　圆柱形压力水罐

【解】

(1) 端盖板所受水压力

受压面为圆形平面，则

$$F_P = p_c A = (p_M + \rho g R)\pi R^2$$
$$= (23.72 + 1.0 \times 9.8 \times 0.5) \times 3.14 \times 0.5^2 = 22.47\mathrm{kN}$$

(2) 上、下半圆筒所受水压力

上、下半圆筒所受水压力只有铅垂分力，上半圆筒压力体如图 2-20 所示，于是

$$F_{\text{Pz}\perp} = \rho g V_{\perp} = \rho g \left[\left(\frac{p_M}{\rho g} + R \right) 2R - \frac{1}{2} \pi R^2 \right] l = 49.54 \text{kN}$$

下半圆筒所受铅垂分力为

$$F_{\text{Pz}\top} = \rho g V_{\top} = \rho g \left[\left(\frac{p_M}{\rho g} + R \right) 2R + \frac{1}{2} \pi R^2 \right] l = 64.93 \text{kN}$$

（3）连接螺栓所受总拉力

由上半圆筒计算得

$$F_T = F_{\text{Pz}\perp} = 49.54 \text{kN}$$

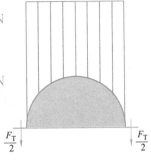

图 2-20　上半圆筒压力体

或由下半圆筒计算得

$$F_T = F_{\text{Pz}\top} - F_N = P_{\text{z}\top} - \rho g \pi R^2 l = 49.54 \text{kN}$$

式中 F_N 为支座反力。

2.5.2　液体作用在潜体与浮体上的总压力——阿基米德原理

潜体（submerged body）指完全浸没于液体中的物体，浮体（floating body）则指部分浸于液体中的物体，如图 2-21 和图 2-22 所示。

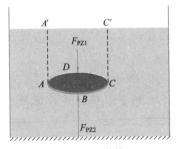

图 2-21　潜体

图 2-22　浮体

设潜体 $ABCD$，如图 2-21 所示。潜体表面为封闭曲面，根据液体作用在曲面上总压力水平分力的求解公式（2-28），DAB 曲面与 DCB 曲面在铅垂方向的投影面相同，即作用在 DAB 曲面与 DCB 曲面上水平分力的大小相同，但方向相反，因此潜体所受液体总压力的水平分力为零。再根据式（2-29）求解作用在该潜体上的铅垂分力。将潜体表面分为上下两个部分：上部分为 ADC，铅垂分力的大小为 $F_{\text{Pz}1}$；下部分为 ABC，铅垂分力的大小为 $F_{\text{Pz}2}$，即

$$F_{\text{Pz}1} = \rho g V_{A'ADCC'} \quad \text{方向向下}$$
$$F_{\text{Pz}2} = \rho g V_{A'ABCC'} \quad \text{方向向上}$$

于是作用在潜体 $ABCD$ 上铅垂分力的合力为

$$F_{\text{Pz}} = F_{\text{Pz}2} - F_{\text{Pz}1} = \rho g V_{ABCD} \tag{2-32}$$

同理可求出作用在浮体上铅垂分力的大小为

$$F_{\text{Pz}} = \rho g V \tag{2-33}$$

式中　V——浮体浸没部分的体积。

27

28

综上所述，液体作用在潜体或浮体上的总压力只有垂直向上的浮力，其大小等于所排开液体的重量，作用线通过潜体或浮体浸没部分的体心。这就是阿基米德（Archimedes，希腊哲学家与物理学家，287～212B.C.）原理。

物体重量 F_G 与所受浮力 F_{Pz} 的相对大小，决定物体的沉浮：

当 $F_G > F_{Pz}$，物体下沉；

当 $F_G = F_{Pz}$，物体潜没于液体中任意位置而保持平衡；

当 $F_G < F_{Pz}$，物体浮出液体表面，直至液体下面部分所排开的液体重量等于物体的自重才保持平衡，船是其中最显著的例子。

对于浮体，F_G 与 F_{Pz} 相等是自动满足的，这是物体漂浮的必然结果。但是浮体的浮心 D 和其重心 C 的相对位置对于浮体稳定性的影响，并不像潜体那样，一定要求重心在浮心之下，即使重心在浮心之上仍有可能稳定。这是因为浮体在倾斜后，浮体浸没在水中那部分形状起了变化。浮心的位置也随之变动，在一定的条件下，有可能出现扶正力矩，使得浮体可保持其稳定性。

小结及学习指导

1. 静压强及其分布规律是流体力学的核心研究内容，深刻领会压强及其相关的基本概念，不仅可以掌握好流体静力学的基本知识，也为进一步学习流体动力学打下基础。

2. 流体静力学基本方程是重力作用下流体静压强分布规律的表达式，可用于求解质量力只有重力时流体内部任意点处的静压强。掌握绝对压强、相对压强、真空压强的定义以及压强分布图的绘制方法，可以更好地理解压强这一概念在实际工程中的应用。

3. 液体作用在平面壁和曲面壁上总压力的求解是流体静力学基本方程式在实际工程中的应用。液体作用在平面壁上总压力的求解有解析法和图算法两种，解析法可用来求解任意形状、任意方位受压平面上总压力的大小及作用点，图算法仅适用于特殊形状处于特殊方位的平面壁。液体作用在曲面壁上总压力则按水平分力和铅垂分力分别求解，水平分力的求解与平面壁相同，铅垂分力则以压力体的绘制为关键核心内容。

习题

2-1　如图 2-23 所示密闭容器，测压管液面高于容器内液面 $h = 1.8\text{m}$。若容器内盛的是水或煤油，求容器液面的相对压强。

2-2　上题中，若测压管液面低于容器液面 $h = 1.8\text{m}$，容器内是否出现真空，最大真空值是多少？

2-3　如图 2-24 所示密闭水箱，压力表测得压强为 4900Pa，压力表中心比 A 点高 0.4m，A 点在液面下 1.5m。求液面的绝对压强。

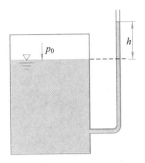

图 2-23　习题 2-1 图

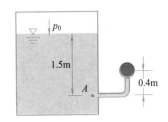

图 2-24　习题 2-3 图

2-4　一装满液体贮液罐，罐壁上装有高差相距 3m 的两个压力表，其读值分别为 50.1kPa 和 71.3kPa。试求罐内液体的密度。

2-5　水箱形状如图 2-25 所示。若不计水箱箱体重量，试求水箱底面上的静水总压力和水箱所受的支座反力。

2-6　多个 U 形水银测压计串接起来称为多管（或复式）压力计，可用来测量较大的压强值，如图 2-26 所示。已知图中标高的单位为米，试求水面的绝对压强 p_{0abs}。

2-7　如图 2-27 所示，水管 A、B 两点高差 $h_1 = 0.4\text{m}$，U 形压差计中水银液面高差 $h_2 = 0.2\text{m}$，试求 A、B 两点的压强差。若两管中均为四氯化碳，其他条件不变，A、B 两点的压强差又是多少。

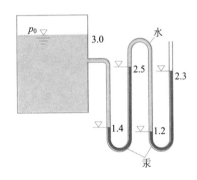

图 2-26　习题 2-6 图

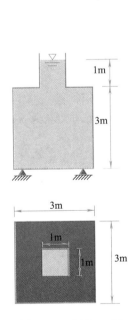

图 2-25　习题 2-5 图

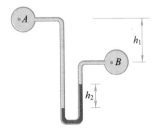

图 2-27　习题 2-7 图

2-8 绘制图 2-28 中 AB 面上的压强分布图。

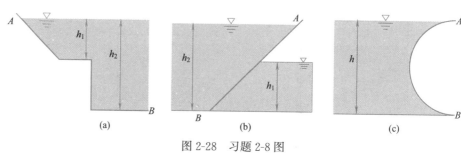

图 2-28 习题 2-8 图

2-9 矩形平板闸门 AB 如图 2-29 所示，A 处设有转轴。已知闸门长 $l=3m$，宽 $b=1m$，形心点水深 $h_c=3m$，倾角 $\alpha=45°$，忽略闸门自重及门轴摩擦力。试求开启闸门所需拉力 F_T。

2-10 如图 2-30 所示，已知矩形平板闸门高 $h=3m$，宽 $b=2m$，两侧水深分别为 $h_1=8m$ 和 $h_2=5m$。试求：(1)作用在闸门上的静水总压力；(2)压力中心的位置。

2-11 如图 2-31 所示，矩形平板闸门，宽 $b=0.8m$，高 $h=1m$。若要求箱中水深 h_1 超过 2m 时，闸门即可自动开启，转轴的位置 y 应是多少？

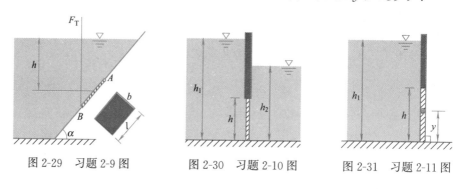

图 2-29 习题 2-9 图　　　　图 2-30 习题 2-10 图　　　　图 2-31 习题 2-11 图

2-12 如图 2-32 所示，矩形平板闸门由两根工字钢横梁支撑加固。闸门高 $h=3m$，宽 $b=1m$，容器中水面与闸门顶齐平。试问两工字钢的位置 y_1 和 y_2 应为多少时最为合理？

2-13 如图 2-33 所示，一弧形闸门，宽 2m，圆心角 $\alpha=30°$，半径 $r=3m$，闸门转轴与水平面齐平。试求作用在闸门上静水总压力的大小与方向。

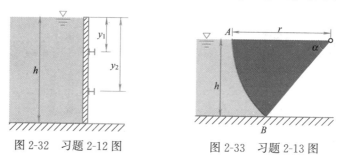

图 2-32 习题 2-12 图　　　　图 2-33 习题 2-13 图

2-14 如图 2-34 所示，由两个半球通过螺栓连接而成的球形密闭容器内部充满水。已知球体直径 $D = 2\text{m}$，与球体连接的测压管水面标高 $H_1 = 8.5\text{m}$，球外自由水面标高 $H_2 = 3.5\text{m}$，容器自重不计。试求作用于半球连接螺栓上的总拉力。

2-15 如图 2-35 所示，密闭盛水容器，已知 $h_1 = 100\text{cm}$，$h_2 = 125\text{cm}$，水银测压计读值 $\Delta h = 60\text{cm}$。试求半径 $R = 0.5\text{m}$ 的半球形盖 AB 所受总压力的水平分力和铅垂分力。

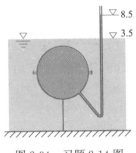

图 2-34　习题 2-14 图

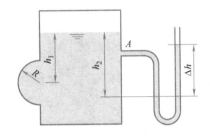

图 2-35　习题 2-15 图

第3章
流体动力学基础

本章知识点

> 【知识点】流体运动的描述方法，欧拉法的基本概念，连续性方程，伯努利方程，动量方程，流体微团运动的分析，平面势流，相似原理。
>
> 【重点】掌握连续性方程、伯努利方程和动量方程，并将其应用于实际工程问题求解。
>
> 【难点】掌握以流场为研究对象的欧拉法及其相关基本概念，建立以流线为基础的一元恒定总流分析思路。

流体动力学(fluid dynamics)研究流体机械运动规律。流体运动的空间称为流场。研究流体运动的规律，就是分析流场中流体的速度、加速度以及压强等运动要素随空间和时间的变化规律。本章依据质量守恒原理与经典力学基本原理，建立流体运动要素之间关系的基本方程，并用于解决工程中的实际问题。

3.1　流体运动的描述方法

流体运动的描述方法通常有拉格朗日(J. Lanrange，法国数学家与天文学家，1736～1813)法和欧拉法两种，分别从不同的角度描述流动。

3.1.1　拉格朗日法

拉格朗日法是以流体的单个质点为对象，研究其在整个运动过程中的轨迹及其运动要素随时间的变化规律，各个质点的运动总和就构成了整体流动。

设某质点在起始时刻的坐标为$(a，b，c)$，那么该质点在任意时刻的位移就是起始坐标和时间的连续函数，即

$$x=x(a，b，c，t)$$
$$y=y(a，b，c，t) \tag{3-1}$$
$$z=z(a，b，c，t)$$

显然，不同的流体质点有不同的起始坐标。因此，起始坐标$(a，b，c)$可以作为识别各质点的标志，在任意时刻t，质点的空间位置$(x，y，z)$可表示为该质点起始坐标与时间变量的函数，其中a、b、c、t称为拉格朗日变量。对于某一指定的流体质点，起始坐标a，b，c是常数，式(3-1)描述的则

是该质点的运动轨迹。将其对时间求一阶和二阶偏导数，可分别得到该质点的速度和加速度。

$$u_x = \frac{\partial x}{\partial t} = \frac{\partial x(a,\ b,\ c,\ t)}{\partial t}$$
$$u_y = \frac{\partial y}{\partial t} = \frac{\partial y(a,\ b,\ c,\ t)}{\partial t} \qquad (3-2)$$
$$u_z = \frac{\partial z}{\partial t} = \frac{\partial z(a,\ b,\ c,\ t)}{\partial t}$$

$$a_x = \frac{\partial u_x}{\partial t} = \frac{\partial^2 x}{\partial t^2}$$
$$a_y = \frac{\partial u_y}{\partial t} = \frac{\partial^2 y}{\partial t^2} \qquad (3-3)$$
$$a_z = \frac{\partial u_z}{\partial t} = \frac{\partial^2 z}{\partial t^2}$$

拉格朗日法的特点是追踪流体质点的运动，运用理论力学中质点或质点系动力学来进行分析。但是，由于流体质点运动轨迹的复杂性，应用这种方法描述流体的运动在数学上存在困难，绝大多数的工程问题也不需要了解每个质点运动的全过程，只是着眼于流场中各固定点、固定断面或固定空间的流动。所以，除某些特殊流动外，一般不采用此法。

3.1.2 欧拉法

欧拉法是以流场为对象，通过观察流场中各空间点上不同时刻的流体质点的运动参数来描述流动。如流场中流体质点的速度、压强以及密度等可表示为

$$u_x = u_x(x,\ y,\ z,\ t)$$
$$u_y = u_y(x,\ y,\ z,\ t) \qquad (3-4)$$
$$u_z = u_z(x,\ y,\ z,\ t)$$
$$p = p(x,\ y,\ z,\ t) \qquad (3-5)$$
$$\rho = \rho(x,\ y,\ z,\ t) \qquad (3-6)$$

上述各式中的 x，y，z 是流体质点在 t 时刻的位置坐标，对同一质点来说，它们又是时间 t 的函数。因此，速度 u 是时间 t 的复合函数，加速度需按复合函数求导法则导出，即

$$a_x = \frac{\mathrm{d}u_x}{\mathrm{d}t} = \frac{\partial u_x}{\partial t} + \frac{\partial u_x}{\partial x}\frac{\mathrm{d}x}{\mathrm{d}t} + \frac{\partial u_x}{\partial y}\frac{\mathrm{d}y}{\mathrm{d}t} + \frac{\partial u_x}{\partial z}\frac{\mathrm{d}z}{\mathrm{d}t}$$
$$= \frac{\partial u_x}{\partial t} + u_x\frac{\partial u_x}{\partial x} + u_y\frac{\partial u_x}{\partial y} + u_z\frac{\partial u_x}{\partial z} \qquad (3-7)$$
$$a_y = \frac{\mathrm{d}u_y}{\mathrm{d}t} = \frac{\partial u_y}{\partial t} + u_x\frac{\partial u_y}{\partial x} + u_y\frac{\partial u_y}{\partial y} + u_z\frac{\partial u_y}{\partial z}$$
$$a_z = \frac{\mathrm{d}u_z}{\mathrm{d}t} = \frac{\partial u_z}{\partial t} + u_x\frac{\partial u_z}{\partial x} + u_y\frac{\partial u_z}{\partial y} + u_z\frac{\partial u_z}{\partial z}$$

式(3-7)为欧拉法描述流体运动中质点加速度的表达式，式中 $\frac{\partial u_x}{\partial t}$，$\frac{\partial u_y}{\partial t}$，

$\frac{\partial u_z}{\partial t}$ 是流体质点通过某空间点速度随时间的变化率，称为时变加速度或当地加速度；其他各项则是流体质点随空间点位置变化所引起的速度变化率，称为位变加速度或迁移加速度。

设开口水箱如图 3-1 和图 3-2 所示。以水经管道从水箱中出流为例说明时变加速度与位变加速度的含义。根据水箱中水位是否变化与出流管的形状，管中水的流动变化存在如下 4 种情况：

(1) 水箱出水管为收缩管道，水箱内无来水补充。随着水的不断流出，水箱水位 H 逐渐降低，管道内某点 A 的速度随时间减小，时变加速度或当地加速度为负值；而管道收缩，速度又随质点的迁移而增大，故而位变加速度或迁移加速度为正值，所以该质点的运动既存在时变加速度又存在位变加速度。

(2) 水箱出水管仍为收缩管道，但水箱有来水补充，且保持水位 H 不变。这种情况下，管道内点 A 的速度将不随时间而变，时变加速度或当地加速度为零；但由于管道收缩，速度仍将随质点的迁移而增大，所以该质点的运动不存在时变加速度而存在位变加速度。

(3) 水箱出水管为等截面管道，水箱内无来水补充。随着水的不断流出，水箱水位 H 逐渐降低，管道内某点 A 的速度随时间减小，时变加速度或当地加速度为负值；但管道截面不变，速度随质点的迁移没有变化，所以该质点的运动存在时变加速度但不存在位变加速度。

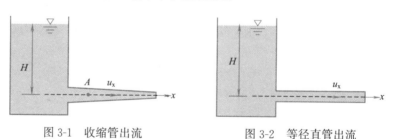

图 3-1　收缩管出流　　　　　　　图 3-2　等径直管出流

(4) 水箱出水管为等截面管道，水箱内有来水补充，且保持水位 H 不变。这种情况下，管道内点 A 的速度将不随时间而变，时变加速度或当地加速度为零；而管道截面不变，速度随质点的迁移也没有变化，所以该质点的运动既不存在时变加速度又不存在位变加速度。

3.1.3　系统和控制体

在流体力学中，系统是指由确定的连续分布的众多流体质点所组成的流体团。系统一经选定，组成它的质点也就固定不变。系统在运动过程中，其体积以及边界的形状、大小和位置都可随时间发生变化，但以系统为边界的内部和外部没有质量交换，即流体不能穿越边界流入流出系统。对于系统，可以直接应用力学定律，例如可将牛顿第二运动定律和功能原理直接应用于

系统。

控制体是指在流场中选取的一个相对于某一坐标系是固定不变的空间，它的封闭界面称为控制面。控制体本身不具有物质内容，它只是几何上的概念。占据控制体的质点随时间而变，从欧拉法的观点出发，可以分析流入、流出控制面以及控制体内物理量的变化情况。

以系统为对象，意味着采用拉格朗日观点。但是，流体团在运动的过程中会不断地变形，自始至终辨认、跟踪某一确定的流体系统，通常是极其困难的。另一方面，在很多情况下感兴趣的往往并不是某一确定的流体团的运动，而是某一定空间区域内流体的运动规律。因此，将力学定律应用于某一确定的空间区域——控制体积（控制体）内的流体，往往会带来很多方便。

3.2 欧拉法的基本概念

3.2.1 恒定流和非恒定流

流场中各空间点上流体质点的运动要素皆不随时间变化的流动称为恒定流(steady flow)，反之称为非恒定流(unsteady flow)。对于恒定流，诸运动要素只是空间坐标的函数，即

$$u_x = u_x(x, y, z)$$
$$u_y = u_y(x, y, z) \qquad (3-8)$$
$$u_z = u_z(x, y, z)$$
$$p = p(x, y, z) \qquad (3-9)$$
$$\rho = \rho(x, y, z) \qquad (3-10)$$

恒定流的时变加速度为 0。

图 3-1 与图 3-2 中，水位 H 保持不变的是恒定流，水位 H 随时间变化的是非恒定流。实际工程中，多数系统正常运行时是恒定流，或虽为非恒定流，但运动参数随时间的变化缓慢，仍可近似按恒定流处理。

3.2.2 一元、二元和三元流动

在解决实际工程问题时，往往要分析运动要素与坐标变量间的关系，因此把流休运动分为一元、二元和三元流动。

元是指影响运动参数的空间坐标变量数。比如，若空间点上的运动参数（主要是速度）是空间坐标的三个变量的函数，流动是三元的(three-dimensional flow)；若运动参数只与空间坐标的两个或一个变量有关，流动则是二元或一元的(two-dimensional flow or one-dimensional flow)。

实际流动一般都是三元流动。由于三元流动的复杂性，为便于解决实际问题，常简化采用二元流动、一元流动的研究方法。

3.2.3 流线

为将流场的数学描述转换成流动图像，对流场有一个更加形象的理解，

特引入流线的概念。流线(stream line)可定义为某一确定时刻流场中的空间曲线，线上各质点在该时刻的速度矢量都与之相切，如图 3-3 所示。

图 3-3　某时刻流线图

一般情况下流线不相交，否则位于交点的流体质点，在同一时刻就有与两条流线相切的两个速度矢量；同理，流线也不能是折线，而是光滑的曲线或直线。

恒定流时各空间点上流体质点的速度矢量不随时间变化，所以流线的形状和位置也不随时间变化。

根据流线的定义，可直接得出流线的微分方程。设 t 时刻，在流线上某点附近取微元线段矢量 $\mathrm{d}\vec{r}$，$\vec{u}$ 为该点的速度矢量，两者方向一致，于是有

$$\mathrm{d}\vec{r} \times \vec{u} = 0 \tag{3-11}$$

或

$$\frac{\mathrm{d}x}{u_x} = \frac{\mathrm{d}y}{u_y} = \frac{\mathrm{d}z}{u_z} \tag{3-12}$$

式(3-12)即为流线方程，式中 u_x、u_y、u_z 是空间坐标 x、y、z 和时间 t 的函数，时间 t 是参变量。

流体质点在某一时段的运动轨迹称为迹线(path line)。流线和迹线是两个不同的概念，但在恒定流中，流线不随时间变化，与迹线重合。

3.2.4　元流和总流

在流场中任取一非流线的封闭曲线，过曲线上各点的流线所构成的管状表面称为流管(stream tube)，如图 3-4 所示。由于流线不能相交，所以流体不能从流管侧壁流入或流出。恒定流中流线的形状不随时间变化，于是恒定流流管的形状也不随时间变化。

与流管及其内部所有流线正交的截面称为过流断面(cross section)。当流线相互平行时，过流断面是平面，否则为曲面，如图 3-5 所示。

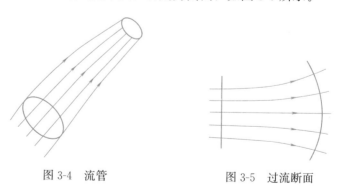

图 3-4　流管　　　　　　　　　图 3-5　过流断面

当过流断面为无限小时，流管及其内部的流体称为元流，其几何特征与流线相同。

过流断面为有限大小时，流管及其内部的流体称为总流。总流是所有元流的总和，总流断面上各点的运动参数一般不相同。

3.2.5　流量和断面平均流速

单位时间内通过某一过流断面流体的体积称为流量（flow rate），单位为立方米每秒（m³/s）。

若以 $\mathrm{d}A$ 表示过流断面的微元面积，u 表示微元断面的速度，总流的流量则为

$$Q = \int_A u \mathrm{d}A \qquad (3\text{-}13)$$

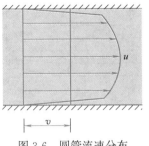

总流过流断面上各点的流速 u 一般是不相等的。以管流为例，管壁附近流速较小，轴线上流速最大，如图 3-6 所示。为了便于计算，设想过流断面上流速均匀分布，通过的流量与实际流量相同，于是该流速定义为该断面的断面平均流速（mean velocity），以 v 表示，即

图 3-6　圆管流速分布

$$Q = \int_A u \mathrm{d}A = vA$$

或

$$v = \frac{Q}{A} \qquad (3\text{-}14)$$

实际工程中的流动通常都是三元流动，欧拉法表达式中存在着 x、y、z 三个空间坐标变量，问题求解较为复杂。借助上述断面平均流速的概念，可以将三元流动简化为一元流动。如果自总流某起始断面沿流动方向取坐标 s，研究断面平均流速如何沿流向变化，则断面平均流速是 s 的函数，即 $v = f(s)$，其中空间坐标变量仅为 s，则总流的流速问题简化为一元问题。

3.2.6　均匀流和非均匀流

按流速的大小和方向是否沿程变化把流动分为均匀流（uniform flow）和非均匀流（non-uniform flow）。流速的大小和方向沿程不变的流动称为均匀流，均匀流的位变加速度为 0；反之，流速的大小或方向沿程变化的流动称为非均匀流，非均匀流位变加速度不为 0。

均匀流具有如下性质：

（1）均匀流的流线是相互平行的直线，过流断面是平面，且过流断面大小、形状沿程不变。

（2）均匀流中同一条流线上各点的流速均相等，过流断面的流速分布沿程不变，断面平均流速也沿程不变。

（3）均匀流过流断面上的压强分布规律符合静压强分布规律，即 $z + \dfrac{p}{\rho g} = c$。必须指出，均匀流不同过流断面的 c 值不同，而且是从上游向下游递减。

3.2.7　渐变流和急变流

非均匀流又可根据流速沿程变化的缓、急程度分为渐变流和急变流。渐变流是流速沿程变化缓慢的流动；急变流是流速沿程变化急剧的流动。

渐变流流线的曲率很小，且流线近乎彼此平行；急变流流线的曲率较大或流线间的夹角较大，如图 3-7 所示。

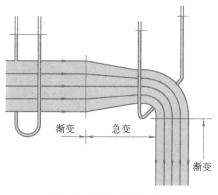

由于渐变流的流线近乎平行，因此过流断面近乎平面，垂直于流向的加速度很小，可以忽略。可以近似认为渐变流过流断面上的压强分布规律与均匀流相同，符合静压强分布规律，即 $z + \dfrac{p}{\rho g} = c$。在急变流中，因流线的曲率或流线间的夹角较大，使得流速沿流变化十分明显，垂直于流线的加速度不能忽略，由加速度引起的惯性力将影响过流

图 3-7　渐变流与急变流

断面上的压强分布规律，因此急变流过流断面上的压强分布不满足静压强分布规律，即 $z + \dfrac{p}{\rho g} \neq c$。

由以上分析可知渐变流近似具有均匀流的特性，这为计算带来很大方便。渐变流和急变流的划分没有严格的界限，工程中的具体流动能否按渐变流计算，要根据实际情况以及忽略惯性力后所得的计算成果能否满足工程要求而定。

3.3　恒定总流连续性方程

连续性方程（equation of continuity）是恒定总流三个基本方程之一，是质量守恒原理在流体力学中的一种表现形式。

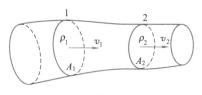

在恒定流动中任取一段总流，如图 3-8 所示，其进出口过流断面 1-1 和 2-2 面积分别为 A_1 和 A_2。总流中任取元流，进口过流断面面积和流速分别为 $\mathrm{d}A_1$ 和 u_1，出口过流断面面积和流速分别为 $\mathrm{d}A_2$ 和 u_2。由于

图 3-8　连续性方程推导

（1）恒定流时，元流形状不变；

（2）连续介质，内部无间隙；

（3）根据流线性质，侧壁无流体流入或流出。

根据质量守恒原理，单位时间内流入 $\mathrm{d}A_1$ 的流体的质量应等于单位时间

内从 $\mathrm{d}A_2$ 流出的流体质量，即

$$\rho_1 u_1 \mathrm{d}A_1 = \rho_2 u_2 \mathrm{d}A_2 = \mathrm{const} \tag{3-15}$$

对于不可压缩流体，有 $\rho_1 = \rho_2$，于是

$$u_1 \mathrm{d}A_1 = u_2 \mathrm{d}A_2 = \mathrm{d}Q = \mathrm{const} \tag{3-16}$$

对总流积分

$$\int_{A_1} u_1 \mathrm{d}A_1 = \int_{A_2} u_2 \mathrm{d}A_2 = Q$$

得总流连续性方程

$$Q_1 = Q_2 = Q = \mathrm{const} \tag{3-17}$$

或

$$v_1 A_1 = v_2 A_2 \tag{3-18}$$

连续性方程为不涉及力的运动学方程，故对理想流体和实际流体均适用。
若流量沿程有变化，总流连续性方程需在形式上予以修正，即

$$\sum Q_{\text{流入}} = \sum Q_{\text{流出}} \tag{3-19}$$

上式表示对于任意段总流，所有流入控制体的流量应等于所有流出控制体的流量。

【例题 3-1】 变直径水管，如图 3-9 所示。已知粗管段直径 $D_1 = 200\mathrm{mm}$，断面平均流速 $v_1 = 0.8\mathrm{m/s}$，细管直径 $D_2 = 150\mathrm{mm}$。试求细管段的断面平均流速 v_2。

【解】 由总流连续性方程式(3-18)

$$v_1 A_1 = v_2 A_2$$

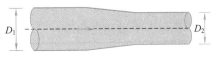

求得 $v_2 = v_1 \dfrac{A_1}{A_2} = v_1 \left(\dfrac{D_1}{D_2}\right)^2 = 1.42\mathrm{m/s}$

图 3-9　变直径水管

【例题 3-2】 输水管道经三通管分流，如图 3-10 所示。已知管径 $D_1 = D_2 = 200\mathrm{mm}$，$D_3 = 100\mathrm{mm}$，断面平均流速 $v_1 = 3\mathrm{m/s}$，$v_2 = 2\mathrm{m/s}$。试求断面平均流速 v_3。

【解】 由总流连续性方程式(3-19)，流入和流出三通管的流量应相等，即

$$Q_1 = Q_2 + Q_3$$

$$v_1 A_1 = v_2 A_2 + v_3 A_3$$

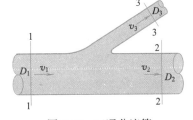

图 3-10　三通分流管

$$v_3 = (v_1 - v_2)\left(\dfrac{D_1}{D_3}\right)^2 = 4\mathrm{m/s}$$

3.4　恒定总流伯努利方程

本节根据功能原理，分析流体在重力以及压力作用下的运动规律。

3.4.1　理想流体恒定元流伯努利方程

在理想流体恒定总流中取元流，如图 3-11 所示，元流上沿流向任取 1-1 和 2-2 两过流断面，两断面相对基准面 0-0 的高度和面积分别为 z_1、z_2 和 $\mathrm{d}A_1$、$\mathrm{d}A_2$，两断面的流速和压强分别为 u_1、u_2 和 p_1、p_2。

图 3-11　元流伯努利方程推证

以过流断面 1-1、2-2 和元流侧表面所围成的空间作为控制体，初始时刻位于该控制体内的元流系统，经过 $\mathrm{d}t$ 时段，从位置 1-2 运动到 $1'$-$2'$，应用功能原理分析该系统在运动过程中外力做功与机械能增量的关系。

理想流体的表面力只有压力。根据压强的性质，元流侧面压力与流体质点运动方向相互垂直，做功为零。1-1 断面上压强与运动方向相同，压力做正功，即

$$p_1 \mathrm{d}A_1 u_1 \mathrm{d}t$$

2-2 断面上压强与运动方向相反，压力做负功，即

$$p_2 \mathrm{d}A_2 u_2 \mathrm{d}t$$

于是，压力做功之和为

$$p_1 \mathrm{d}A_1 u_1 \mathrm{d}t - p_2 \mathrm{d}A_2 u_2 \mathrm{d}t = (p_1 - p_2)\mathrm{d}Q\mathrm{d}t$$

经过 $\mathrm{d}t$ 时段，两断面间流体势能的增量等于 $1'$-$2'$ 流段所具有的势能与 1-2 流段所具有的势能之差。由于流体不可压缩且流动恒定，$1'$-$2'$ 流段与 1-2 流段的重叠部分流体的动能及势能没有变化，因此，两断面间流体势能的增量应等于 2-$2'$ 流段与 1-$1'$ 流段所具有的势能差，即

$$z_2 \rho g \mathrm{d}A_2 \mathrm{d}u_2 \mathrm{d}t - z_1 \rho g \mathrm{d}A_1 \mathrm{d}u_1 \mathrm{d}t = (z_2 - z_1)\rho g \mathrm{d}Q\mathrm{d}t$$

同样道理，两断面间流体动能的增量可表示为

$$u_2^2 \frac{1}{2}\rho \mathrm{d}A_2 \mathrm{d}u_2 \mathrm{d}t - u_1^2 \frac{1}{2}\rho \mathrm{d}A_1 \mathrm{d}u_1 \mathrm{d}t = \left(\frac{u_2^2}{2g} - \frac{u_1^2}{2g}\right)\rho g \mathrm{d}Q\mathrm{d}t$$

根据功能原理，即合力做功等于机械能增量，得

$$(p_1 - p_2)\mathrm{d}Q\mathrm{d}t = \left(\frac{u_2^2}{2g} - \frac{u_1^2}{2g}\right)\rho g \mathrm{d}Q\mathrm{d}t + (z_2 - z_1)\rho g \mathrm{d}Q\mathrm{d}t$$

各项除以 $\mathrm{d}t$ 时段内通过某过流断面流体的重量 $\rho g \mathrm{d}Q\mathrm{d}t$，并按脚标分列等号两端，得

$$z_1 + \frac{p_1}{\rho g} + \frac{u_1^2}{2g} = z_2 + \frac{p_2}{\rho g} + \frac{u_2^2}{2g} \tag{3-20}$$

由于两断面的选取是任意的，所以上式也可表示为在元流的任意断面上

$$z + \frac{p}{\rho g} + \frac{u^2}{2g} = \text{const} \tag{3-21}$$

式(3-20)和式(3-21)是瑞士科学家伯努利(D. Bernoulli)首先提出的，称为理想不可压缩流体恒定流元流伯努利方程(Bernoulli's equation)，是物体机械能转换的流体力学体现，又称理想流体恒定元流的能量方程。

鉴于推导过程中的限定条件，式(3-20)和式(3-21)仅适用于质量力只有重力的不可压缩流体理想流体沿元流(流线)作恒定流动。

3.4.2　理想流体恒定元流伯努利方程的意义

$z = \dfrac{mgz}{mg}$ 为受单位重力作用流体相对于基准面所具有的位置势能，简称单位位能；同时又表示元流上某点到基准面的位置高度，称为位置水头(elevation head)。

$\dfrac{p}{\rho g} = h = \dfrac{mgh}{mg}$ 为受单位重力作用流体所具有的压强势能，简称单位压能。当 p 取相对压强时，h 为流体质点在压强 p 的作用下上升的高度，即测压管高度，又称压强水头(pressure head)。

$z + \dfrac{p}{\rho g}$ 为受单位重力作用流体所具有的总势能；同时又表示该点测压管液面到基准面的总高度，称为测压管水头(static head)，用 H_{p} 表示。

$\dfrac{u^2}{2g} = \dfrac{1}{2}\dfrac{mu^2}{mg}$ 为受单位重力作用流体所具有的动能，简称单位动能；同时又表示该点的流速高度，称为流速水头(velocity head)。

$z + \dfrac{p}{\rho g} + \dfrac{u^2}{2g}$ 为受单位重力作用流体具有的机械能，简称单位机械能；也称为总水头(total head)，用 H 表示。

元流伯努利方程中各项都具有长度因次，可用线段图表示。如图 3-12 所示，把同一元流上各断面的总水头顶端连成一条线，称为总水头线(H 线)；把各断面的测压管水头顶端（即测压管液面）连成一条线，称为测压管水头线（H_{p} 线）。

式(3-20)和式(3-21)则表示理想流体作恒定流动时，沿同一元流(流线)各断面的单位机械能相等，总水头线(energy line)是水平线。

流速水头可应用皮托管(Pitot tube)实测得到。1730 年，皮托(H. Pitot，法国工程师，1695～1771)用一根前端弯成直角的玻璃管测量法国塞纳河河水的流速。将前端管口正对河水来流方向，另一端垂直向上，此管称为测速管，测速管液面与河水水面的高差即管口所对测点的流速水头。有压管流中，采用测速管与测压管结合的方法，如图 3-13 所示。来流在测速管内将动能全部转化为压能，致使管中液面升高。在测速管进口内外分别取 A、B 两点，由于 A、B 两点相距很近，应用理想流体元流伯努利方程，有

$$\frac{p_{\mathrm{A}}}{\rho g}+\frac{u_{\mathrm{A}}^{2}}{2g}=\frac{p_{\mathrm{B}}}{\rho g}$$

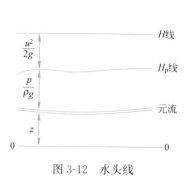

图 3-12　水头线

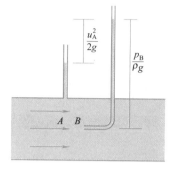

图 3-13　皮托管测流速

整理得

$$\frac{u_{\mathrm{A}}^{2}}{2g}=\frac{p_{\mathrm{B}}}{\rho g}-\frac{p_{\mathrm{A}}}{\rho g}=h_{\mathrm{u}} \tag{3-22}$$

式(3-22)表示某点的流速水头为该点测速管水头 $\frac{p_{\mathrm{B}}}{\rho g}$ 和测压管水头 $\frac{p_{\mathrm{A}}}{\rho g}$ 之差 h_{u}。进一步可求出该点的速度为

$$u_{\mathrm{A}}=\sqrt{2g\frac{p_{\mathrm{B}}-p_{\mathrm{A}}}{\rho g}}=\sqrt{2gh_{\mathrm{u}}} \tag{3-23}$$

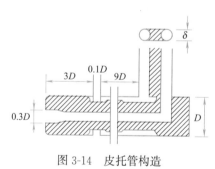

图 3-14　皮托管构造

　　根据上述原理，将测速管和测压管组合成测量点流速的仪器，称为皮托管，构造如图 3-14 所示。与迎流孔(测速孔)相通的是测速管，与侧面顺流孔(测压孔或环形窄缝)相通的是测压管。考虑到实际流体从迎流孔至顺流孔存在黏性效应以及皮托管对原流场的干扰等影响，引入修正系数 C

$$u=C\sqrt{2g\frac{p'-p}{\rho g}}=C\sqrt{2gh_{\mathrm{u}}} \tag{3-24}$$

式中修正系数 C 通过实验确定。

3.4.3　实际流体恒定元流的伯努利方程

　　实际流体具有黏性，运动时存在流动阻力。克服阻力做功，使流体的一部分机械能不可逆地转化为热能而散失。因此，实际流体流动时，受单位重力作用流体具有的机械能沿程减少，总水头线是沿程下降线。若考虑由过流断面 1-1 运动至过流断面 2-2 所消耗掉的机械能，根据能量守恒原理，可得到实际流体元流的伯努利方程为

$$z_1+\frac{p_1}{\rho g}+\frac{u_1^2}{2g}=z_2+\frac{p_2}{\rho g}+\frac{u_2^2}{2g}+h_l' \qquad (3\text{-}25)$$

式中　　h_l'——元流受单位重力作用流体的机械能损失，或水头损失(head loss)(m)。

3.4.4　实际流体恒定总流的伯努利方程

总流是所有元流的集合，不同元流的运动状态有所不同。将实际流体恒定元流的伯努利方程对总流进行积分，可以得到实际流体恒定总流的伯努利方程。

如图 3-15 所示恒定总流，过流断面 1-1、2-2 为渐变流断面，面积分别为 A_1、A_2。在总流内任取一元流，元流两端过流断面面积分别为 $\mathrm{d}A_1$、$\mathrm{d}A_2$，位置高度分别为 $\mathrm{d}z_1$、$\mathrm{d}z_2$，压强分别为 p_1、p_2，流速分别为 u_1、u_2。

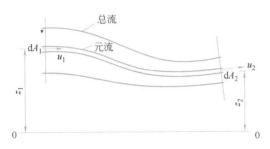

图 3-15　恒定总流伯努利方程推导

根据式（3-25），元流的伯努利方程为
$$z_1+\frac{p_1}{\rho g}+\frac{u_1^2}{2g}=z_2+\frac{p_2}{\rho g}+\frac{u_2^2}{2g}+h_l'$$

元流的流量 $\mathrm{d}Q=u_1\mathrm{d}A_1=u_2\mathrm{d}A_2$，在单位时间内流入和流出该元流控制体的液体重量为 $\rho g\mathrm{d}Q=\rho gu_1\mathrm{d}A_1=\rho gu_2\mathrm{d}A_2$。将元流伯努利方程各项乘以 $\rho g\mathrm{d}Q$，可得单位时间内通过元流两过流断面的能量关系

$$\left(z_1+\frac{p_1}{\rho g}+\frac{u_1^2}{2g}\right)\rho gu_1\mathrm{d}A_1=\left(z_2+\frac{p_2}{\rho g}+\frac{u_2^2}{2g}\right)\rho gu_2\mathrm{d}A_2+h_l'\rho g\mathrm{d}Q$$

总流是各元流的总和，对上式积分，可得单位时间内通过总流两过流断面的能量关系

$$\int_{A_1}\left(z_1+\frac{p_1}{\rho g}\right)\rho gu_1\mathrm{d}A_1+\int_{A_1}\frac{u_1^2}{2g}\rho gu_1\mathrm{d}A_1=\int_{A_2}\left(z_2+\frac{p_2}{\rho g}\right)\rho gu_2\mathrm{d}A_2+$$

$$\int_{A_2}\frac{u_2^2}{2g}\rho gu_2\mathrm{d}A_2+\int_Q h_l'\rho g\mathrm{d}Q \qquad (3\text{-}26)$$

分别确定上式中三种类型的积分。

（1）势能积分 $\int_A\left(z+\frac{p}{\rho g}\right)\rho gu\mathrm{d}A$

上式代表总流过流断面的势能。因为总流过流断面 1-1、2-2 均为渐变流断面，过流断面上的压强分布规律符合静压强分布规律，即 $z+\frac{p}{\rho g}=c$，则势

43

能积分

$$\int_A \left(z+\frac{p}{\rho g}\right)\rho g u\,\mathrm{d}A = \left(z+\frac{p}{\rho g}\right)\rho g Q$$

（2）动能积分 $\int_A \dfrac{u^2}{2g}\rho g u\,\mathrm{d}A$

上式代表总流过流断面的动能。一般情况下过流断面上各个点的流速 u 是不相等的，其变化规律也因具体流动情况不同而异，直接积分该式比较困难。以断面平均流速 v 代替真实流速 u 来计算总流断面的动能

$$\int_A \frac{u^2}{2g}\rho g u\,\mathrm{d}A = \frac{\alpha v^2}{2g}\rho g Q$$

这种代替引起的误差用系数 α 予以修正

$$\alpha = \frac{\int_A \dfrac{u^3}{2g}\rho g\,\mathrm{d}A}{\int_A \dfrac{v^3}{2g}\rho g\,\mathrm{d}A} = \frac{\int_A u^3\,\mathrm{d}A}{v^3 A}$$

α 是一个大于 1 的系数，称为动能修正系数。其取值取决于过流断面上流速分布的不均匀程度，流速分布越不均匀，α 值越大。流速分布较均匀的流动，$\alpha \approx 1.05 \sim 1.10$，可近似取 $\alpha=1.0$。

（3）水头损失积分 $\int_Q h'_l \rho g\,\mathrm{d}Q$

上式表示总流过流断面 1-1、2-2 之间的机械能损失。定义 h_l 为总流过流断面 1-1、2-2 之间受单位重力作用流体的平均机械能损失，称为总流的水头损失。则

$$\int_Q h'_l \rho g\,\mathrm{d}Q = h_l \rho g Q$$

三种类型的积分结果代入式（3-26），可得

$$z_1+\frac{p_1}{\rho g}+\frac{\alpha_1 v_1^2}{2g} = z_2+\frac{p_2}{\rho g}+\frac{\alpha_2 v_2^2}{2g}+h_l \tag{3-27}$$

式（2-27）称为实际流体恒定总流的伯努利方程，也叫实际流体恒定总流的能量方程。方程的适用条件包括：不可压缩流体恒定流动，质量力只有重力，所取计算断面为渐变流过流断面，两计算断面间无分流或合流，两计算断面间无能量输入或输出。

方程中各项的物理意义和几何意义如下：

z 为总流过流断面上某点（所取计算点）到基准面的位置高度（位置水头），其物理意义为总流过流断面上某点（所取计算点）处受单位重力作用流体的位能。

$\dfrac{p}{\rho g}$ 为总流过流断面上某点（所取计算点）的测压管高度（压强水头），其物理意义为总流过流断面上某点（所取计算点）处受单位重力作用流体所具有的压能。

$z+\dfrac{p}{\rho g}$ 为总流过流断面上某点（所取计算点）的测压管水头，其物理意义

为总流过流断面上受单位重力作用流体所具有的平均势能，用 H_p 表示。

$\dfrac{v^2}{2g}$ 为总流过流断面的平均流速水头，其物理意义为总流过流断面上受单位重力作用流体所具有的平均动能。

$z+\dfrac{p}{\rho g}+\dfrac{\alpha v^2}{2g}$ 为总流过流断面的总水头，其物理意义为总流过流断面上受单位重力作用流体具有的平均机械能，用 H 表示。

h_l 为总流两过流断面间受单位重力作用流体平均的机械能损失。

总流伯努利方程各项都具有长度的因次，故也可用线段图表示。如图 3-16 所示，沿总流各过流断面的总水头顶端的连线为总水头线（H 线），沿总流各过流断面的测压管液面的连线为测压管水头线（H_p 线）。

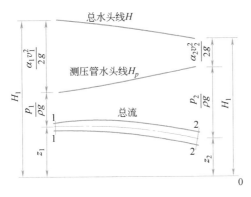

图 3-16 总流水头线

沿着流动方向，总水头不断减小，所以总水头线是沿流程不断下降的。将单位长度流程上总水头的减小值即单位长度流程上的水头损失称为水力坡度，用 J 表示，如用 s 表示沿流动方向的坐标，则

$$J=-\frac{\mathrm{d}H}{\mathrm{d}s}=\frac{\mathrm{d}h_l}{\mathrm{d}s} \tag{3-28}$$

因总水头沿流程减小，故 $J>0$。

测压管水头仅表示总流过流断面上受单位重力作用流体的势能部分，其值沿程可增可减，故测压管水头线沿流程可升可降。利用总水头线和测压管水头线，可以清楚地表示总流各种单位能量沿流程的相互转化关系。

【例题 3-3】 用直径 $D=100\mathrm{mm}$ 的水管从水箱引水，如图 3-17 所示。水箱水面与管道出口断面中心的高差 $H=4\mathrm{m}$ 保持恒定，水头损失 $h_l=3\mathrm{m}$ 水柱。试求管道的流量 Q。

【解】

应用伯努利方程

$$z_1+\frac{p_1}{\rho g}+\frac{\alpha_1 v_1^2}{2g}=z_2+\frac{p_2}{\rho g}+\frac{\alpha_2 v_2^2}{2g}+h_l$$

首先选取基准面、计算断面和计算点。为便于计算，以通过管道出口断

45

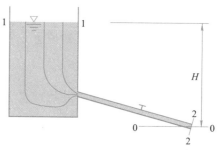

图 3-17 管道出流

面中心的水平面为基准面 0-0,如图 3-17 所示。计算断面选在渐变流过流断面,并使其已知量最多,包含待求量。按以上原则本题取水箱水面为 1-1 断面,计算点在自由水面上,运动参数 $z_1 = H$,$p_1 = 0$(相对压强),$v_1 \approx 0$。取管道出口断面为 2-2 断面,以出口断面的中心为计算点,运动参数 $z_2 = 0$,$p_2 = 0$,v_2 待求。将各量代入总流伯努利方程,得

$$H = \frac{\alpha_2 v_2^2}{2g} + h_l \quad \text{取} \quad \alpha_2 = 1.0$$

$$v_2 = \sqrt{2g(H - h_l)} = 4.43 \text{m/s}$$

$$Q = v_2 A_2 = 0.035 \text{m}^3/\text{s}$$

【例题 3-4】 离心泵由吸水池抽水,如图 3-18 所示。已知抽水量 $Q = 5.56 \text{L/s}$,泵的安装高度 $H_s = 5 \text{m}$,吸水管直径 $D = 100 \text{mm}$,吸水管的水头损失 $h_l = 0.25 \text{mH}_2\text{O}$。试求水泵进口断面 2-2 的真空度。

【解】 本题运用伯努利方程求解,选基准面 0-0 与吸水池水面重合。取吸水池水面为 1-1 断面,与基准面重合;水泵进口断面为 2-2 断面。以吸水池水面上的点和水泵进口断面的轴心点为计算点,则运动参数为:$z_1 = 0$,$p_1 = p_a$(绝对压强),$v_1 \approx 0$,$z_2 = H_s$,p_2 待求,$v_2 = Q/A = 0.708 \text{m/s}$。将各量代入总流伯努利方程,得

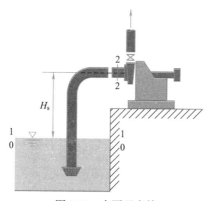

图 3-18 水泵吸水管

$$\frac{p_a}{\rho g} = H_s + \frac{p_2}{\rho g} + \frac{\alpha_2 v_2^2}{2g} + h_l$$

$$\frac{p_v}{\rho g} = \frac{p_a - p_2}{\rho g} = H_s + \frac{\alpha_2 v_2^2}{2g} + h_l = 5.28 \text{m}$$

$$p_v = 5.28 \rho g = 51.74 \text{kPa}$$

【例题 3-5】 文丘里(B. Venturi,意大利工程师与物理学家,1746—1822)流量计(Venturi meter)如图 3-19 所示。进口直径 $D_1 = 100 \text{mm}$,喉管直径 $D_2 = 50 \text{mm}$,实测测压管水头差 $\Delta h = 0.6 \text{m}$(或水银压差计的水银面高差

$h_m=4.76\text{cm}$），流量计的流量系数 $\mu=0.98$，试求管道输水的流量。

【解】 文丘里流量计是常用的测量管道内流体流量的仪器。由收缩段、喉管和扩大段三部分组成。管道过流时，因喉管断面缩小，流速增大，压强降低。这样在收缩段进口前断面 1-1 和喉管断面 2-2 安装测压管或压差计，实测两断面的测压管水头差，由伯努利方程式便可求出管道内的流量。

选基准面 0-0，选收缩段进口前断面 1-1 和喉管断面 2-2 为计算断面，两者均为渐变流过流断面，计算点取在管轴线上。由于收缩段的水头损失很小，可忽略不计，取动能修正系数 $\alpha_1=\alpha_2=1$。列伯努利方程

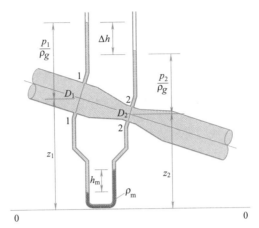

图 3-19　文丘里流量计

$$z_1+\frac{p_1}{\rho g}+\frac{v_1^2}{2g}=z_2+\frac{p_2}{\rho g}+\frac{v_2^2}{2g}$$

$$\frac{v_2^2}{2g}-\frac{v_1^2}{2g}=\left(z_1+\frac{p_1}{\rho g}\right)-\left(z_2+\frac{p_2}{\rho g}\right)$$

上式中有 v_1、v_2 两个未知量，补充连续性方程为

$$v_1 A_1=v_2 A_2$$

$$v_2=\left(\frac{A_1}{A_2}\right)v_1=\left(\frac{D_1}{D_2}\right)^2 v_1$$

代入前式，整理得

$$v_1=\frac{1}{\sqrt{\left(\frac{D_1}{D_2}\right)^4-1}}\sqrt{2g}\sqrt{\left(z_1+\frac{p_1}{\rho g}\right)-\left(z_2+\frac{p_2}{\rho g}\right)}$$

令

$$K=\frac{\frac{1}{4}\pi D_1^2}{\sqrt{\left(\frac{D_1}{D_2}\right)^4-1}}\sqrt{2g}$$

K 取决于流量计的结构尺寸，称为仪器常数，于是

$$Q=K\sqrt{\left(z_1+\frac{p_1}{\rho g}\right)-\left(z_2+\frac{p_2}{\rho g}\right)}\tag{3-29}$$

本题由流量计结构尺寸算得 $K=0.009\text{m}^{2.5}/\text{s}$。用测压管量测

$$\left(z_1+\frac{p_1}{\rho g}\right)-\left(z_2+\frac{p_2}{\rho g}\right)=\Delta h$$

代入式(3-29)，得

$$Q=\mu K\sqrt{\Delta h}=0.98\times0.009\times\sqrt{0.6}=6.83\times10^{-3}\text{m}^3/\text{s}$$

3.4　恒定总流伯努利方程

用 U 形水银压差计量测得

$$\left(z_1+\frac{p_1}{\rho g}\right)-\left(z_2+\frac{p_2}{\rho g}\right)=\left(\frac{\rho_m}{\rho}-1\right)h_m=12.6h_m$$

代入式(3-29)，得

$$Q=\mu K\sqrt{12.6h_m}=0.98\times0.009\times\sqrt{12.6\times0.0476}=6.83\times10^{-3}\,\mathrm{m^3/s}$$

其中 μ 是考虑两断面间的水头损失而引入的流量系数。

3.4.5　有机械能输入或输出的恒定总流伯努利方程

总流伯努利方程式(3-27)是在两过流断面间除水头损失之外，再无其他能量输入或输出的条件下导出的。当两过流断面间有水泵或水轮机等流体机械时，存在机械能的输入或输出，如图 3-20 与图 3-21 所示。

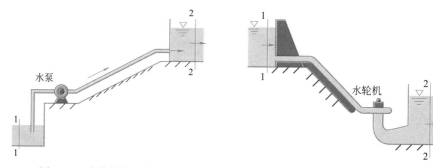

图 3-20　有能量输入的总流　　　　图 3-21　有能量输出的总流

此种情况下，根据能量守恒原理，计入受单位重力作用流体经流体机械获得或失去的机械能，式(3-27)便扩展为适合有机械能输入或输出的伯努利方程式，即

$$z_1+\frac{p_1}{\rho g}+\frac{\alpha_1 v_1^2}{2g}\pm H_m=z_2+\frac{p_2}{\rho g}+\frac{\alpha_2 v_2^2}{2g}+h_l \tag{3-30}$$

式中　$+H_m$——受单位重力作用流体通过流体机械获得的机械能，如水泵的扬程；

　　　$-H_m$——受单位重力作用流体给予流体机械的机械能，如水轮机的作用水头。

3.4.6　两断面间有分流或汇流的恒定总流伯努利方程

总流的伯努利方程式(3-27)是在两过流断面间无分流或汇流的条件下导出的，而实际的流动沿程多有分流和汇流，如图 3-22 所示。若断面 1-1 流速分布较为均匀，设想 1-1 断面的来流，分为两支(以虚线划分)，分别通过 2-2 或 3-3 断面。对 $1'$-$1'$(1-1 断面中的一部分)和 2-2 断面列伯努利方程，其间无分流，则有

$$z_1'+\frac{p_1'}{\rho g}+\frac{\alpha_1 v_1'^2}{2g}=z_2+\frac{p_2}{\rho g}+\frac{\alpha_2 v_2^2}{2g}+h_{l1'2'}$$

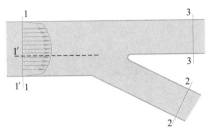

图 3-22 沿程分流

因所取 1-1 断面为渐变流，断面上各点的势能相等，即

$$z_1' + \frac{p_1'}{\rho g} = z_1 + \frac{p_1}{\rho g}$$

若 1-1 断面流速分布较为均匀，即 $\dfrac{\alpha_1 v_1'^2}{2g} \approx \dfrac{\alpha_1 v_1^2}{2g}$

则

$$z_1' + \frac{p_1'}{\rho g} + \frac{\alpha_1 v_1'^2}{2g} \approx z_1 + \frac{p_1}{\rho g} + \frac{\alpha_1 v_1^2}{2g}$$

故

$$z_1 + \frac{p_1}{\rho g} + \frac{\alpha_1 v_1^2}{2g} = z_2 + \frac{p_2}{\rho g} + \frac{\alpha_2 v_2^2}{2g} + h_{l1\text-2}$$

近似成立。

同理

$$z_1 + \frac{p_1}{\rho g} + \frac{\alpha_1 v_1^2}{2g} = z_3 + \frac{p_3}{\rho g} + \frac{\alpha_3 v_3^2}{2g} + h_{l1\text-3}$$

由以上分析知，对于实际工程中沿程有分流（或汇流）的总流，当所取过流断面为渐变流断面，且断面上流速分布较为均匀，计入相应断面之间的水头损失，式(3-27)可用于工程计算。

对于对称的分流或合流，也可类似使用式(3-27)，不必考虑过流断面上的流速分布是否均匀。

3.4.7　恒定气体总流伯努利方程

虽然气体可压缩，但对于流速不大、压强变化较小的系统，如通风管道、烟道等，气体在运动过程中密度的变化可以忽略不计。在这样的条件下，总流的伯努利方程式(3-27)仍可用于气体。鉴于系统中气体的密度同外部空气的密度数量级相同，采用相对压强进行计算时，需考虑外部大气压在不同高度的差值。

设恒定气体总流如图 3-23 所示。气体的密度为 ρ，外部空气密度为 ρ_a，两过流断面上计算点的绝对压强分别为 $p_{1\text{abs}}$、$p_{2\text{abs}}$。

列 1-1 和 2-2 断面的伯努利方程

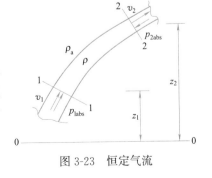

图 3-23　恒定气流

$$z_1 + \frac{p_{1abs}}{\rho g} + \frac{v_1^2}{2g} = z_2 + \frac{p_{2abs}}{\rho g} + \frac{v_2^2}{2g} + h_l$$

$$\alpha_1 = \alpha_2 = 1$$

气体流动中，通常将方程各项乘以 ρg，转变为压强的因次，即

$$\rho g z_1 + p_{1abs} + \frac{\rho v_1^2}{2} = \rho g z_2 + p_{2abs} + \frac{\rho v_2^2}{2} + p_l \tag{3-31}$$

式中　p_l——压强损失，$p_l = \rho g h_l$。

将上式中的压强用相对压强来表示

$$p_{1abs} = p_1 + p_a$$

$$p_{2abs} = p_2 + p_a - \rho_a g(z_2 - z_1)$$

式中，p_a 为高程 z_1 处的大气压，$p_a - \rho_a g(z_2 - z_1)$ 为高程 z_2 处的大气压，代入式(3-31)，整理得以相对压强表示的气体恒定总流伯努利方程

$$p_1 + \frac{\rho v_1^2}{2} + (\rho_a - \rho) g(z_2 - z_1) = p_2 + \frac{\rho v_2^2}{2} + p_l \tag{3-32}$$

这里 p_1、p_2 称为静压，$\frac{\rho v_1^2}{2}$、$\frac{\rho v_2^2}{2}$ 称为动压，静压与动压之和称为总压。$(\rho_a - \rho)g$ 为单位体积气体所受有效浮力，$(z_2 - z_1)$ 为气体沿浮力方向升高的距离，乘积 $(\rho_a - \rho)g(z_2 - z_1)$ 为 1-1 断面相对于 2-2 断面单位体积气体的位能，又称为位压。

当气体的密度和外界空气的密度相同时，或两计算点的高度相同时，位压项为零，式(3-32)化简为

$$p_1 + \frac{\rho v_1^2}{2} = p_2 + \frac{\rho v_2^2}{2} + p_l \tag{3-33}$$

当气体的密度远大于外界空气密度时，即 $\rho \gg \rho_a$，此时相当于液体总流，式(3-32)则可简化为

$$p_1 + \frac{\rho v_1^2}{2} - \rho g(z_2 - z_1) = p_2 + \frac{\rho v_2^2}{2} + p_l$$

或

$$z_1 + \frac{p_1}{\rho g} + \frac{v_1^2}{2g} = z_2 + \frac{p_2}{\rho g} + \frac{v_2^2}{2g} + h_l$$

当气体以一定的速度运动至固体壁面时，如风吹至建筑物时，建筑物表面风速为 0。略去高差与压强损失，建筑物表面与来流风的压差，即建筑物所受风压可由式(3-32)简化为

$$\Delta p = \frac{\rho v_1^2}{2} \tag{3-34}$$

【例题 3-6】　自然排烟锅炉，如图 3-24 所示。烟囱直径 $D = 1\text{m}$，烟气流量 $Q = 7.315\text{m}^3/\text{s}$，烟气密度 $\rho = 0.7\text{kg/m}^3$，外部空气密度 $\rho_a = 1.2\text{kg/m}^3$，烟囱的压强损失 $p_l = 0.035 \frac{H}{D} \frac{\rho v^2}{2}$。为使烟囱底部入口断面的真空度不小于 10mm 水柱，试求烟囱的高度 H。

【解】 选烟囱底部入口断面为 1-1 断面，出口断面为 2-2 断面。因烟气和外部空气的密度不同，所以

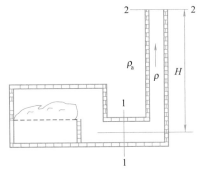

$$p_1+\frac{\rho v_1^2}{2}+(\rho_a-\rho)g(z_2-z_1)=p_2+\frac{\rho v_2^2}{2}+p_l$$

其中 1-1 断面

$$p_1=-\rho_0 gh=-1000\times9.8\times0.01=-98\text{Pa}$$
$$v_1=0, \quad z_1=0$$

2-2 断面：$p_2=0$，$v_2=\dfrac{Q}{A}=9.089\text{m/s}$，

图 3-24　自然排烟锅炉

$z_2=H$ 代入上式

$$-98+9.8\times(1.2-0.7)H=0.7\times\frac{9.089^2}{2}+0.035\times\frac{H}{1}\times\frac{0.7\times9.089^2}{2}$$

得 $H=32.6$m。烟囱的高度需大于此值。

由本题可见，自然排烟锅炉底部压强为负压 $p_1<0$，顶部出口压强 $p_2=0$，且 $z_1<z_2$，这种情况下，是位压 $(\rho_a-\rho)g(z_2-z_1)$ 提供了烟气在烟囱内向上流动的能量。所以，自然排烟需要一定的位压，为此烟气要有一定的温度，以保持有效浮力 $(\rho_a-\rho)g$，同时烟囱还需有一定的高度 (z_2-z_1)，否则将不能维持自动排烟。

3.5　恒定总流动量方程

动量方程(momentum priciple)是继连续性方程和伯努利方程之后的第三个恒定总流基本方程，是动量定理的流体力学表达式。

在固体力学中，由质点系动量定理知，作用于质点系的冲量等于质点系的动量增量，即

$$\sum\vec{F}\mathrm{d}t=\mathrm{d}(m\vec{u})$$

将动量定理应用于流体，可以得到恒定总流动量方程。图 3-25 所示恒定总流，取渐变流断面 1-1 和 2-2 及总流侧表面所围空间为控制体，经 $\mathrm{d}t$ 时段，控制体内的流体由 1-2 运动到 $1'$-$2'$
位置。由于是恒定流，$\mathrm{d}t$ 时段内系
统动量的变化，等于系统在位置 $1'$-
$2'$时的动量 $\vec{K}_{1'\text{-}2'}$ 和系统在原来位置
1-2 时的动量 $\vec{K}_{1\text{-}2}$ 之差，即

图 3-25　总流动量方程推证

$$\mathrm{d}\vec{K}=(\vec{K}_{1'\text{-}2'})_{t+\mathrm{d}t}-(\vec{K}_{1\text{-}2})_t$$

式中

$$(\vec{K}_{1'\text{-}2'})_{t+\mathrm{d}t}=(\vec{K}_{1'\text{-}2})_{t+\mathrm{d}t}+(\vec{K}_{2\cdot2'})_{t+\mathrm{d}t}$$
$$(\vec{K}_{1\text{-}2})_t=(\vec{K}_{1\cdot1'})_t+(\vec{K}_{1'\text{-}2})_t$$

因为是恒定流，流体的运动要求不随时间变化，所以，$\mathrm{d}t$ 时段前后，控

制体的同一流段中的流体动量保持不变，即

$$(\vec{K}_{1'2})_{t+dt}=(\vec{K}_{1'2})_t$$

$$(\vec{K}_{1-1'})_{t+dt}=(\vec{K}_{1-1'})_t$$

$$(\vec{K}_{2-2'})_{t+dt}=(\vec{K}_{2-2'})_t$$

因此有

$$d\vec{K}=\vec{K}_{2-2'}-\vec{K}_{1-1'}$$

若仍采用断面平均流速计算动量，根据动量定理，可得

$$\sum\vec{F}dt=d(m\vec{v})=\beta_2\rho_2Q_2dt\vec{v}_2-\beta_1\rho_1Q_1dt\vec{v}_1$$

或者

$$\sum\vec{F}=\beta_2\rho_2Q_2\vec{v}_2-\beta_1\rho_1Q_1\vec{v}_1 \tag{3-35}$$

式中β称为动量修正系数，用以修正按断面平均流速计算的动量与实际动量的差值，等于实际动量和按平均流速计算的动量大小之比，即

$$\beta=\frac{\int_A u^2 dA}{v^2A} \tag{3-36}$$

β值取决于过流断面上的流速分布，流速分布较均匀的流动，$\beta=1.02\sim1.05$，通常取$\beta=1.0$。

根据不可压缩恒定总流连续性方程，式(3-35)可简化为

$$\sum\vec{F}=\rho Q(\beta_2\vec{v}_2-\beta_1\vec{v}_1) \tag{3-37}$$

式(3-35)和式(3-37)即恒定总流动量方程。方程表明：在恒定总流中，单位时间内流出与流入控制体的动量差，等于作用在控制体内流体上的合外力。

总流动量方程是质点系动量定理的流体力学表达式，方程给出了总流动量变化与作用力之间的关系。根据不同的已知条件，运用动量方程可求解流体和固体边界的相互作用力，或断面平均流速、流量等。恒定总流动量方程的应用条件为：不可压缩恒定流动；所取的控制体，有动量流出和流入的控制面必须是渐变流过流断面。

【例题3-7】 水平放置的输水弯管，如图3-26所示。已知弯管转角$\theta=60°$，直径由$D_1=200mm$变为$D_2=150mm$，转弯前断面的相对压强$p_1=18kPa$，输水流量$Q=0.1m^3/s$，不计水头损失。试求水流对弯管的作用力。

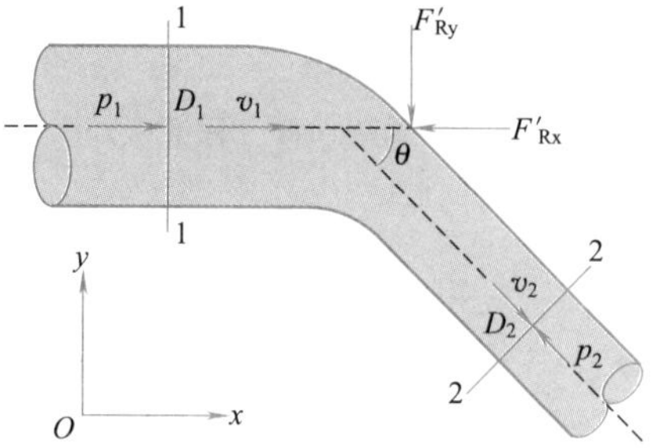

图3-26　输水弯管

【解】 在转弯段分别取过流断面1-1、2-2及管壁所围成的空间为控制体。选直角坐标系xOy，令Ox轴与v_1方向一致。

作用在控制体内流体上的力包括过流断面上的动水压力F_{P1}、F_{P2}、重力F_G和弯管对水流的作用力F'_R，其中重力F_G在xOy面无分量，弯管对水流的作用力是待求量。

将 F'_R 分解为 F'_{Rx} 和 F'_{Ry} 两个分量，并将总流动量方程分别投影在 x 和 y 两个坐标轴上，即

$$F_{P1} - F_{P2}\cos 60^\circ - F'_{Rx} = \rho Q(\beta_2 v_2 \cos 60^\circ - \beta_1 v_1)$$
$$F_{P2}\sin 60^\circ - F'_{Ry} = \rho Q(-\beta_2 v_2 \sin 60^\circ)$$

其中
$$F_{P1} = p_1 A_1 = 18 \times 10^3 \times \frac{1}{4} \times \pi \times 0.2^2 = 565\text{N}$$

再列 1-1 与 2-2 断面的伯努利方程，忽略水头损失，有

$$\frac{p_1}{\rho g} + \frac{v_1^2}{2g} = \frac{p_2}{\rho g} + \frac{v_2^2}{2g}$$

$$p_2 = p_1 + \frac{v_1^2 - v_2^2}{2g}\rho = 7043\text{Pa}$$

$$F_{P2} = \frac{\pi D_2^2}{4} p_2 = 124\text{N}$$

$$v_1 = \frac{4Q}{\pi D_1^2} = 3.18\text{m/s}, \quad v_2 = \frac{4Q}{\pi D_2^2} = 5.66\text{m/s}$$

将各量代入总流动量方程，解得
$$F'_{Rx} = 538\text{N}, \quad F'_{Ry} = 597\text{N}$$

水流对弯管的作用力与弯管对水流的作用力，大小相等方向相反，即
$$F_{Rx} = 538\text{N}, \quad F_{Ry} = 597\text{N}$$

【例题 3-8】 水平放置的三通管，如图 3-27 所示。已知支管与水平线的夹角 $\theta = 30^\circ$，干管直径 $D_1 = 600\text{mm}$，支管直径 $D_2 = 400\text{mm}$，干管断面的压力表读值 $p_M = 70\text{kPa}$，总流量 $Q = 0.6\text{m}^3/\text{s}$，不计水头损失。试求水流对三通管的作用力。

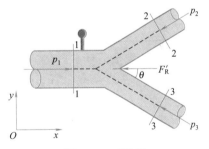

图 3-27 三通管

【解】 取过流断面 1-1、2-2、3-3 及管壁所围成的空间为控制体。选直角坐标系 xOy，令 Ox 轴与干管轴线方向一致。

作用在控制体内流体上的力包括过流断面上的压力 F_{P1}、F_{P2}、F_{P3} 以及三通管对水流的作用力 F'_R。由于管内水流成对称分流形式，因此三通管对水流的作用力只有沿干管轴向（Ox 方向）的分力，且 $F_{P2} = F_{P3}$，如图 3-27 所示。

将总流动量方程投影在 Ox 方向上，即

$$F_{P1} - F_{P2}\cos 30^\circ - F_{P3}\cos 30^\circ - F'_R = \rho \frac{Q}{2} v_2 \cos 30^\circ + \rho \frac{Q}{2} v_3 \cos 30^\circ - \rho Q v_1$$

化简得
$$F'_R = F_{P1} - 2F_{P2}\cos 30^\circ - \rho Q(v_2 \cos 30^\circ - v_1)$$

其中
$$F_{P1} = \frac{\pi D_1^2}{4} p_1 = 19780\text{N}$$

列断面 1-1、2-2 伯努利方程，得

$$p_2 = p_1 + \frac{v_1^2 - v_2^2}{2}\rho = 69400\text{Pa}$$

$$F_{P2} = \frac{\pi D_2^2}{4}p_2 = 8717\text{N}$$

$$v_1 = \frac{4Q}{\pi D_1^2} = 2.12\text{m/s}, \quad v_2 = v_3 = \frac{2Q}{\pi D_2^2} = 2.39\text{m/s}$$

将各量代入总流动量方程，解得

$$F_R' = 4720\text{N}$$

水流对三通管的作用力与三通管对水流的作用力大小相等，方向相反，即 $F_R = 4720\text{N}$。

【例题 3-9】　水经狭缝产生水平方向的自由射流。已知射流单宽流量 q，出口流速 v_1，冲击在呈一定角度的光滑壁面上，射流轴线与壁面呈 θ 角，如图 3-28 所示。若不计水流在壁面上的阻力，试求射流对壁面的单宽作用力 f_R。

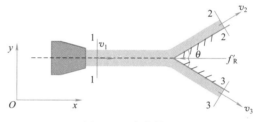

图 3-28　自由射流

【解】　取过流断面 1-1、2-2、3-3 及射流侧表面与壁面所围成的空间为控制体。选直角坐标系 xOy，令 Ox 轴与射流轴线方向一致。

对于自由射流，即液体流入大气的射流，控制面内各点的压强皆可认为等于大气压（相对压强为零）。若不计水流在壁面上的阻力，且由于射流呈对称分流形式，因此壁面对射流的作用力只有沿射流轴向（Ox 方向）的分力 f_R'，如图 3-28 所示。

分别对断面 1-1 与 2-2 及 1-1 与 3-3 列伯努利方程可得

$$v_1 = v_2 = v_3$$

将动量方程投影在 Ox 方向上，即

$$-f_R' = \rho\frac{q}{2}v_2\cos\theta + \rho\frac{q}{2}v_3\cos\theta - \rho q v_1$$

解得　　　　　　　　　　$f_R' = \rho q v(1-\cos\theta)$

射流对壁面的作用力与壁面对射流的作用力大小相等，方向相反，即

$$f_R = \rho q v(1-\cos\theta)$$

若设 θ 分别为 $60°$、$90°$ 和 $180°$，作用力 f_R 则分别为 $0.5\rho q v$、$\rho q v$ 和 $2\rho q v$。

3.6　势流理论基础

3.6.1　微团运动的分解

刚体力学早已证明，刚体的一般运动，可以分解为平移和旋转两部分。

流体是具有流动性的连续介质，流体微团在运动过程中，除平移和旋转之外，还有变形运动。1858 年亥姆霍兹(H. Helmhotz，德国物理学家与生理学家，1821~1894)提出了速度分解定理。

　　某时刻 t，在流场中取微团，令微团上某一点 $O'(x，y，z)$ 为基点，速度 $\vec{u}=\vec{u}(x，y，z)$。在 O' 点的邻域内任取一点 $M(x+\delta x，y+\delta y，z+\delta z)$，$M$ 点的速度以 O' 点的速度按泰勒级数展开并取前两项

$$u_{Mx}=u_x+\frac{\partial u_x}{\partial x}\delta x+\frac{\partial u_x}{\partial y}\delta y+\frac{\partial u_x}{\partial z}\delta z$$

$$u_{My}=u_y+\frac{\partial u_y}{\partial x}\delta x+\frac{\partial u_y}{\partial y}\delta y+\frac{\partial u_y}{\partial z}\delta z \qquad (3\text{-}38)$$

$$u_{Mz}=u_z+\frac{\partial u_z}{\partial x}\delta x+\frac{\partial u_z}{\partial y}\delta y+\frac{\partial u_z}{\partial z}\delta z$$

为分解出平移、旋转和变形运动，对以上各式加减相同项，做恒等变换，即

$$u_{Mx}=u_x+\frac{\partial u_x}{\partial x}\delta x+\frac{\partial u_x}{\partial y}\delta y+\frac{\partial u_x}{\partial z}\delta z\pm\frac{1}{2}\frac{\partial u_y}{\partial x}\delta y\pm\frac{1}{2}\frac{\partial u_z}{\partial x}\delta z$$

$$u_{My}=u_y+\frac{\partial u_y}{\partial x}\delta x+\frac{\partial u_y}{\partial y}\delta y+\frac{\partial u_y}{\partial z}\delta z\pm\frac{1}{2}\frac{\partial u_z}{\partial y}\delta z\pm\frac{1}{2}\frac{\partial u_x}{\partial y}\delta x$$

$$u_{Mz}=u_z+\frac{\partial u_z}{\partial x}\delta x+\frac{\partial u_z}{\partial y}\delta y+\frac{\partial u_z}{\partial z}\delta z\pm\frac{1}{2}\frac{\partial u_x}{\partial z}\delta x\pm\frac{1}{2}\frac{\partial u_y}{\partial z}\delta y$$

并采用符号

$$\varepsilon_{xx}=\frac{\partial u_x}{\partial x}，\quad \varepsilon_{yz}=\varepsilon_{zy}=\frac{1}{2}\left(\frac{\partial u_z}{\partial y}+\frac{\partial u_y}{\partial z}\right)，\quad \omega_x=\frac{1}{2}\left(\frac{\partial u_z}{\partial y}-\frac{\partial u_y}{\partial z}\right)$$

$$\varepsilon_{yy}=\frac{\partial u_y}{\partial y}，\quad \varepsilon_{zx}=\varepsilon_{xz}=\frac{1}{2}\left(\frac{\partial u_x}{\partial z}+\frac{\partial u_z}{\partial x}\right)，\quad \omega_y=\frac{1}{2}\left(\frac{\partial u_x}{\partial z}-\frac{\partial u_z}{\partial x}\right)$$

$$\varepsilon_{zz}=\frac{\partial u_z}{\partial z}，\quad \varepsilon_{xy}=\varepsilon_{yx}=\frac{1}{2}\left(\frac{\partial u_y}{\partial x}+\frac{\partial u_x}{\partial y}\right)，\quad \omega_z=\frac{1}{2}\left(\frac{\partial u_y}{\partial x}-\frac{\partial u_x}{\partial y}\right)$$

则式(3-38)恒等于

$$u_{Mx}=u_x+(\varepsilon_{xx}\delta x+\varepsilon_{xy}\delta y+\varepsilon_{xz}\delta z)+(\omega_y\delta z-\omega_z\delta y)$$

$$u_{My}=u_y+(\varepsilon_{yx}\delta x+\varepsilon_{yy}\delta y+\varepsilon_{yz}\delta z)+(\omega_z\delta x-\omega_x\delta z) \qquad (3\text{-}39)$$

$$u_{Mz}=u_z+(\varepsilon_{zx}\delta x+\varepsilon_{zy}\delta y+\varepsilon_{zz}\delta z)+(\omega_x\delta y-\omega_y\delta x)$$

　　式(3-39)是微团运动速度的分解式，表示流体微团运动的速度为平移、变形(包括线变形和角变形)和旋转三种运动速度的组合，称为流体微团的速度分解定理。

3.6.2　微团运动的组成分析

式(3-39)中各项分别代表某一简单运动的速度。为简化分析，取平面运动的矩形微团 $O'AMB$，以 O' 为基点，该点的速度分量为 u_x、u_y，则 A、M、B 点的速度可由泰勒级数的前两项表示，如图 3-29 所示。

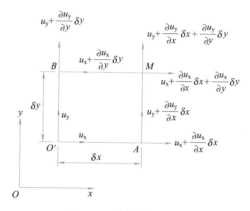

图 3-29　流体微团运动

3.6.2.1　平移速度 u_x、u_y 和 u_z

如图 3-29 所示，u_x 和 u_y 是微团各点共有的速度，如果微团只随基点平移，微团上各点的速度即为 u_x 和 u_y。从这意义上说，u_x 和 u_y 是微团平移在各点引起的速度，称为平移速度。同理，对于空间流场，u_x、u_y 和 u_z 称为平移速度。

3.6.2.2　线变形速度 ε_{xx}、ε_{yy} 和 ε_{zz}

以 $\varepsilon_{xx} = \dfrac{\partial u_x}{\partial x}$ 为例，如图 3-30 所示，微团上 O' 点和 A 点在 x 方向的速度不同，经过 $\mathrm{d}t$ 时段，两点 x 方向的位移量不等，$O'A$ 边发生线变形，平行 x 轴的直线都将发生线变形，变形量为

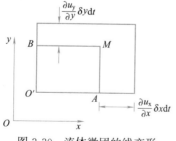

$$\left(u_x + \frac{\partial u_x}{\partial x} \delta x \right) \mathrm{d}t - u_x \mathrm{d}t = \frac{\partial u_x}{\partial x} \delta x\, \mathrm{d}t$$

$\varepsilon_{xx} = \dfrac{\partial u_x}{\partial x}$ 是单位时间微团 x 方向的相对线变形量，称为该方向的线变形速度。

同理，$\varepsilon_{yy} = \dfrac{\partial u_y}{\partial y}$ 和 $\varepsilon_{zz} = \dfrac{\partial u_z}{\partial z}$ 是微团在 y 和 z 方向的线变形速度。

图 3-30　流体微团的线变形

3.6.2.3　角变形速度 ε_{xy}、ε_{yz} 和 ε_{zx}

以 $\varepsilon_{xy} = \dfrac{1}{2}\left(\dfrac{\partial u_y}{\partial x} + \dfrac{\partial u_x}{\partial y} \right)$ 为例，因微团 O' 点和 A 点 y 方向的速度不同，经过 $\mathrm{d}t$ 时段，两点 y 方向的位移量不等，$O'A$ 边发生偏转，如图 3-31 所示，

偏转角度为

$$\delta\alpha \approx \frac{AA'}{\delta x} = \frac{\frac{\partial u_y}{\partial x}\delta x \,\mathrm{d}t}{\delta x} = \frac{\partial u_y}{\partial x}\mathrm{d}t \quad (3\text{-}40)$$

同理，$O'B$ 边也发生偏转，偏转角
度为

图 3-31　流体微团边的偏转

$$\delta\beta \approx \frac{BB'}{\delta y} = \frac{\frac{\partial u_x}{\partial y}\delta y \,\mathrm{d}t}{\delta y} = \frac{\partial u_x}{\partial y}\mathrm{d}t$$

$$(3\text{-}41)$$

$O'A$、$O'B$ 偏转的结果，使微团由原来的矩形变成非矩形 $O'A'M'B'$，这种
变形即角变形可用 $\frac{1}{2}(\delta\alpha + \delta\beta)$ 来衡量，即

$$\frac{1}{2}(\delta\alpha + \delta\beta) = \frac{1}{2}\left(\frac{\partial u_y}{\partial x} + \frac{\partial u_x}{\partial y}\right)\mathrm{d}t = \varepsilon_{xy}\mathrm{d}t$$

$\varepsilon_{xy} = \frac{1}{2}\left(\frac{\partial u_y}{\partial x} + \frac{\partial u_x}{\partial y}\right)$ 是单位时间微团在 xOy 面上的角变形，称为角变形速度。

同理，$\varepsilon_{yz} = \frac{1}{2}\left(\frac{\partial u_z}{\partial y} + \frac{\partial u_y}{\partial z}\right)$，$\varepsilon_{zx} = \frac{1}{2}\left(\frac{\partial u_x}{\partial z} + \frac{\partial u_z}{\partial x}\right)$ 是微团在 yOz、zOx 平
面上的角变形速度。

3.6.2.4　旋转角速度 ω_x，ω_y 和 ω_z

以 $\omega_z = \frac{1}{2}\left(\frac{\partial u_y}{\partial x} - \frac{\partial u_x}{\partial y}\right)$ 为例，在图 3-32 中，若微团 $O'A$、$O'B$ 边偏转的
方向相反，转角相等，$\delta\alpha = \delta\beta$，如图 3-32 所示，此时微团发生角变形，但变
形前后的角分线 $O'C$ 的指向不变，则认为微团没有旋转，是单纯的角变形。
若偏转角不等 $\delta\alpha \neq \delta\beta$，如图 3-33 所示，变形前后角分线 $O'C$ 的指向变化，即
由 $O'C$ 变为 $O'C'$，则该微团旋转，旋转角度

$$\delta\gamma = \frac{1}{2}(\delta\alpha - \delta\beta)$$

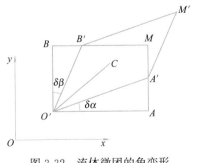

图 3-32　流体微团的角变形

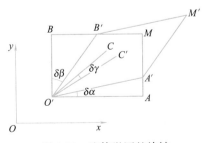

图 3-33　流体微团的旋转

将式(3-40)与式(3-41)代入上式

$$\delta\gamma = \frac{1}{2}\left(\frac{\partial u_y}{\partial x} - \frac{\partial u_x}{\partial y}\right)\mathrm{d}t = \omega_z\mathrm{d}t$$

$\omega_z = \dfrac{1}{2}\left(\dfrac{\partial u_y}{\partial x} - \dfrac{\partial u_x}{\partial y}\right)$ 是微团绕平行于 Oz 轴的基点轴的旋转角速度。

同理，$\omega_x = \dfrac{1}{2}\left(\dfrac{\partial u_z}{\partial y} - \dfrac{\partial u_y}{\partial z}\right)$ 和 $\omega_y = \dfrac{1}{2}\left(\dfrac{\partial u_x}{\partial z} - \dfrac{\partial u_z}{\partial x}\right)$ 是微团绕平行于 Ox、Oy 轴的基点轴的旋转角速度。

以上分析说明了速度分解定理式(3-39)的物理意义，表明流体微团运动包括平移运动、旋转运动和变形(线变形和角变形)三部分，比刚体运动更为复杂。速度分解定理对流体力学的发展有深远影响。在速度分解基础上，根据微团自身是否旋转，将流体运动分为有旋运动和无旋运动两种类型，两者流动的规律性和计算方法不同，从而分别建立了相应的流动分析和计算理论。此外，由于分解出微团的变形运动，为建立应力和变形速度的关系，并为最终建立实际流体运动的基本方程式奠定了基础。

3.6.3　有旋流动和无旋流动

在速度分解定理的基础上，流体运动又可分为以下两种类型。

如在运动中，流体微团不存在旋转运动，即旋转角速度为零，即

$$\omega_x = \frac{1}{2}\left(\frac{\partial u_z}{\partial y} - \frac{\partial u_y}{\partial z}\right) = 0, \qquad \frac{\partial u_z}{\partial y} = \frac{\partial u_y}{\partial z}$$

$$\omega_y = \frac{1}{2}\left(\frac{\partial u_x}{\partial z} - \frac{\partial u_z}{\partial x}\right) = 0, \qquad \frac{\partial u_x}{\partial z} = \frac{\partial u_z}{\partial x} \tag{3-42}$$

$$\omega_z = \frac{1}{2}\left(\frac{\partial u_y}{\partial x} - \frac{\partial u_x}{\partial y}\right) = 0, \qquad \frac{\partial u_y}{\partial x} = \frac{\partial u_x}{\partial y}$$

则称之为无旋流动(irrotational flow)。

如在运动中流体微团存在旋转运动，即 ω_x、ω_y 和 ω_z 三者之中，至少有一个不为零，则称之为有旋流动(rotational flow)。

上述分类的依据仅仅是微团本身是否绕基点的瞬时轴旋转，不涉及是恒定流还是非恒定流、均匀流还是非均匀流，也不涉及微团(质点)运动的轨迹形状。即便微团运动的轨迹是圆，但微团本身无旋转，流动仍是无旋流动，如图 3-34 所示，只有微团本身有旋转，才是有旋流动，如图 3-35 所示。

自然界中大多数流动是有旋流动，这些有旋流动有些以明显可见的旋涡形式表现出来，如桥墩后的旋涡区，航船船尾后面的旋涡等。更多的情况下，有旋流动没有明显可见的旋涡，不是一眼能看出来的，需要根据速度场分析加以判别。

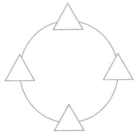

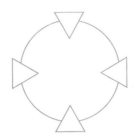

图 3-34　无旋流动　　　　　图 3-35　有旋流动

【例题 3-10】　判断下列流动是有旋流动还是无旋流动。

（1）已知速度场 $u_x = ay$，$u_y = u_z = 0$，其中 a 为常数，流线是平行于 x 轴的直线，如图 3-36 所示。

（2）已知速度场 $u_r = 0$，$u_\theta = \dfrac{b}{r}$，其中 b 是常数，流线是以原点为中心的同心圆，如图 3-37 所示。

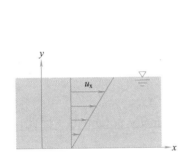

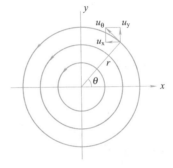

图 3-36　速度场(1)　　　　　图 3-37　速度场(2)

【解】　（1）为平面流动，只需判别 ω_z 是否为零即可。因为

$$\omega_z = \frac{1}{2}\left(\frac{\partial u_y}{\partial x} - \frac{\partial u_x}{\partial y}\right) = \frac{1}{2}(0-a) = -\frac{a}{2} \neq 0$$

为有旋流动。

（2）取直角坐标，任意点的速度分量

$$u_x = -u_0 \sin\theta = -\frac{b}{r}\frac{y}{r} = -\frac{by}{r^2} = -\frac{by}{x^2+y^2}$$

$$u_y = u_0 \cos\theta = \frac{b}{r}\frac{x}{r} = \frac{bx}{r^2} = \frac{bx}{x^2+y^2}$$

$$\omega_z = \frac{1}{2}\left(\frac{\partial u_y}{\partial x} - \frac{\partial u_x}{\partial y}\right) = 0$$

为无旋流动。

3.6.4　平面流动

在流场中，某一方向(如 z 轴方向)流速为零，$u_z = 0$，而另两个方向的流速 u_x、u_y 与坐标 z 无关的流动，称为平面流动。如水流绕过很长的圆柱体，忽略两端的影响，流动可简化为平面流动。

在平面流动中，不可压缩流体连续性微分方程简化为

$$\frac{\partial u_x}{\partial x} + \frac{\partial u_y}{\partial y} = 0 \tag{3-43}$$

而旋转角速度也只有分量 ω_z。如果 ω_z 为零，即

$$\frac{\partial u_y}{\partial x} = \frac{\partial u_x}{\partial y} \tag{3-44}$$

则为平面无旋流动。

根据全微分理论，式(3-44)是使 $u_x \mathrm{d}x + u_y \mathrm{d}y$ 成为某函数 $\varphi(x, y)$ 全微分的必要与充分条件，则

$$\mathrm{d}\varphi = u_x \mathrm{d}x + u_y \mathrm{d}y \tag{3-45}$$

函数 $\varphi(x, y)$ 的全微分可写成

$$\mathrm{d}\varphi = \frac{\partial \varphi}{\partial x} \mathrm{d}x + \frac{\partial \varphi}{\partial y} \mathrm{d}y$$

比较以上两式得

$$u_x = \frac{\partial \varphi}{\partial x}, \qquad u_y = \frac{\partial \varphi}{\partial y} \tag{3-46}$$

函数 $\varphi(x, y)$ 称为平面无旋流动的流速势(velocity potential)。因此，平面无旋流又称平面势流(potential flow)。

同理，式(3-43)是使 $-u_y \mathrm{d}x + u_x \mathrm{d}y$ 成为某函数 $\psi(x, y)$ 全微分的必要与充分条件，则

$$\mathrm{d}\psi = -u_y \mathrm{d}x + u_x \mathrm{d}y \tag{3-47}$$

函数 $\psi(x, y)$ 的全微分可写成

$$\mathrm{d}\psi = \frac{\partial \psi}{\partial x} \mathrm{d}x + \frac{\partial \psi}{\partial y} \mathrm{d}y$$

比较上两式得

$$u_x = \frac{\partial \psi}{\partial y}, \quad u_y = -\frac{\partial \psi}{\partial x} \tag{3-48}$$

函数 $\psi(x, y)$ 称为不可压缩平面流动的流函数(stream function)。流函数等于常数的曲线就是流线。

平面无旋流动的流速势与流函数均为满足拉普拉斯方程的调和函数，即

$$\frac{\partial^2 \varphi}{\partial x^2} + \frac{\partial^2 \varphi}{\partial y^2} = 0 \tag{3-49}$$

$$\frac{\partial^2 \psi}{\partial x^2} + \frac{\partial^2 \psi}{\partial y^2} = 0 \tag{3-50}$$

在不可压缩流体的平面势流中，流速势与流函数之间存在着一定的关系，即等势线与流线处处正交。等势线与流线所构成的正交网格称为流网（flow net）。在工程上，可利用绘制流网的方法，图解与计算平面势流流速场和压强场。

3.6.5 几种基本的平面势流

3.6.5.1 等速均匀流

流场中各点的速度矢量皆相互平行，且大小相等的流动为等速均匀流，如图 3-38 所示。在等速均匀流中，各点流速在 x、y 轴分量为常数，即

$$u_x = a, \quad u_y = b$$

求流速势：

$$\mathrm{d}\varphi = u_x \mathrm{d}x + u_y \mathrm{d}y = a\mathrm{d}x + b\mathrm{d}y$$

积分得

$$\varphi = \int \mathrm{d}\varphi = \int a\mathrm{d}x + b\mathrm{d}y = ax + by \tag{3-51}$$

求流函数：

$$\mathrm{d}\psi = -u_y \mathrm{d}x + u_x \mathrm{d}y = -b\mathrm{d}x + a\mathrm{d}y$$

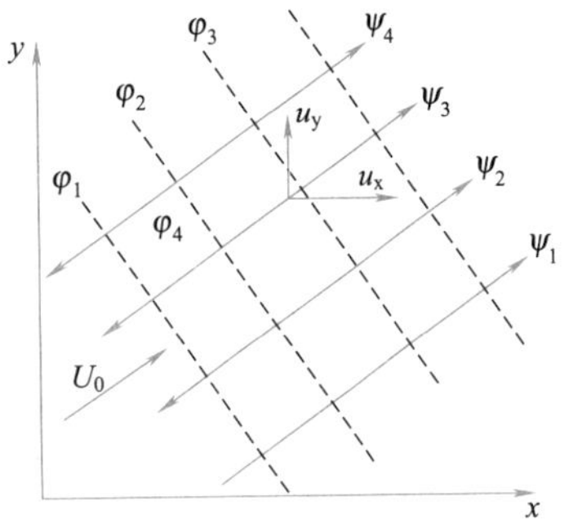

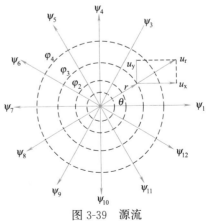

图 3-38 等速均匀流

积分得

$$\psi = \int \mathrm{d}\psi = \int -b\mathrm{d}x + a\mathrm{d}y = -bx + ay \tag{3-52}$$

当流动平行于 y 轴，$u_x = 0$，则

$$\varphi = by, \quad \psi = -bx \tag{3-53}$$

当流动平行于 x 轴，$u_y = 0$，则

$$\varphi = ax, \quad \psi = ay \tag{3-54}$$

在极坐标下，$x = r\cos\theta$，$y = r\sin\theta$，则

$$\varphi = ar\cos\theta, \quad \psi = ar\sin\theta \tag{3-55}$$

3.6.5.2 源流和汇流

流体从平面的一点 O 流出，沿径向均匀地流向四周的流动为源流（source），如图 3-39 所示。O 点为源点。由源点流出的单位厚度流量 Q 称为源流强度。根据连续性条件要求，流经任意半径 r 的圆周的流量保持不变，故源流的速度场为

$$u_r = \frac{Q}{2\pi r}, \quad u_\theta = 0 \tag{3-56}$$

求流速势：

$$\mathrm{d}\varphi = u_r \mathrm{d}r + u_\theta r\mathrm{d}\theta = \frac{Q}{2\pi r}\mathrm{d}r$$

积分得

图 3-39 源流

$$\varphi = \frac{Q}{2\pi}\ln r \tag{3-57}$$

求流函数：

$$\mathrm{d}\psi = -u_\theta \mathrm{d}r + u_r r\mathrm{d}\theta = \frac{Q}{2\pi}\mathrm{d}\theta$$

积分得

$$\psi = \frac{Q}{2\pi}\theta \tag{3-58}$$

相应的直角坐标方程为

$$\varphi = \frac{Q}{2\pi}\ln\sqrt{x^2 + y^2} \tag{3-59}$$

$$\psi = \frac{Q}{2\pi}\arctan\frac{y}{x} \tag{3-60}$$

可以看出，源流流线为从源点向外射出的射线，等势线则为同心圆周线。

流体从四周沿径向流入一点的流动称为汇流，汇流的流量称为汇流强度。汇流的流速势与流函数的表达式与源流相似，只是符号相反，即

$$\varphi = -\frac{Q}{2\pi}\ln r \tag{3-61}$$

$$\psi = -\frac{Q}{2\pi}\theta \tag{3-62}$$

3.6.5.3　势涡流

流体皆绕某一点作匀速圆周运动，且速度与圆周半径成反比的流动称为势涡流（vortex），如图 3-40 所示。衡量势涡强度的物理量称为速度环量 Γ（circulation），即速度沿某曲线的线积分。Γ 是个不随圆周半径而变的常数，具有方向性。$\Gamma > 0$ 时，环量为逆时针方向；$\Gamma < 0$ 时，为顺时针方向。

由定义，沿某半径 r 的圆周的速度环量为

$$\Gamma = 2\pi r u_\theta \tag{3-63}$$

因而势涡流的速度场可为

$$u_r = 0, \quad u_\theta = \frac{\Gamma}{2\pi r} \tag{3-64}$$

求速度势：

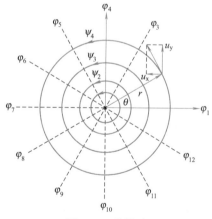

图 3-40　势涡流

$$\mathrm{d}\varphi = u_r \mathrm{d}r + u_\theta r\mathrm{d}\theta = \frac{\Gamma}{2\pi}\mathrm{d}\theta$$

积分得

$$\varphi = \frac{\Gamma}{2\pi}\theta \tag{3-65}$$

求流函数：

$$\mathrm{d}\psi = -u_0\mathrm{d}r + u_r r\mathrm{d}\theta = -\frac{\Gamma}{2\pi r}\mathrm{d}r$$

积分得

$$\psi = -\frac{\Gamma}{2\pi}\ln r \qquad (3\text{-}66)$$

势涡流的等势线是一组由源点引出的径向直线，而流线则是一组同心圆。

3.6.6 势流叠加

势流在数学上的一个非常有意义的性质就是其可叠加性。

设两速度势 φ_1 和 φ_2 均满足拉普拉斯方程

$$\frac{\partial^2\varphi_1}{\partial x^2} + \frac{\partial^2\varphi_1}{\partial y^2} = 0, \qquad \frac{\partial^2\varphi_2}{\partial x^2} + \frac{\partial^2\varphi_2}{\partial y^2} = 0$$

则这两个速度势之和 $\varphi = \varphi_1 + \varphi_2$ 也满足拉普拉斯方程，因为

$$\frac{\partial^2\varphi_1}{\partial x^2} + \frac{\partial^2\varphi_1}{\partial y^2} + \frac{\partial^2\varphi_2}{\partial x^2} + \frac{\partial^2\varphi_2}{\partial y^2} = \frac{\partial^2}{\partial x^2}(\varphi_1 + \varphi_2) + \frac{\partial^2}{\partial y^2}(\varphi_1 + \varphi_2)$$

$$= \frac{\partial^2\varphi}{\partial x^2} + \frac{\partial^2\varphi}{\partial y^2} = 0$$

叠加后的速度

$$u_x = \frac{\partial\varphi}{\partial x} = \frac{\partial\varphi_1}{\partial x} + \frac{\partial\varphi_2}{\partial x} = u_{x1} + u_{x2}$$

$$u_y = \frac{\partial\varphi}{\partial y} = \frac{\partial\varphi_1}{\partial y} + \frac{\partial\varphi_2}{\partial y} = u_{y1} + u_{y2}$$

是原两势流流速的叠加。

同理可证，叠加后流动的流函数等于原流动流函数的代数和，即

$$\psi = \psi_1 + \psi_2$$

3.6.6.1 等速均匀流与源流的叠加

将与 x 轴正方向一致的等速均匀流和源点位于坐标原点的源流叠加，得流速势与流函数

$$\varphi = U_0 x + \frac{Q}{2\pi}\ln\sqrt{x^2+y^2} = U_0 r\cos\theta + \frac{Q}{2\pi}\ln r \qquad (3\text{-}67)$$

$$\psi = U_0 y + \frac{Q}{2\pi}\arctan\frac{y}{x} = U_0 r\sin\theta + \frac{Q}{2\pi}\theta \qquad (3\text{-}68)$$

速度场为

$$u_x = \frac{\partial\varphi}{\partial x} = U_0 + \frac{Q}{2\pi}\frac{x}{x^2+y^2} \qquad (3\text{-}69)$$

$$u_y = \frac{Q}{2\pi}\frac{y}{x^2+y^2} \qquad (3\text{-}70)$$

或

$$u_r = \frac{\partial \varphi}{\partial r} = U_0 \cos\theta + \frac{Q}{2\pi r} \qquad (3\text{-}71)$$

$$u_\theta = \frac{1}{r}\frac{\partial \varphi}{\partial \theta} = -U_0 \sin\theta \qquad (3\text{-}72)$$

求驻点位置：设 s 为驻点，因驻点处 u_x、u_y 或极坐标 u_r、u_θ 均为零，则

$$u_{ys} = \frac{Q}{2\pi}\frac{y_s}{x_s^2 + y_s^2} = 0, \quad y_s = 0$$

$$u_{xs} = U_0 + \frac{Q}{2\pi}\frac{x_s}{x_s^2 + y_s^2} = 0, \quad x_s = -\frac{Q}{2\pi u_0}$$

驻点的极坐标位置为

$$r_s = \frac{Q}{2\pi U_0}, \quad \theta_s = \pi$$

通过驻点的流函数为

$$\psi_s = U_0 r_s \sin\theta + \frac{Q}{2\pi}\theta_s = \frac{Q}{2}$$

则通过驻点的流线方程为

$$U_0 y + \frac{Q}{2\pi}\theta = \frac{Q}{2} \qquad (3\text{-}73)$$

从上式可以看出，当 $x \to \infty$ 即 $\theta \to 0$ 或 2π 时，$y \to \pm\dfrac{Q}{2U_0}$，即过驻点的流线在 $x \to \infty$ 时以 $y = \pm\dfrac{Q}{2U_0}$ 为渐近线。

通过驻点的流线是一条沿 x 轴至驻点后分为上下两支的曲线，两支曲线所包围的区域相当于一个有头无尾的半无限体。因此，等速均匀流与源流的叠加结果就相当于等速均匀来流绕半无限体的流动，如图 3-41 所示。

3.6.6.2　源流与势涡流的叠加

将强度为 Q 的源流和强度为 Γ 的势涡流都放置在坐标原点上，叠加后得速度势和流函数为

$$\varphi = \frac{1}{2\pi}(Q\ln r + \Gamma\theta) \qquad (3\text{-}74)$$

$$\psi = \frac{1}{2\pi}(Q\theta - \Gamma\ln r) \qquad (3\text{-}75)$$

速度场为

$$u_r = \frac{\partial \varphi}{\partial r} = \frac{Q}{2\pi r} \qquad (3\text{-}76)$$

$$u_\theta = \frac{\partial \varphi}{r\,\partial \theta} = \frac{\Gamma}{2\pi r} \qquad (3\text{-}77)$$

令 $\psi = c$，得流线方程为

$$Q\theta - \Gamma\ln r = c' \qquad (3\text{-}78)$$

流线是一组发自坐标原点的对数螺线，如图 3-42 所示。

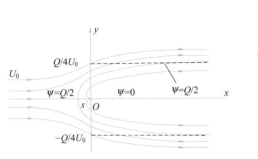
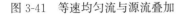
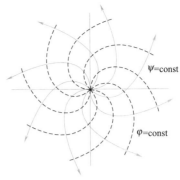

图 3-41　等速均匀流与源流叠加　　　　图 3-42　源流与势涡流叠加

3.7　相似原理与模型实验

除了应用基本方程求解流体力学基本问题外，对于复杂的实际工程问题，往往由于数学上求解存在困难，需要应用实验方法进行研究。作为这种研究方法的基础之一，相似原理（similitude）可以为科学地组织实验及整理实验成果提供理论指导。

3.7.1　相似原理

现代很多复杂的流动问题无法直接应用基本方程式求得解析解，而需要借助实验研究。由于规模等问题，诸多的工程实验只能在实验室通过模型来完成。这里定义的模型（model）通常是指与原型（prototype）或者说工程实物具有同样的流动规律、各相应参数存在固定比例关系的替代物。通过模型实验，把其研究结果换算到原型流动，可以预测在原型流动中将要发生的现象。然而只有在模型和原型之间建立一种正确的联系，才能保证模型实验的有效性，才可以将模型实验的结果用于原型。这种联系称之为相似，即所谓模型和原型之间的流动相似。相似原理就是关于相似的基本理论，是模型实验的理论基础。

3.7.1.1　流动相似

广义地讲，流动相似（similarity）是指模型与原型所有与流动有关的对应物理量之间存在着固定的对应关系。根据物理量的分类，流动相似可以描述为以下三方面的内容。

（1）几何相似

几何相似（geometric similarity）指两流动（原型和模型）相应的线段长度成比例、夹角相等。设 l_p 和 l_m 分别为原型和模型的线段长度，θ_p 和 θ_m 分别为原型和模型的夹角，有

65

$$\left.\begin{array}{c}\dfrac{l_{p1}}{l_{m1}}=\dfrac{l_{p2}}{l_{m2}}=\cdots\cdots=\dfrac{l_p}{l_m}=l_r\\[2mm]\theta_{p1}=\theta_{m1},\ \theta_{p2}=\theta_{m2}\end{array}\right\}\qquad(3\text{-}79)$$

式中 l_r 称为长度比尺(length scale ratio)。由长度比尺可推得相应的面积比尺(area scale ratio)和体积比尺(volume scale ratio)。

面积比尺
$$A_r=\frac{A_p}{A_m}=\frac{l_p^2}{l_m^2}=l_r^2 \qquad(3\text{-}80)$$

体积比尺
$$V_r=\frac{V_p}{V_m}=\frac{l_p^3}{l_m^3}=l_r^3 \qquad(3\text{-}81)$$

长度比尺 l_r 还可用模型比尺 λ 来表示，二者的关系为

$$l_r=\frac{l_p}{l_m}=\frac{1}{\lambda} \qquad(3\text{-}82)$$

（2）运动相似

运动相似(kinematic similarity)指两个流动相应点流速方向相同，大小成比例，即

$$u_r=\frac{u_p}{u_m} \qquad(3\text{-}83)$$

式中 u_r 称为流速比尺(velocity scale ratio)。由于各相应点流速成比例，相应断面的平均流速必然成比例，即

$$u_r=\frac{u_p}{u_m}=\frac{v_p}{v_m}=v_r \qquad(3\text{-}84)$$

将关系 $v=l/t$ 代入上式，得

$$v_r=\frac{l_p/t_p}{l_m/t_m}=\frac{l_p/l_m}{t_p/t_m}=\frac{l_r}{t_r} \qquad(3\text{-}85)$$

$t_r=t_p/t_m$ 称为时间比尺(time scale ratio)，满足运动相似应有固定的长度比尺和时间比尺。

流速相似就意味着加速度相似，加速度比尺(acceleration scale ratio)可表示为

$$a_r=\frac{a_p}{a_m}=\frac{v_p/t_p}{v_m/t_m}=\frac{v_p/v_m}{t_p/t_m}=\frac{v_r}{t_r}=\frac{l_r}{t_r^2} \qquad(3\text{-}86)$$

（3）动力相似

动力相似(dynamic similarity)指两个流动相应点处质点受同名力作用，力的方向相同，大小成比例。根据达朗伯原理，对于运动的质点，设想加上该质点的惯性力，形式上构成封闭力多边形。从这个意义上说，动力相似又可表述为相应点上的力多边形相似，相应边（即同名力）成比例，如图 3-43 所示。

通常情况下，影响流体运动的作用力主要是黏滞力、重力和压力等，如分别以符号 F_V、F_G 和 F_P 表示，惯性力以符号 F_I 表示，那么

$$\boldsymbol{F}_V+\boldsymbol{F}_G+\boldsymbol{F}_P+\boldsymbol{F}_I=0$$

如果动力相似，则有

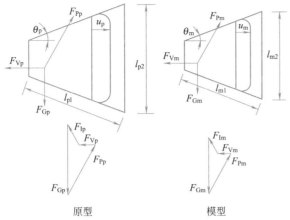

原型 模型

图 3-43 原型和模型动力相似

$$\frac{F_{Vp}}{F_{Vm}}=\frac{F_{Gp}}{F_{Gm}}=\frac{F_{Pp}}{F_{Pm}}=\frac{F_{Ip}}{F_{Im}} \qquad (3-87)$$

或

$$F_{Vr}=F_{Gr}=F_{Pr}=F_{Ir}$$

3.7.1.2 相似准则

流动相似是力学相似的结果，关键是如何来实现原型和模型流动的力学相似。

首先要满足几何相似，否则两个流动不存在相应点，当然也就无相似可言，可以说几何相似是力学相似的前提条件。其次是实现动力相似，以保证运动相似。要使两个流动动力相似，前面定义的各项比尺须符合一定的约束关系，这种约束关系称为相似准则(similarity criterion)。

动力相似的流动，相应点上的力多边形相似，相应边(即同名力)成比例，据此可导出各单项力的相似关系。

（1）雷诺准则

考虑原型与模型之间黏滞力与惯性力的关系，由式(3-87)知

$$\frac{F_{Vp}}{F_{Vm}}=\frac{F_{Ip}}{F_{Im}} \quad 或 \quad \frac{F_{Ip}}{F_{Vp}}=\frac{F_{Im}}{F_{Vm}} \qquad (3-88)$$

鉴于式(3-88)表示两个流动相应点上惯性力与单项作用力(如黏滞力)的对比关系，而不是计算力的绝对量，所以式中的力可用运动的特征量表示，则黏滞力和惯性力可分别表示为

$$F_V=\mu A \frac{\mathrm{d}u}{\mathrm{d}y}=\mu l^2 \frac{v}{l}=\mu l v$$

和

$$F_1=ma=\rho l^3 \frac{l}{t^2}=\rho l^2 v^2$$

代入式(3-88)整理，得

$$Re=\frac{F_1}{F_V}=\frac{\rho l^2 v^2}{\mu l v}=\frac{\rho l v}{\mu}=\frac{l v}{\nu} \qquad (3-89)$$

或

$$(Re)_p=(Re)_m$$

无量纲数 $Re = \dfrac{\rho v l}{\mu} = \dfrac{vl}{\nu}$ 以雷诺（O. Reynolds，英国物理学家与工程师，1842—1912)命名，称雷诺数（Reynolds number)。雷诺数表征惯性力与黏滞力之比，两流动的雷诺数相等，黏滞力相似。

（2）弗劳德准则

考虑原型与模型之间重力与惯性力的关系，由式(3-87)知

$$\frac{F_{Gp}}{F_{Gm}} = \frac{F_{Ip}}{F_{Im}} \quad 或 \quad \frac{F_{Ip}}{F_{Gp}} = \frac{F_{Im}}{F_{Gm}} \tag{3-90}$$

式(3-90)中重力 $F_G = \rho g V = \rho g l^3$，惯性力 $F_I = \rho l^2 v^2$，于是

$$F_r^2 = \frac{F_I}{F_G} = \frac{\rho l^2 v^2}{\rho g l^3} = \frac{v^2}{gl} \tag{3-91}$$

或

$$(Fr)_p = (Fr)_m$$

无量纲数 $Fr = \dfrac{v}{\sqrt{gl}}$ 以弗劳德（W. Froude，英国造船工程师，1810—1879)命名，称弗劳德数（Froude number)。弗劳德数表征惯性力与重力之比，两流动的弗劳德数相等，重力相似。

（3）欧拉准则

考虑原型与模型之间压力与惯性力的关系，由式(3-87)知

$$\frac{F_{Pp}}{F_{Pm}} = \frac{F_{Ip}}{F_{Im}} \quad 或 \quad \frac{F_{Pp}}{F_{Ip}} = \frac{F_{Pm}}{F_{Im}} \tag{3-92}$$

式(3-92)中压力 $F_P = pA = pl^2$，惯性力 $F_I = \rho l^2 v^2$，于是

$$Fr = \frac{F_P}{F_I} = \frac{pl^2}{\rho l^2 v^2} = \frac{p}{\rho v^2} \tag{3-93}$$

或

$$(Eu)_p = (Eu)_m$$

无量纲数 $Eu = \dfrac{p}{\rho v^2}$ 以欧拉命名，称欧拉数（Euler number)。欧拉数表征压力与惯性力之比，两流动的欧拉数相等，压力相似。

在多数流动中，对流动起作用的是压强差 Δp，而不是压强的绝对值，欧拉数中常以相应点的压强差 Δp 代替压强 p，因此欧拉数又可表示为

$$Eu = \frac{\Delta p}{\rho v^2} \tag{3-94}$$

如图 3-42 所示，两个相似流动相应点上的封闭力多边形相似，若决定流动的作用力只有黏滞力、重力和压力，则只要其中两个同名作用力和惯性力成比例，另一个对应的同名力将自动成比例。由于压力通常是待求量，这样只要黏滞力、重力相似，压力将自行相似。换言之，若雷诺准则、弗劳德准则成立，欧拉准则自行成立。所以又将雷诺准则、弗劳德准则称为独立准则，欧拉准则称为导出准则。

流体的运动是由边界条件和作用力决定的，当两个流动一旦实现了几何相似和动力相似，就必然以相同的规律运动。因此，几何相似与独立准则成

立是实现流动相似的充分与必要条件。

3.7.2 模型实验

模型实验是依据相似原理,建立和原型相似的模型进行实验研究,并以实验的结果预测原型将会发生的流动现象。进行模型实验需要解决下面两个问题。

3.7.2.1 模型律的选择

为了使模型和原型流动完全相似,除要几何相似外,各独立的相似准则应同时满足。然而实际上同时满足各准则很困难,甚至是不可能的。

首先考虑雷诺准则

$$(Re)_p = (Re)_m$$

并令 $\rho_p = \rho_m$,原型与模型的速度比尺可表示为

$$\frac{v_p}{v_m} = \frac{\mu_p l_m}{\mu_m l_p} \tag{3-95}$$

即

$$v_r = \frac{\mu_r}{l_r}$$

雷诺数相等,表示黏滞力相似。原型与模型流动雷诺数相等的这个相似条件,称为雷诺模型律。按照上述比尺关系调整原型流动和模型流动的流速比尺和长度比尺,就是根据雷诺模型律进行设计。

再考虑弗劳德准则

$$(Fr)_p = (Fr)_m$$

并令 $g_p = g_m$,原型与模型的速度比尺可表示为

$$\frac{v_p}{v_m} = \sqrt{\frac{l_p}{l_m}} \tag{3-96}$$

即

$$v_r = \sqrt{l_r}$$

弗劳德数相等,表示重力相似。原型与模型流动弗劳德数相等的这个相似条件,称为弗劳德模型律。按照上述比尺关系调整原型流动和模型流动的流速比尺和长度比尺,就是根据弗劳德模型律进行设计。

要同时满足雷诺准则和弗劳德准则,就要同时满足式(3-95)和式(3-96)

$$\frac{\mu_p l_m}{\mu_m l_p} = \sqrt{\frac{l_p}{l_m}} \tag{3-97a}$$

当原型和模型为相同温度下的同种流体时,$\mu_p = \mu_m$,得

$$\frac{l_m}{l_p} = \sqrt{\frac{l_p}{l_m}} \tag{3-97b}$$

显然,只有 $l_p = l_m$,即 $l_r = \lambda = 1$ 时,上式才能成立。多数情况下,已失去模型实验的意义。

由以上分析可见,模型实验做到完全相似是困难的,一般只能达到近似

相似，即保证对流动起主要作用的力相似，这就是模型律的选择问题。如在有压管流中，黏滞力起主要作用，应采用雷诺模型律；而在大多数明渠流动中，重力起主要作用，应采用弗劳德模型律。

在下一章阐述的流动阻力实验中将指出，当雷诺数 Re 超过某一数值后，阻力系数将不随 Re 变化，此时流动阻力的大小与 Re 无关，这个流动范围称为自动模型区。若原型和模型流动都处于自动模型区，只需保持几何相似，不需 Re 相等，自动实现阻力相似。工程上许多明渠水流处于自模区，按弗劳德准则设计的模型，只要模型中的流动进入自模区，便同时满足阻力相似。

3.7.2.2　模型设计

在模型设计中，首先根据实验场地、模型制作能力和量测条件等定出长度比尺 l_r 或模型比尺 λ；再以选定的比尺改变原型的几何尺寸，得出模型的几何边界；然后根据流动受力情况分析，找出对流动起主要作用的力，选择模型律；最后按所选用的相似准则，确定流速比尺及模型的流量。

按雷诺模型律进行设计并设 $\mu_p = \mu_m$，$\rho_p = \rho_m$，流速比尺与长度比尺的关系为

$$v_r = l_r^{-1} = \lambda \tag{3-98}$$

按弗劳德模型律进行设计并设 $g_p = g_m$，流速比尺与长度比尺的关系为

$$v_r = \sqrt{l_r} \tag{3-99}$$

根据流量比尺（flow rate scale ratio）

$$Q_r = \frac{Q_p}{Q_m} = \frac{v_p A_p}{v_m A_m} = v_r l_r^2 \tag{3-100}$$

得模型流量

$$Q_m = \frac{Q_p}{v_r l_r^2} \tag{3-101}$$

将速度比尺关系式（3-98）和式（3-99）分别代入式（3-101），可求得按雷诺模型律确定的模型流量

$$Q_m = \frac{Q_p}{l_r^{-1} l_r^2} = \frac{Q_p}{l_r}$$

和按弗劳德模型律确定的模型流量

$$Q_m = \frac{Q_p}{l_r^{0.5} l_r^2} = \frac{Q_p}{l_r^{2.5}}$$

二者的流量比尺与长度比尺的关系可分别表示为 $Q_r = l_r$ 和 $Q_r = l_r^{2.5}$。

【例题 3-11】　桥孔过水模型实验，如图 3-44 所示。已知桥墩长 $l_p = 24\text{m}$，墩宽 $b_p = 4.3\text{m}$，两桥台间距 $B_p = 90\text{m}$，水深 $h_p = 8.2\text{m}$，水流平均流速 $v_p = 2.3\text{m/s}$。若确定长度比尺 $l_r = 50$，要求设计模型。

【解】

（1）由给定比尺 $l_r = 50$，设计模型各几何尺寸。

墩长　　　　　　　　　$l_m = \dfrac{l_p}{l_r} = \dfrac{24}{50} = 0.48\text{m}$

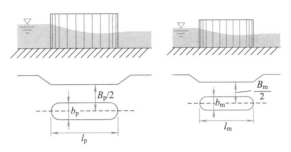

图 3-44 桥孔过流模型

墩宽
$$b_m = \frac{b_p}{l_r} = \frac{4.3}{50} = 0.086 \text{m}$$

台距
$$B_m = \frac{B_p}{l_r} = \frac{90}{50} = 1.8 \text{m}$$

水深
$$h_m = \frac{h_p}{l_r} = \frac{8.2}{50} = 0.164 \text{m}$$

（2）对流动起主要作用的力是重力，按弗劳德模型律确定模型流速及流量，并令 $g_p = g_m$，计算得

流速
$$v_m = \frac{v_p}{\sqrt{l_r}} = \frac{2.3}{\sqrt{50}} = 0.325 \text{m/s}$$

流量 $Q_p = v_p(B_p - b_p)h_p = 2.3 \times (90 - 4.3) \times 8.2 = 1616.3 \text{m}^3/\text{s}$

$$Q_m = \frac{Q_p}{\lambda_l^{2.5}} = \frac{1616.3}{50^{2.5}} = 0.0914 \text{m}^3/\text{s}$$

小结及学习指导

1. 拉格朗日法和欧拉法是描述流体运动的两种不同方法。本章仅对欧拉法进行了展开叙述，给出了相应的一系列基本概念，诸如恒定流和非恒定流、一元流、均匀流和非均匀流、流线、元流和总流以及流量与断面平均流速等。正确理解这些基本概念是掌握流体动力学基本方程的基本保证。

2. 连续性方程、伯努利方程和动量方程分别是质量守恒原理、功能原理和动量定理的流体力学表达式。作为本章乃至于本书的核心内容，三个方程既可以单独使用，又可以联立求解。连续性方程是一个不涉及力的运动学方程，因此对理想流体和实际流体均适用。伯努利方程可以通过对其各项物理意义的理解来更好地掌握，使用中要注意其应用条件。动量方程是建立在"控制体"的概念之上的，使用中要注意合理地划分控制体以及正确分析作用力。

3. 在流体微团运动的分析的基础上，建立平面有势流动的基本概念。对于有势流动，可运用势流叠加原理分析速度场。

4. 流体力学的相似指两个流动的几何条件、运动条件和动力条件均相似，其中的动力相似又可用相似准则来描述。针对不同流动问题，模型律的选择是模型设计中的关键问题。

习题

3-1 已知流速场 $u_x = 2t + 2x + 2y$，$u_y = t - y + z$，$u_z = t + x - z$。试求流场中 $x = 2$，$y = 2$，$z = 1$ 的点在 $t = 3\mathrm{s}$ 时的加速度。

3-2 已知流速场 $u_x = xy^3$，$u_y = -\dfrac{1}{3}y^3$，$u_z = xy$。试求：(1)点(1, 2, 3)之加速度；(2)是几元流动；(3)是恒定流还是非恒定流；(4)是均匀流还是非均匀流？

3-3 已知平面流动的流速分布为 $u_x = a$，$u_y = b$，其中 a、b 为常数。试求流线方程并画出若干条 $y > 0$ 时的流线。

3-4 已知平面流动速度分布为 $u_x = -\dfrac{cy}{x^2 + y^2}$，$u_y = -\dfrac{cx}{x^2 + y^2}$，其中 c 为常数。试求流线方程并画出若干条流线。

3-5 已知平面流动的速度场为 $\boldsymbol{u} = (4y - 6x)t\boldsymbol{i} + (6y - 9x)t\boldsymbol{j}$。试求 $t = 1$ 时的流线方程并绘出 $x = 0$ 至 $x = 4$ 区间穿过 x 轴的 4 条流线图形。

3-6 已知圆管中流速分布为 $u = u_{\max}\left(\dfrac{y}{r_0}\right)^{1/7}$，$r_0$ 为圆管半径，y 为离开管壁的距离，$u_{\max}$ 为管轴处最大流速。试求流速等于断面平均流速的点离管壁的距离 y。

3-7 判断下列两个流动，是否有旋或无旋，是否有角变形或没有角变形？

(1) $u_x = -ay$，$u_y = ax$，$u_z = 0$；

(2) $u_x = -\dfrac{cy}{x^2 + y^2}$，$u_y = -\dfrac{cx}{x^2 + y^2}$，$u_z = 0$，式中的 a、c 为常数。

3-8 如图 3-45 所示，水管直径 $D = 50\mathrm{mm}$，末端的阀门关闭时，压力表读值 $p_{M1} = 21\mathrm{kPa}$，阀门打开后读值降至 $5.5\mathrm{kPa}$。如不计水头损失，试求通过的流量 Q。

3-9 如图 3-46 所示，水在变直径竖管中流动，已知粗管直径 $D_1 = 300\mathrm{mm}$，流速 $v_1 = 6\mathrm{m/s}$，两压力表高差 $h = 3\mathrm{m}$。为使断面的读值相同，试求细管直径 D_2（水头损失不计）。

3-10 如图 3-47 所示，变直径管段 AB，$D_A = 0.2\mathrm{m}$，$D_B = 0.4\mathrm{m}$，高差 $\Delta h = 1.5\mathrm{m}$，测得 $p_A = 30\mathrm{kPa}$，$p_B = 40\mathrm{kPa}$，B 点处断面平均流速 $v_B = 1.5\mathrm{m/s}$。试判断水在管中的流动方向。

3-11 如图 3-48 所示，用皮托管原理测量水管中的点流速。已知读值 $\Delta h = 60\mathrm{mmHg}$，试求该点流速 u。

3-12 如图 3-49 所示，为了测量石油管道的流量，安装文丘里流量计。管道直径 $D_1 = 200\text{mm}$，流量计喉管直径 $D_2 = 100\text{mm}$，石油密度 $\rho = 850\text{kg/m}^3$，流量计流量系数 $\mu = 0.95$。现测得水银压差计读数 $h_\text{m} = 150\text{mm}$，问此时管中流量 Q 是多少？

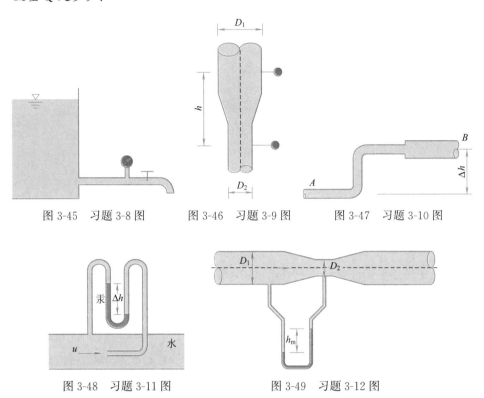

图 3-45　习题 3-8 图　　　图 3-46　习题 3-9 图　　　图 3-47　习题 3-10 图

图 3-48　习题 3-11 图　　　　图 3-49　习题 3-12 图

3-13 如图 3-50 所示，水箱中的水从一扩散短管流到大气中。直径 $D_1 = 100\text{mm}$，该处绝对压强 $p_{1\text{abs}} = 0.5$ 大气压，直径 $D_2 = 150\text{mm}$，求水头 H。水头损失忽略不计。

3-14 如图 3-51 所示，水平坑道与竖井相连，直径 $D = 2\text{m}$，水平坑道长 $l = 300\text{m}$，竖井高 $H = 200\text{m}$，坑道与竖井内整保持 15℃的恒温，外界空气温度在清晨时为 5℃，中午时为 20℃。设坑道与竖井内的压强损失为 $9\dfrac{\rho v^2}{2}$，试分别计算清晨与中午洞内气流的速度和方向。

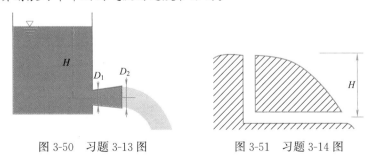

图 3-50　习题 3-13 图　　　图 3-51　习题 3-14 图

3-15　如图 3-52 所示，离心式通风机用集流器 A 从大气中吸入空气。直径 $D=200\text{mm}$ 处，接一根细玻璃管，管的下端插入水槽中。已知管中的水上升 $h=150\text{mm}$，空气的密度 $\rho_a=1.29\text{kg/m}^3$，求吸入的空气量 Q。

3-16　如图 3-53 所示，水由喷嘴射出。已知流量 $Q=0.4\text{m}^3/\text{s}$，主管直径 $D_1=400\text{mm}$，喷嘴直径 $D_2=100\text{mm}$，水头损失不计，求水流作用在喷嘴上的力 F_R。

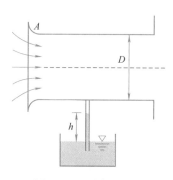
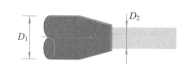

图 3-52　习题 3-15 图　　　　　图 3-53　习题 3-16 图

3-17　如图 3-54 所示，水自狭缝水平射向一与其交角 $\theta=60°$ 的光滑平板上。狭缝高 $h=20\text{mm}$，单宽流量 $q=1.5\text{m}^2/\text{s}$，不计摩擦阻力。试求射流沿平板向两侧的单宽分流流量 q_1 与 q_2，以及射流对单宽平板的作用力 F_R，水头损失忽略不计。

3-18　如图 3-55 所示，矩形断面的平底渠道，其宽度 $B=2.7\text{m}$，渠底在某断面处抬高 $h_1=0.5\text{m}$，抬高前的水深 $H=2\text{m}$，抬高后水面降低 $h_2=0.4\text{m}$，忽略边壁和底部阻力。试求：(1)渠道的流量 Q；(2)水流对底坎的推力 F_R。

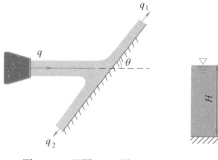
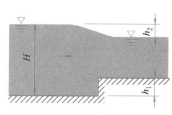

图 3-54　习题 3-17 图　　　　　图 3-55　习题 3-18 图

3-19　用水管模拟输油管道。已知输油管直径 $D_p=500\text{mm}$，管长 $l_p=100\text{m}$，输油量 $Q_p=0.1\text{m}^3/\text{s}$，油的运动黏度 $\nu_p=1.5\times10^{-4}\text{m}^2/\text{s}$。水管直径 $D_m=25\text{mm}$，水的运动黏度 $\nu_m=1.01\times10^{-6}\text{m}^2/\text{s}$。试求：(1)模型管道的长度 l_m 和模型的流量；(2)如模型上测得的压强水头差 $(\Delta p/\rho g)_m=2.35\text{cm}$ 水柱，输油管上的压强水头差 $(\Delta p/\rho g)_p$ 是多少？

3-20 为研究输水管道上直径 $D_p = 600\text{mm}$ 阀门的阻力特性，采用直径 $D_m = 300\text{mm}$，几何相似的阀门用气流做模型实验。已知输水管道的流量 $Q_p = 0.283\text{m}^3/\text{s}$，水的运动黏度 $\nu_p = 1.01 \times 10^{-6}\text{m}^2/\text{s}$，空气的运动黏度 $\nu_m = 1.6 \times 10^{-5}\text{m}^2/\text{s}$。试求模型的气流量 Q_m。

3-21 如图 3-56 所示，为研究汽车的空气动力特性，在风洞中进行模型实验。已知汽车高 $h_p = 1.5\text{m}$，行车速度 $v_p = 108\text{km/h}$，风洞风速 $v_m = 45\text{m/s}$，测得模型车的阻力 $F_{Dm} = 14\text{kN}$。试求模型车的高度 h_m 及汽车受到的阻力 F_{Dp}。

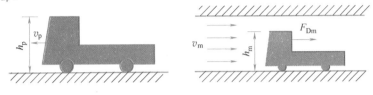

图 3-56 习题 3-21 图

3-22 为研究风对高层建筑物的影响，在风洞中进行模型实验，当风速 $v_m = 9\text{m/s}$ 时，测得迎风面压强 $p_{mf} = 42\text{Pa}$，背风面压强 $p_{mb} = -20\text{Pa}$。试求温度不变，风速增至 12m/s 时，迎风面和背风面的压强。

3-23 贮水池放水模型实验，已知模型长度比尺 $l_r = 225$，开闸后 10min 水全部放空。试求放空贮水池所需时间。

3-24 防浪堤模型实验，长度比尺 $l_r = 40$，测得浪压力 $F_{Pm} = 130\text{N}$。试求作用在原型防浪堤上的浪压力。

3-25 如图 3-57 所示，溢流坝泄流模型实验，模型长度比尺 $l_r = 60$，溢流坝的泄流量 $Q_p = 500\text{m}^3/\text{s}$。试求：（1）模型的泄流量 Q_m；（2）模型的堰上水头 $H_m = 6\text{cm}$，原型对应的堰上水头是多少？

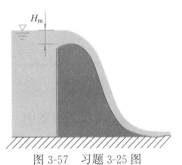

图 3-57 习题 3-25 图

流 动 阻 力

本章知识点

【知识点】流动阻力与水头损失的分类，流态判别，层流运动，湍流运动，沿程阻力的分析与沿程阻力系数的计算，局部阻力的分析与局部阻力系数的计算，边界层，绕流阻力。

【重点】掌握沿程阻力系数的变化规律以及计算方法，掌握圆管层流的运动分析，掌握绕流阻力及其相关的基本概念。

【难点】对尼古拉兹阻力分区的理解。

实际流体具有黏性。黏性的存在使得流体质点在运动过程中相互牵制，产生流动阻力(drag)，消耗机械能。研究流动阻力产生的机理、正确地计算其数值是流体力学的主要任务之一。流动阻力与流动形态以及流动边界的特征密切相关，只有解决了流动阻力的计算问题，流体动力学的相关公式才能应用于工程实际问题。

4.1 概述

实际流体在运动过程中，由于黏性作用，过流断面上的流速分布不均匀，相邻质点间存在相对运动，从而使流体质点之间及流体与边界之间存在切应力(摩擦力)，形成流动阻力。流体克服这种阻力做功引起机械能损失。单位重量流体的机械能损失又称为水头损失。

4.1.1 流动阻力的分类

根据流体流动边界状况的不同，流动阻力可分为两类：

一类是流体流过边壁沿程没有变化的边界时产生的阻力。这种阻力主要是流体质点间摩擦作用而引起的，故称沿程阻力或摩擦阻力。由于沿程阻力做功而引起的机械能损失称为沿程水头损失(frictional head loss)，用 h_f 表示。沿程水头损失均匀分布在整个流段上，大小与流程长度成正比。工程中的涵管、长直渠道和有压输水管道中所产生的水头损失主要是沿程水头损失。

另一类则是流体流过形状与流向改变的边界时产生的阻力。边界形状的变化加剧了流体质点间的摩擦并引起质点相互碰撞，这种发生在边界局部变化处的阻力称为局部阻力。局部阻力做功所引起的水头损失称为局部水头损失（minor loss），用 h_m 表示。工程中局部水头损失一般发生在流动转弯、过流断面变化、阀门以及其他边界形状变化之处。

通常情况下，沿程水头损失和局部水头损失之和为整个流动过程的总水头损失 h_l，即

$$h_l = \sum h_\mathrm{f} + \sum h_\mathrm{m} \tag{4-1}$$

4.1.2 水头损失的计算

水头损失及计算是建立在大量实验研究的基础上的。达西（H. Darcy，法国工程师，1803～1858）与魏斯巴赫（J. Weisbach，德国水力学家，1806～1871）于 19 世纪中叶总结与归纳了前人的工作后，提出了圆管沿程水头损失的计算公式

$$h_\mathrm{f} = \lambda \frac{l}{D} \frac{v^2}{2g} \tag{4-2}$$

式中　λ——沿程阻力系数；

　　　l——管长（m）；

　　　D——管径（m）；

　　　v——断面平均流速（m/s）；

　　　g——重力加速度（m/s²）。

之后，又有学者在实验的基础上提出了局部水头损失的计算公式

$$h_\mathrm{m} = \zeta \frac{v^2}{2g} \tag{4-3}$$

式中　ζ——局部阻力系数。

　　　v——断面平均流速。

事实上，式（4-2）和式（4-3）只是在形式上给出了沿程水头损失和局部水头损失与流速水头的关系，并没有真正解决水头损失的计算问题，而是把求解水头损失的问题转化为对沿程阻力系数和局部阻力系数的研究。

4.1.3 沿程水头损失与切应力的关系

沿程水头损失是流体内摩擦力（切力）做功所消耗的机械能，因此沿程水头损失与切应力之间存在一定关系，在恒定均匀流条件下，可以导出这种关系，称为均匀流基本方程式。

取恒定均匀流段如图 4-1 所示。由于加速度为零，牛顿第二定律可表示为作用在该流段上的压力、重力以及壁面切力之和等于零，即

$$\sum (\boldsymbol{F}_{\mathrm{P1}} + \boldsymbol{F}_{\mathrm{P2}} + \boldsymbol{F}_\mathrm{G} + \boldsymbol{F}_\mathrm{V}) = 0$$

将其投影在流动方向上，得

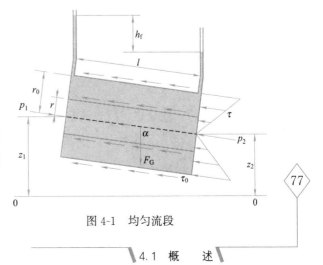

图 4-1　均匀流段

77

$$p_1 A - p_2 A + \rho g A l \cos\alpha - \tau_0 P l = 0$$

式中 p_1、p_2 —— 两端过流断面形心点的压强（Pa）；

A —— 过流断面面积（m²）；

l —— 流段长（m）；

τ_0 —— 壁面切应力（Pa）；

P —— 湿周（wetted perimeter）（m），指过流断面上流体与固体边界接触的周界长度。

以 $\rho g A$ 除式中各项，且 $l\cos\alpha = z_1 - z_2$，整理得

$$\left(z_1 + \frac{p_1}{\rho g}\right) - \left(z_2 + \frac{p_2}{\rho g}\right) = \frac{\tau_0 P l}{\rho g A}$$

再列两断面间的伯努利方程，得

$$\left(z_1 + \frac{p_1}{\rho g}\right) - \left(z_2 + \frac{p_2}{\rho g}\right) = h_f$$

两式合并

$$h_f = \frac{\tau_0 P l}{\rho g A} = \frac{\tau_0 l}{\rho g R} \tag{4-4}$$

或

$$\tau_0 = \rho g R \frac{h_f}{l} = \rho g R J \tag{4-5}$$

式中 τ_0 —— 壁面切应力（Pa）；

R —— 水力半径，$R = \dfrac{A}{P}$；

J —— 水力坡度。

式（4-5）称为均匀流基本方程式。

对于半径为 r_0 的圆管满流，式（4-5）可表示为

$$\tau_0 = \rho g \frac{r_0}{2} J \tag{4-6}$$

对于管中任意半径 r 的水流，式（4-5）又可表示为

$$\tau = \rho g \frac{r}{2} J \tag{4-7}$$

将式（4-6）与式（4-7）相比，得

$$\tau = \frac{r}{r_0} \tau_0 \tag{4-8}$$

圆管均匀流过流断面上切应力呈直线分布，管轴处最小值 $\tau = 0$，管壁处达到最大值 $\tau = \tau_0$，如图 4-1 所示。

将 $J = \lambda \dfrac{l}{D} \dfrac{v^2}{2g}$ 代入式（4-6），整理得

$$\sqrt{\frac{\tau_0}{\rho}} = v\sqrt{\frac{\lambda}{8}}$$

定义 $v^* = \sqrt{\dfrac{\tau_0}{\rho}}$，称为壁剪切速度，则

$$v^* = v\sqrt{\frac{\lambda}{8}} \qquad (4\text{-}9)$$

式(4-9)反映了沿程阻力系数和壁面切应力的关系。

4.2 黏性流体的两种流态

早在 19 世纪初，学者们注意到水头损失和流速之间的关系：当流速比较小时，沿程水头损失与断面平均流速的一次方成正比，而当流速较大时，沿程水头损失则与断面平均流速的二次方成正比。1883 年，雷诺用实验证明了水头损失与断面平均流速的变化关系之所以不同，是因为实际流体的流动存在两种不同的流态。

4.2.1 雷诺实验

1880～1883 年，雷诺通过反复的实验发现了流体在流动过程中存在层流和湍流两种完全不同的流态，这就是著名的雷诺实验。雷诺实验装置由清水系统和颜色水系统组成，如图 4-2 所示。清水箱内设有溢流装置，使箱内水位保持不变，以保证管中水流为恒定流，底部为等直径的玻璃出水管。水箱顶部有一颜色水箱，并通过细导管将颜色水引至玻璃出水管进口中心。导管进口和玻璃管末端均设有阀门，分别用以调节颜色水和玻璃管中水流的流量和流速。

实验时，首先开启玻璃管调节阀门，箱内的水从玻璃管中缓慢流出。然后打开导管阀门，红颜色水亦在玻璃管中流动。当玻璃管阀门开度较小时，管中流速亦较小，此时可以看到管中的颜色液流呈一直线状，并不与周围的水流相混合(图 4-2a)。这说明管中水流质点均以规则的、不相混杂的形式分层流动，这种流动形态称为层流(laminar flow)。

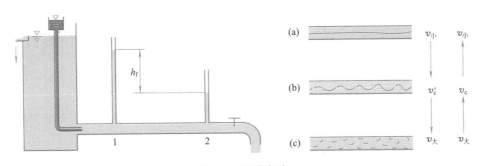

图 4-2 雷诺实验

随着玻璃管调节阀门的逐渐开大，管中流速随之增大。当流速增大到一定程度时，颜色水的直线开始抖动，变为波形曲线(图 4-2b)。流速再增大，颜色水动荡加剧，并发生断裂卷曲，然后迅速分裂成许多小旋涡，并脱离原来的流动路线而向四周扩散，与周围的水流相混合，使全部水流染色

（图 4-2c）。此时，管中水流质点已不能保持原来规则的流动状态，而以不规则的、相互混杂的形式流动。这种流动形态称为湍流或紊流（turbulence）。

4.2.2 沿程损失和断面平均流速的关系

层流和湍流质点运动的方式不同，因而在各方面的规律亦有所区别。

通过实验来确定恒定均匀流情况下层流、湍流沿程水头损失 h_f 和流速 v 的关系。

为分析沿程水头损失与流速的关系，在玻璃管上取实验段，对断面 1、断面 2 列伯努利方程，由于流速 $v_1 = v_2$，故实验段的沿程水头损失为

$$h_f = \left(z_1 + \frac{p_1}{\rho g}\right) - \left(z_2 + \frac{p_2}{\rho g}\right)$$

即 h_f 就等于断面 1 和断面 2 的测压管液面差，即势能的减少。调节阀门的开度，同时量测沿程水头损失与相应的断面平均流速。

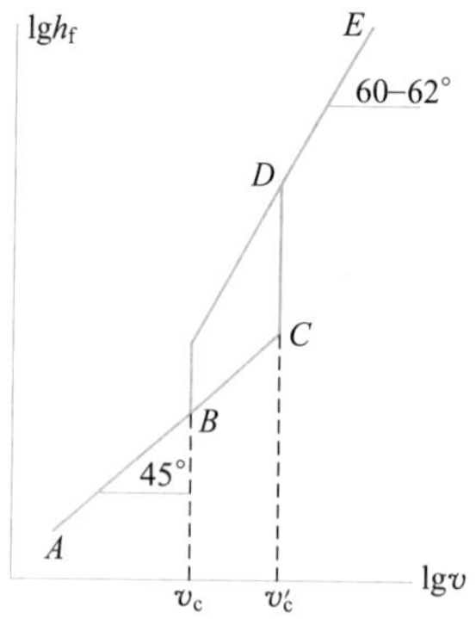

图 4-3 沿程损失与流速的关系

将实验数据点绘在 $\lg h_f \sim \lg v$ 双对数坐标上，如图 4-3 所示。

当流速由小逐渐增大进行实验时，所得实验数据位于 $ACDE$ 上，C 点对应的流速是层流转变为湍流的流速，称为上临界流速，用 v_c' 表示；若流速由大逐渐减小，则所得的实验数据位于 $EDBA$ 上，B 点对应的流速是湍流转变为层流的流速，称为下临界流速，以 v_c 表示。实验表明，下临界流速低于上临界流速，即 $v_c < v_c'$。因此当流速 $v < v_c$ 时流动为层流（AB 段）；当流速 $v > v_c'$ 时为湍流（DE 段）；当 $v_c < v < v_c'$ 时（BD 段）可能是层流也可能是湍流，要看实验进行的方向，这一段称为层流到湍流的过渡段。过渡段流态很不稳定，即使处于层流状态，一经外界干扰，就会很快转变为湍流。因此，该段的实验数据比较散乱，没有明确的规律。而对于层流的 AB 段和湍流的 DE 段，设沿程水头损失 h_f 和流速 v 的关系为

$$h_f = k v^m$$

取对数得

$$\lg h_f = \lg k + m \lg v$$

式中 $\lg k$ 是线段 AB（或 DE）的截距；m 是线段 AB（或 DE）的斜率，斜率的变化规律如下：

AB 段，层流，倾角 $\theta = 45°$，斜率 $m = 1$，即 $h_f \sim v^1$，沿程水头损失与断面平均流速的一次方成比例；

DE 段，随着流速 v 的增大，流态变为湍流，$m = 1.75 \sim 2.0$，即 $h_f \sim$

$v^{1.75\sim2.0}$，沿程水头损失与断面平面流速的 1.75～2.0 次方成比例。

4.2.3 流态的判别标准

雷诺实验表明，流态不同会导致沿程水头损失与断面平均流速的关系不同，因此在计算沿程水头损失之前必须要判别流态。雷诺发现，临界流速只是某一特定条件下流态的转掠点，它将随实验条件的改变而变化。研究表明，临界流速 v_c 与实验管段的管径 D、流体的动力黏度 μ 和密度 ρ 有关，即

$$v_c \propto \frac{\mu}{\rho D}$$

写成等式

$$v_c = Re_c \frac{\mu}{\rho D}$$

或

$$Re_c = \frac{\rho v_c D}{\mu} = \frac{v_c D}{\nu} \tag{4-10a}$$

Re_c 称为临界雷诺数。大量实验证明，临界雷诺数为一常数，一般取 $Re_c = 2300$。

流态判别时，计算出实际流动的雷诺数

$$Re = \frac{\rho v D}{\mu} = \frac{v D}{\nu} \tag{4-10b}$$

与临界雷诺数比较即可。

$$Re < Re_c = 2300，流态为层流$$
$$Re > Re_c = 2300，流态为湍流$$
$$Re = Re_c = 2300，流态为临界流$$

上述比较以圆管直径作为特征长度，适用于圆管满流。对于非圆管(non-circular conduit)流动以及圆管非满流，可采用水力半径作为特征长度取代其中的圆管管径。现定义水力半径

$$R = \frac{A}{P} \tag{4-11}$$

式中　R——水力半径(hydraulic radius)(m)；

　　　A——过流断面面积(m^2)；

　　　P——湿周(m)。

比较圆管满流，有

$$R = \frac{A}{P} = \frac{\frac{\pi}{4}D^2}{\pi D} = \frac{D}{4}$$

定义

$$D_e = 4R \tag{4-12}$$

为当量直径，并代入临界雷诺数表达式，得

$$Re_c = \frac{\rho v_c D_e}{\mu} = \frac{\rho v_c (4R)}{\mu} = 2300$$

或

$$Re_{Rc} = \frac{\rho v_c R}{\mu} = \frac{v_c R}{\nu} = 575$$

因此，对采用水力半径作为特征长度的流动进行流态判别时，计算出实际流动的雷诺数

$$Re_R = \frac{\rho v R}{\mu} = \frac{v R}{\nu}$$

与临界雷诺数比较即可。

$$Re_R < Re_{Rc} = 575，流态为层流$$
$$Re_R > Re_{Rc} = 575，流态为湍流$$
$$Re_R = Re_{Rc} = 575，流态为临界流$$

【例题 4-1】 一直径 $D = 32\text{mm}$ 的供水管，输送水温 $t = 15℃$、流速 $v = 1.5\text{m/s}$ 的水。试判别管中水流的流态。

【解】 由表 1-4 查得，15℃时水的运动黏度为 $\nu = 1.146 \times 10^{-6} \text{m}^2/\text{s}$。

雷诺数 $\qquad Re = \frac{vD}{\nu} = \frac{1.5 \times 0.032}{1.146 \times 10^{-6}} = 41885$

$$Re > Re_c = 2300，流态为湍流$$

【例题 4-2】 水流流过一宽 $B = 7\text{m}$、水深 $h = 1.5\text{m}$ 的矩形断面渠道，通过水温 $t = 10℃$、流量 $Q = 0.01\text{m}^3/\text{s}$，试判别渠道中水流的流态。若保持渠道中水流的流态为层流，最大流量应为多少？

【解】 由表 1-4 查得，10℃时水的运动黏度为 $\nu = 1.31 \times 10^{-6} \text{m}^2/\text{s}$。

水力半径 $\qquad R = \frac{Bh}{B+2h} = \frac{7 \times 1.5}{7+21.5} = 1.05\text{m}$

断面平均流速 $\qquad v = \frac{Q}{Bh} = \frac{0.01}{7 \times 1.5} = 9.5 \times 10^{-4}\text{m/s}$

雷诺数 $\qquad Re_R = \frac{vR}{\nu} = \frac{9.5 \times 10^{-4} \times 1.05}{1.31 \times 10^{-6}} = 761$

$$Re_R > Re_{Rc} = 575，流态为湍流$$

为保持渠道中水流的流态为层流，令

$$Re_{Rc} = \frac{v_c R}{\nu} = 575$$

解得临界流速 $\quad v_c = \frac{Re_{Rc}\nu}{R} = \frac{575 \times 1.31 \times 10^{-6}}{1.05} = 7.17 \times 10^{-4}\text{m/s}$

最大流量 $\qquad Q = vBh = 7.17 \times 10^{-4} \times 7 \times 1.5 = 0.0075\text{m}^3/\text{s}$

4.3　层流运动

4.3.1　圆管均匀层流

雷诺实验给出了层流运动的特征，即流体呈现一种"分层"流动。对于圆管来说，由于管内液体对称于管中心轴，因此在流动时则表现出一种"同轴嵌套"式的滑动，每一"流层"的流体有着相同的半径和流速。

4.3.1.1　流速分布

层流运动时，液体内部流层间的切应力满足牛顿内摩擦定律

$$\tau = \mu \frac{\mathrm{d}u}{\mathrm{d}y}$$

对于圆管，有 $y = r_0 - r$，如图 4-4 所示。代入上式，得

$$\tau = -\mu \frac{\mathrm{d}u}{\mathrm{d}r} \qquad (4\text{-}13)$$

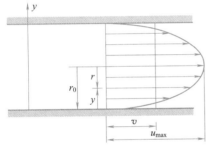

图 4-4　圆管中的层流

将式(4-7)与式(4-13)联立，得

$$-\mu \frac{\mathrm{d}u}{\mathrm{d}r} = \rho g \frac{r}{2} J$$

分离变量并整理得

$$\mathrm{d}u = \frac{gJ}{2\nu} r \mathrm{d}r$$

积分上式得

$$u = -\frac{gJ}{4\nu} r^2 + C \qquad (4\text{-}14)$$

式中积分常数 C 由以下条件确定：当 $r = r_0$ 时，$u = 0$，得 $C = \dfrac{gJ}{4\nu} r^2$。将积分常数回代得

$$u = \frac{gJ}{4\nu}(r_0^2 - r^2) \qquad (4\text{-}15)$$

可见圆管层流的流速分布是以管轴为中心的旋转抛物面，在管轴（$r = 0$）处流速最大

83

$$u_{\max} = \frac{gJ}{4\nu} r_0^2 \qquad\qquad (4\text{-}16)$$

将式(4-16)代入式(4-15)，可得

$$u = u_{\max} - \frac{gJ}{4\nu} r^2 \qquad\qquad (4\text{-}17)$$

旋转抛物面是一种典型的层流运动的流速分布，其流速分布很不均匀。

4.3.1.2 流量

取半径为 r 处的环形面积(见图 4-4)为微分面积 $\mathrm{d}A = 2\pi r\,\mathrm{d}r$，则通过 $\mathrm{d}A$ 的流量为

$$\mathrm{d}Q = u\,\mathrm{d}A = \frac{gJ}{4\nu}(r_0^2 - r^2)2\pi r\,\mathrm{d}r$$

总流的流量为

$$Q = \int_0^{r_0} \frac{\rho gJ}{4\mu}(r_0^2 - r^2)2\pi r\,\mathrm{d}r = \frac{gJ}{8\nu}\pi r_0^4 \qquad\qquad (4\text{-}18)$$

4.3.1.3 断面平均流速

$$v = \frac{Q}{A} = \frac{gJ}{8\nu} r_0^2 \qquad\qquad (4\text{-}19)$$

比较式(4-19)与式(4-16)，得

$$v = \frac{1}{2} u_{\max}$$

圆管层流断面平均流速是最大流速的一半。

4.3.1.4 沿程水头损失及沿程阻力系数

将 $r_0 = \dfrac{D}{2}$ 与 $J = \dfrac{h_\mathrm{f}}{l}$ 代入式(4-19)，整理得

$$h_\mathrm{f} = \frac{32\nu l}{gD^2} v \qquad\qquad (4\text{-}20)$$

式(4-20)为圆管层流沿程水头损失的计算公式，该式从理论上证明了层流时沿程水头损失与断面平均流速的一次方成正比，与雷诺实验的结果一致。

式(4-20)又称为哈根-泊肃叶公式(Hagen-Poiseuille law)，是由哈根(G. Hagen，德国工程师，1797~1884)和泊肃叶(J. L. Poiseuille，法国物理学家，1799~1869)分别于 1839 年和 1840 年通过实验得出。

将式(4-20)改写成达西-魏斯巴赫公式的形式

$$h_\mathrm{f} = \frac{64\nu}{vD} \frac{l}{D} \frac{v^2}{2g} = \frac{64}{\dfrac{vD}{\nu}} \frac{l}{D} \frac{v^2}{2g} = \frac{64}{Re} \frac{l}{D} \frac{v^2}{2g} = \lambda\, \frac{l}{D} \frac{v^2}{2g} \qquad\qquad (4\text{-}21)$$

得圆管层流沿程阻力系数为

$$\lambda = \frac{64}{Re} \qquad\qquad (4\text{-}22)$$

4.3.2　二元明渠均匀层流

4.3.2.1　流速分布

对于河宽 B 比水深 H 大得多的宽浅断面（即 $B \gg H$）的水渠，在忽略岸边影响时可以近似地看做二元明渠。其过流断面的水力半径可表示为

$$R = \frac{A}{P} = \frac{BH}{B+2H} \approx \frac{BH}{B} = H$$

即二元明渠的水力半径近似等于水深。

设二元明渠均匀层流的水深为 H，从渠底计算的横向坐标为 y，如图 4-5 所示。根据牛顿内摩擦定律，任一点的切应力为

$$\tau = \mu \frac{\mathrm{d}u}{\mathrm{d}y}$$

再根据均匀流基本方程，该点的切应力还可表示为

$$\tau = \rho g R J$$

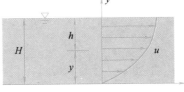

图 4-5　二元明渠均匀层流

其对应的水力半径近似为

$$R = H - y$$

代入上式得该点的切应力为

$$\tau = \rho g (H - y) J \tag{4-23}$$

联立牛顿内摩擦定律与式(4-23)，并分离变量得

$$\mathrm{d}u = \frac{gJ}{\nu}(H - y)\mathrm{d}y$$

积分得

$$u = \frac{gJ}{\nu} \int (H - y)\mathrm{d}y = \frac{gJ}{\nu}\left(Hy - \frac{y^2}{2}\right) + C$$

在渠底处，$y = 0$ 及 $u = 0$，代入上式得 $C = 0$。再将 C 值回代入上式得

$$u = \frac{gJ}{\nu}\left(Hy - \frac{y^2}{2}\right) \tag{4-24}$$

式(4-24)表明二元明渠均匀层流的断面流速按抛物面规律分布。在水面处，$y = H$，$u = u_{\max} = \dfrac{gJ}{2\nu}H^2$。

4.3.2.2　流量和断面平均流速

设通过微小液层 $\mathrm{d}y$ 的单宽流量 $\mathrm{d}q = u\mathrm{d}y$，则二元明渠均匀层流的单宽流量

$$q = \int \mathrm{d}q = \int_0^H u\,\mathrm{d}y = \int_0^H \frac{gJ}{\nu}\left(Hy - \frac{y^2}{2}\right)\mathrm{d}y = \frac{gJ}{3\nu}H^3 \tag{4-25}$$

断面平均流速

$$v = \frac{q}{H} = \frac{gJ}{3\nu}H^2 = \frac{2}{3}u_{\max} \tag{4-26}$$

式(4-26)表明二元明渠均匀层流的断面平均流速为最大流速的 $\frac{2}{3}$。

4.3.2.3 沿程水头损失

以 $J=\dfrac{h_f}{l}$ 代入式(4-26)，可得

$$h_f=\frac{3\nu l}{gH^2}v \tag{4-27}$$

上式表明二元明渠均匀层流的沿程水头损失与断面平均流速的一次方成正比。

将水力半径 $R=H$ 代入式(4-27)，可得

$$h_f=\frac{3\nu l}{gR^2}v=\underbrace{\frac{24}{\dfrac{vR}{\nu}}}\frac{l}{4R}\frac{v^2}{2g}$$

对比达西-魏斯巴赫公式可得

$$\lambda=\frac{24}{Re} \tag{4-28}$$

【例题 4-3】 有一输油管，管长 $l=50\mathrm{m}$，管径 $D=100\mathrm{mm}$。已知油的密度 $\rho=930\mathrm{kg/m^3}$，动力黏度 $\mu=0.072\mathrm{Pa\cdot s}$。若通过输油管的流量 $Q=10\mathrm{L/s}$ 时，求输油管的沿程水头损失 h_f、管轴处最大流速 u_{max} 及管壁切应力 τ_0。

【解】 首先判别流态。

断面平均流速

$$v=\frac{4Q}{\pi D^2}=\frac{4\times0.01}{3.14\times0.1^2}=1.27\mathrm{m/s}$$

油的运动黏度

$$\nu=\frac{\mu}{\rho}=\frac{0.072}{930}=7.74\times10^{-4}\mathrm{m^2/s}$$

雷诺数

$$Re=\frac{vD}{\nu}=\frac{1.27\times0.1}{7.74\times10^{-4}}=1641$$

$Re<Re_c=2300$，管中油流为层流。沿程阻力系数

$$\lambda=\frac{64}{1641}=0.039$$

沿程水头损失

$$h_f=\lambda\frac{l}{d}\frac{v^2}{2g}=0.039\times\frac{50}{0.1}\times\frac{1.27^2}{2\times9.8}=1.60\mathrm{m}$$

管轴处最大流速

$$u_{max}=2v=2\times1.27=2.54\mathrm{m/s}$$

由式(4-5)得壁面切应力

$$\tau_0=\rho gRJ=\rho g\frac{D}{4}\frac{h_f}{l}=930\times9.8\times\frac{0.1}{4}\times\frac{1.6}{50}=7.29\mathrm{Pa}$$

4.4 湍流运动

自然界和工程中的流动大多是湍流,因此湍流研究具有广泛意义。

与层流不同,湍流是一个流体质点不断相互混掺的无序过程,在时间和空间上均具有随机的脉动现象(称为湍流脉动)。

4.4.1 湍流结构

根据理论分析和实验观测,湍流和层流均满足在壁面上无滑移(粘附)条件。在湍流中,紧贴固体边界附近有一层极薄的流层,由于受流体黏性的作用和固体边壁的限制,消除了流体质点的混掺,使其流态表现为层流性质。这一流层称为黏性底层(viscous sublayer)。

在黏性底层之外的区域,流体质点发生混掺,流速及其有关的物理量的脉动开始显现,为湍流区。对于有封闭壁面的管流,由于被黏性底层所包围,该湍流区又常称为湍流核心(core region of turbulent flow),如图 4-6 所示。

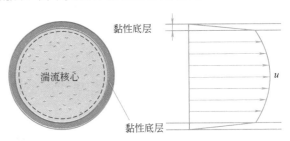

图 4-6　黏性底层与湍流核心

在黏性底层和湍流区之间有一极薄的、界限不清的过渡层。在进行湍流分析时,一般只将整个断面分为黏性底层和湍流区两个区域进行讨论。

在黏性底层内,切应力近似取壁面切应力,即

$$\tau_0 = \tau = \mu \frac{du}{dy}$$

积分

$$u = \frac{\tau_0}{\mu} y + c$$

根据边界条件 $y=0$ 时,$u=0$ 得 $c=0$,于是有

$$u = \frac{\tau_0}{\mu} y \tag{4-29}$$

定义

$$\sqrt{\frac{\tau_0}{\rho}} = v^* \tag{4-30}$$

为壁剪切速度,并代入式(4-29)得

$$\frac{u}{v^*} = \frac{\rho v^* y}{\mu} = \frac{v^* y}{\nu} \tag{4-31}$$

上式表明了黏性底层流速和切应力的关系。

黏性底层厚度随着雷诺数的增加而减小,但无论雷诺数多大,黏性底层始终存在。

黏性底层虽然很薄,但它对湍流的速度分布和流动阻力却有着重大影响。

4.4.2 湍流运动的特征与时均化

由雷诺实验知,湍流状态下,流体质点在流动过程中不断相互掺混。包

括激光测速与热线等现代流场显示技术表明，湍流中不断产生的无数大小不等的无规则涡团致使质点掺混，从而导致空间各点的速度随时间无规则地变化，与之相关联的压强、密度等量也随时间无规则地变化，这种现象称为湍流脉动。

研究表明，湍流运动空间各点上，运动参数的瞬时值是无规则的随机量，而时间平均值却存在规律性。使用热线/热膜流速仪实测圆管湍流，可得到流体质点通过某一空间点不同方向的瞬时流速，如图 4-7 所示。结果表明，流速 u 在 x 方向的分量 u_x 围绕某一值在很小的范围内变化，即所谓的脉动；流速

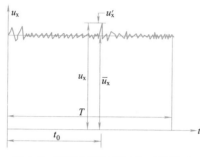

u 在 y 方向的分量 u_y 也围绕某一值在脉动。若以时间为依据，一段时间内，脉动参数所围绕的平均值就称为时间平均值。参数的这个处理过程就称为时间平均化，简称时均化。

图 4-7　圆管中瞬时流速与时均流速

现取时间段 T，则 u_x 的变化范围是围绕某一值 $\bar{u}_x$，即

$$\bar{u}_x = \frac{1}{T}\int_{t_0-\frac{T}{2}}^{t_0+\frac{T}{2}} u_x(x,y,z,t)\mathrm{d}t$$

(4-32)

式中　t——时间积分变量；

T——平均周期，为常数，其值应比紊流的脉动周期大得多，而比流动的不恒定性的特征时间又小得多，视具体流动情况而定。

$\bar{u}_x$ 称为时间平均流速，简称时均流速。引入了时均流速后，流场中任意空间点的瞬时流速可表示为时均流速与脉动流速之和，即

$$u_x = \bar{u}_x + u_x'$$

(4-33a)

$$u_y = \bar{u}_y + u_y'$$

(4-33b)

$$u_z = \bar{u}_z + u_z'$$

(4-33c)

式中 u_x'、u_y' 和 u_z' 分别为该点在 x、y 和 z 方向的脉动流速。脉动流速随时间改变，时正时负，时大时小。在 T 时段内，脉动流速的时均值为零。

湍流中的压强也可进行时均化处理，即

$$\bar{p} = \frac{1}{T}\int_{t_0-\frac{T}{2}}^{t_0+\frac{T}{2}} p(t)\mathrm{d}t$$

(4-34)

$$p = \bar{p} + p'$$

(4-35)

式中　p——瞬时压强；

$\bar{p}$——时均压强；

p'——脉动压强。

在引入时均化概念的基础上，把湍流瞬时物理量分解为时均量和脉动量，而脉动量的时均值为零。这样一来，湍流便可根据时均运动参数是否随时间变化，分为恒定流和非恒定流，本书在前面章节建立的流线、流管、元流和

总流等欧拉法描述流动的基本概念，在"时均"的意义上继续成立。今后，若不加说明，就用 u、p 表示湍流时均值，省略时均二字和顶标"—"。需要指出，掺混和脉动是湍流固有的特征，这一特征不因采用时均化研究方法而消失。湍流的许多问题，如湍流切应力的产生与过流断面上流速分布等，仍须从湍流的特征出发进行研究，否则不能得到符合实际的结论。

4.4.3 湍流的切应力与流速分布

由于湍流中存在着流体质点的脉动，时均化后，流体质点的瞬时流速分为时均值和脉动值两部分，因此湍流切应力也由两部分组成。一部分是因时均流层相对运动而产生的黏性切应力，符合牛顿内摩擦定律，即

$$\bar{\tau}_1 = \mu \frac{\mathrm{d}\bar{u}_x}{\mathrm{d}y} \tag{4-36}$$

另一部分则是由于湍流脉动，上下层质点相互掺混引起的附加切应力，又称为雷诺应力，对于平面流动，附加切应力的表达式为

$$\bar{\tau}_2 = -\rho \overline{u'_x u'_y} \tag{4-37}$$

湍流切应力则可表示为

$$\bar{\tau} = \bar{\tau}_1 + \bar{\tau}_2 = \mu \frac{\mathrm{d}\bar{u}_x}{\mathrm{d}y} - \rho \overline{u'_x u'_y} \tag{4-38}$$

式中两部分切应力所占比重随流动情况而异。在雷诺数较小，即湍流脉动较弱时，黏性切应力占主导地位。随着雷诺数增大，湍流脉动加剧，附加切应力不断加大。当雷诺数很大时，湍动发展充分，黏性切应力与附加切应力相比甚小，可忽略不计。

在湍流附加切应力表达式中，脉动流速为随机量，因此该式难以直接计算，需找出脉动流速与时均流速的关系方可。为此，诸多的学者给出了不同的解决方法。其中以普朗特(L. Prandtl，德国力学家，1875～1953)的混合长度理论最具代表性。1925 年普朗特比拟气体分子自由程的概念，提出假设：流体质点从原流层横向位移经过混合长度 l'，到达新的流层，其间一直保持原有运动特性，直至同周围质点掺混并产生动量交换。普朗特假设脉动流速与混合前后两流层的时均流速差呈比例，即

$$u'_x = c_1 \Delta u_x = c_1 l' \frac{\mathrm{d}\bar{u}_x}{\mathrm{d}y}$$

且不同方向的脉动流速具有相同的数量级，但符号相反，即

$$u'_y = -c_2 \Delta u_x = -c_2 l' \frac{\mathrm{d}\bar{u}_x}{\mathrm{d}y}$$

于是有

$$\bar{\tau}_2 = -\rho \overline{u'_x u'_y} = \rho l^2 \left(\frac{\mathrm{d}\bar{u}_x}{\mathrm{d}y} \right)^2$$

式中 l 也称为混合长度。普朗特还假设混合长度与流体黏性无关，只与质点到壁面的距离有关，即

$$l = Ky \tag{4-39}$$

式中 K 为待定的无量纲系数，又称卡门（T. von Karman，美国工程师与空气动力学家，1881～1963）通用常数，一般取 $K = 0.4$。

对于充分发展的湍流，黏性切应力可忽略不计，并假设近壁处的切应力与壁面切应力相同，即

$$\overline{\tau} = \overline{\tau}_0$$

于是有

$$\overline{\tau}_0 = \rho K^2 y^2 \left(\frac{\mathrm{d}\overline{u}}{\mathrm{d}y}\right)^2$$

$$\mathrm{d}\overline{u} = \frac{1}{K}\sqrt{\frac{\tau_0}{\rho}}\frac{1}{y}\mathrm{d}y$$

对上式积分，得

$$\frac{\overline{u}}{v_*} = \frac{1}{K}\ln y + c \tag{4-40}$$

上式为壁面附近湍流流速分布的一般式，又称普朗特-卡门对数分布律。

前面已经提到，若不加说明，湍流的运动要素均指时均值，且可省略时均顶标"—"。因此式（4-40）中的时均流速 $\overline{u}$ 可直接写成 u。湍流流速的对数分布比层流的抛物面分布均匀得多，这是湍流质点相互掺混的结果。

4.5 水头损失的计算

4.5.1 沿程水头损失的计算

4.5.1.1 尼古拉兹阻力实验

如前所述，根据达西-魏斯巴赫公式，计算沿程水头损失的问题归结为沿程阻力系数的求解。为寻求其变化规律，1933 年尼古拉兹（J. Nikuradse，德国力学家和工程师，1894～1979）采用人工粗糙管进行了管流沿程阻力系数和断面流速分布的测定实验。

由前面分析知，圆管层流沿程阻力系数只是雷诺数的函数。在湍流中，除此以外，壁面粗糙对流动的扰动是影响沿程阻力系数的另一个重要因素。为便于分析粗糙的影响，尼古拉兹将经过筛选的均匀砂粒，紧密地粘贴在管壁表面，制成人工粗糙（artificial roughness）管，如图 4-8 所示。对于这种简化的粗糙形式，可用砂粒直径 e 表示糙粒的突起高度，称为壁面的绝对粗糙度（absolute roughness）。绝对粗糙 e 与管道直径 D 之比称为相对粗糙（relative roughness）。

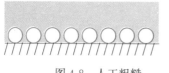

图 4-8 人工粗糙

由以上分析得出，雷诺数和相对粗糙是沿程阻力系数的两个影响因素，即

$$\lambda = f(Re, e/D)$$

尼古拉兹采用类似雷诺实验的实验装置，用人工粗糙管替代玻璃管进行

实验。实验管相对粗糙 e/D 的变化范围从 $1/1014\sim1/30$，针对每一根不同相对粗糙的实验管实测不同流量下的断面平均流速 v 和沿程水头损失 h_{f}，根据雷诺数计算式和达西-魏斯巴赫公式

$$Re=\frac{vD}{\nu}$$

$$\lambda=\frac{D}{l}\frac{2g}{v^2}h_{\mathrm{f}}$$

根据实验结果得到若干组雷诺数 Re 和相应的沿程阻力系数 λ 值，并将其点绘在双对数坐标上，得到 λ 与 Re 和 $\dfrac{e}{D}$ 的关系曲线，即尼古拉兹实验曲线，见图4-9。

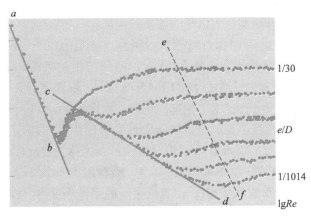

图 4-9 尼古拉兹实验曲线

根据沿程阻力系数 λ 的变化特性，尼古拉兹实验曲线可分为 5 个部分，也称为 5 个阻力区。

(1) 在 ab 之间($\lg Re<3.36$，$Re<2300$)，不同相对粗糙管的实验点均落在同一直线上。表明沿程阻力系数 λ 与相对粗糙 e/D 无关，只是雷诺数 Re 的函数，并符合 $\lambda=64/Re$ 的规律。这与前面章节中推导的理论结果相符，该区为层流区。

(2) 在 bc 之间($3.36<\lg Re<3.6$，$2300<Re<4000$)，不同相对粗糙管的实验点均落在同一曲线上。表明沿程阻力系数 λ 与相对粗糙 e/D 无关，只是雷诺数 Re 的函数，此区是层流向湍流过渡的临界区域，实用意义不大，不予讨论。

(3) 在 cd 之间，实验点虽已进入湍流区，仍表现出不同相对粗糙管的实验点落在同一直线上。表明沿程阻力系数 λ 与相对粗糙 e/D 无关，只是雷诺数 Re 的函数。与层流区所不同的是，随着雷诺数的增大，不同相对粗糙管的实验点相继脱离此线。相对粗糙越大，其实验点脱离此线的雷诺数越小，相对粗糙越小，其实验点脱离此线的雷诺数越大。这种现象是黏性底层厚度 δ_{v} 与壁面粗糙突起高度 e 的关系所致。当黏性底层厚度大于壁面粗糙突起高度 e 时，粗糙突起完全被掩盖在黏性底层内，壁面粗糙对湍流核心的流动几乎没有影响，流动呈现一种"水力光滑"现象，如图4-10(a)所示。该区称为湍流光滑区。

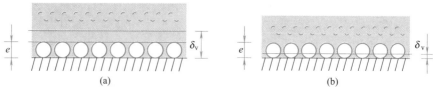

图 4-10 水力光滑与水力粗糙

（4）在 cd 与 ef 之间，不同相对粗糙管的实验点分别落在不同的曲线上。这表明沿程阻力系数 λ 既与雷诺数 Re 有关，又与相对粗糙 e/D 有关。在这个区，由于黏性底层的厚度 δ_v 随雷诺数 Re 增加而减小，粗糙突起不断突入湍流核心内，从而影响到湍流核心的湍动度，雷诺数 Re 和相对粗糙 e/D 对沿程阻力系数 λ 均有影响。该区称为湍流过渡区。

（5）在 ef 右侧，不同相对粗糙管的实验点分别落在不同的水平直线上。这表明沿程阻力系数 λ 与雷诺数 Re 无关，而只与相对粗糙 e/D 有关。在这个区，黏性底层的厚度 δ_v 远小于粗糙突起高度 e，粗糙突起几乎完全突入湍流核心内，流动呈现一种"水力粗糙"现象，如图 4-10（b）所示。黏性底层对流动的影响已微不足道，也就是说决定黏性底层厚度 δ_v 的雷诺数 Re 已不再起作用，影响流动的主要因素只有相对粗糙，该区称为湍流粗糙区。在这个区内，对于一定的管道（即相对粗糙一定），沿程阻力系数 λ 是常数。根据达西-魏斯巴赫公式，沿程水头损失 h_f 与流速 v 的平方成正比，故湍流粗糙区又称为阻力平方区。

λ 之所以与 Re 无关的原因也可以用湍流的近壁结构来说明。当雷诺数 Re 很大时，黏性底层已变得很薄，黏性底层对流动的影响作用很小。湍流绕过粗糙物时会形成许多大大小小的湍流小旋涡，这些湍流旋涡的结构受雷诺数 Re 的影响不大，因此 λ 与 Re 无关；另一方面，粗糙物高度越大，旋涡的湍流越强烈，它们耗散的流体机械能就越多，因而沿程阻力系数 λ 也就越大。

4.5.1.2 圆管湍流的流速分布

尼古拉兹通过实测流速分布，完善了由混合长度理论得到的流速分布一般公式（4-40），使之具有实用意义。

（1）在湍流光滑区，流速分布分为黏性底层和湍流核心两部分。黏性底层内流速呈线性分布，符合式（4-29）。在湍流核心，将边界条件 $y=\delta_v$，$u=u_v$ 代入式（4-40），得

$$c=\frac{u_v}{v_*}-\frac{1}{K}\ln\delta_v$$

再根据式（4-29）

$$u=\frac{\tau_0}{\mu}y$$

得

$$\delta_v=\frac{u_v}{\tau_0}\mu=\frac{u_v}{v_*^2}\nu$$

将 c 与 δ_v 代入湍流流速分布一般公式(4-40)，得

$$\frac{u}{v_*} = \frac{1}{K}\ln\frac{yv_*}{\nu} + \frac{u_v}{v_*} - \frac{1}{K}\ln\frac{u_2}{v_*}$$

或

$$\frac{u}{v_*} = \frac{1}{K}\ln\frac{yv_*}{\nu} + c_1$$

根据尼古拉兹实验，$c_1 = 5.0$，于是得光滑区流速分布半经验公式

$$\frac{u}{v_*} = 5.75\lg\frac{yv_*}{\nu} + 5.0 \tag{4-41}$$

（2）在湍流粗糙区，湍流充分发展，黏性底层忽略不计，于是边界条件为 $y = e$，$u = u_e$，并代入式(4-40)，得

$$c = \frac{u_e}{v_*} - \frac{1}{K}\ln e$$

将其代回式(4-40)，得

$$\frac{u}{v_*} = \frac{1}{K}\ln\frac{y}{e} + \frac{u_e}{v_*} = \frac{1}{K}\ln\frac{y}{e} + c_2$$

根据尼古拉兹实验，$c_2 = 8.48$，于是得粗糙区流速分布半经验公式为

$$\frac{u}{v_*} = 5.75\lg\frac{y}{e} + 8.48 \tag{4-42}$$

湍流的流速分布除了上述半经验公式外，1932年尼古拉兹根据实验结果，还提出了指数公式

$$\frac{u}{u_{\max}} = \left(\frac{y}{r_0}\right)^{\frac{1}{n_0}} \tag{4-43}$$

式中　$u_{\max}$——管轴处最大速度；

　　　r_0——圆管半径；

　　　n_0——与雷诺数有关的经验参数，见表4-1所示。

n_0 与 Re 关系　　　　　　　　　　　　　表4-1

Re	4.0×10^3	2.3×10^4	1.1×10^5	1.1×10^6	2.0×10^6	3.2×10^6
n_0	6.0	6.6	7.0	8.8	10	10

4.5.1.3 沿程阻力系数的半经验公式

尼古拉兹实验揭示了管流沿程水头损失的变化规律，推动了湍流问题研究向前发展，时至今日，这些实验成果仍有重要的理论及应用价值。

根据流速分布可导出沿程阻力系数 λ 的半经验公式。

（1）光滑区沿程阻力系数

根据流量计算公式

$$Q = \int_0^{r_0} u2\pi r\,\mathrm{d}r = v\pi r_0^2$$

得断面平均流速为

$$v = \frac{\int_0^{r_0} u2\pi r\,\mathrm{d}r}{\pi r_0^2}$$

将式(4-41)代入其中，并求得

$$\frac{v}{v_*} = 5.75\lg\frac{v_* r_0}{\nu} + 2.0 \qquad (4\text{-}44)$$

对比达西-魏斯巴赫公式(4-2)与均匀流基本方程式(4-5)，得

$$\frac{\lambda}{8} = \frac{\tau_0}{\rho v^2} = \frac{v_*^2}{v^2}$$

或

$$v_* = v\sqrt{\frac{\lambda}{8}}$$

将其代入式(4-44)，整理得

$$\frac{1}{\sqrt{\lambda}} = 2\lg Re\sqrt{\lambda} - 0.8 \qquad (4\text{-}45)$$

或

$$\frac{1}{\sqrt{\lambda}} = 2\lg\frac{Re\sqrt{\lambda}}{2.51} \qquad (4\text{-}46)$$

上式为湍流光滑区沿程阻力系数 λ 的半经验公式，也称尼古拉兹光滑管公式。

（2）粗糙区沿程阻力系数

按推导光滑管半经验公式的相同步骤，可得到湍流粗糙区沿程阻力系数 λ 的半经验公式，或尼古拉兹粗糙管公式，即

$$\frac{1}{\sqrt{\lambda}} = 2\lg\frac{D}{e} + 1.136 \qquad (4\text{-}47)$$

或

$$\frac{1}{\sqrt{\lambda}} = 2\lg\frac{3.7}{e/D} \qquad (4\text{-}48)$$

4.5.1.4　商用管道的沿程阻力系数半经验公式

由混合长度理论结合人工粗糙管阻力实验，尼古拉兹总结出了湍流光滑区和粗糙区的半经验公式(4-46)和式(4-48)，但未能得出湍流过渡区的公式。此外，上述半经验公式都是在人工粗糙管的基础上得到的，而商用管道(commercial pipe)的粗糙大小不同、分布不均，与人工粗糙管有很大差异。如何把这两种不同的粗糙形式联系起来，是尼古拉兹的成果能否用于商用管道计算的一个关键问题。

在湍流光滑区，商用管道和人工粗糙管虽然粗糙不同，但都被黏性底层所掩盖，对湍流核心无影响。实验证明，式(4-46)也适用于商用管道。

在湍流粗糙区，商用管道和人工粗糙管道的粗糙突起，都几乎完全突入湍流核心，沿程阻力系数 λ 有着相同的变化规律，若能解决两种不同的粗糙的关系，式(4-48)也可用于商用管道。为解决这个问题，以尼古拉兹实验采用的人工粗糙为度量标准，把商用管道的粗糙折算成人工粗糙，即所谓的当量粗糙(equivalent roughness)。定义：直径 D 相同、湍流粗糙区沿程阻力系

数 λ 值相等的人工粗糙管的粗糙突起高度 e 为相应的商用管道的当量粗糙高度。也就是说，以商用管道在湍流粗糙区实测的沿程阻力系数 λ 值，代入尼古拉兹粗糙管公式(4-48)，反算得到的 e 值。按沿程损失的效果折算出的商用管道的当量粗糙高度是反映了粗糙的各种因素对 λ 的综合影响。常用商用管道的当量粗糙高度见表 4-2。有了当量粗糙高度，式(4-48)就可用于商用管道的计算。

常用商用管道的当量粗糙   表 4-2

管道材料	绝对粗糙度 e(mm)
新聚乙烯管	$0 \sim 0.002$
铜管、玻璃管	0.01
普通钢管	0.046
涂沥青铸铁管	0.12
化学管材(聚乙烯管、聚氯乙烯管、玻璃纤维增强树脂加砂管等)，内衬与内涂塑料的钢管	$0.01 \sim 0.03$
镀锌钢管	0.15
新铸铁管	$0.15 \sim 0.5$
旧铸铁管	$1.0 \sim 1.5$
混凝土管	$0.3 \sim 3.0$

在湍流过渡区，与粒径均匀的人工粗糙不同，商用管道的不均匀粗糙突入湍流核心是一个逐渐过程，两者的变化规律相差很大。直至 1939 年，柯列布鲁克(C. F. Colebrook，美国工程师)和怀特(C. M. White)给出适用于商用管道湍流过渡区的计算公式，即柯列布鲁克-怀特公式

$$\frac{1}{\sqrt{\lambda}} = -2 \lg \left(\frac{2.51}{Re \sqrt{\lambda}} + \frac{e/D}{3.7} \right) \tag{4-49}$$

式中 e——商用管道的当量粗糙高度(mm)。

事实上，柯列布鲁克-怀特公式就是尼古拉兹光滑区公式和粗糙区公式的简单结合。然而这种结合不仅弥补了尼古拉兹湍流过渡区无公式的空缺，同时也建立了一个商用管道湍流计算的普适公式。也就是说，当雷诺数 Re 很小时，公式右边括号内第二项相对第一项很小，该式接近尼古拉兹光滑区公式；当 Re 很大时，公式右边括号内第一项很小，该式接近尼古拉兹粗糙区公式。这样，柯列布鲁克-怀特公式不仅适用于商用管道的湍流过渡区，还可用于湍流的全部三个阻力区，故又称为湍流综合公式。由于公式适用性广，与商用管道的实验结果符合良好，因此得到了普遍应用。

为了简化计算，1944 年穆迪(F. Moody，美国工程师，1880～1953)以柯列布鲁克-怀特公式为基础，以相对粗糙为参数，把沿程阻力系数 λ 作为雷诺数 Re 的函数，绘制出商用管道的沿程阻力系数曲线图，即穆迪图(Moody chart)，如图 4-11 所示。在图上，取不同相对粗糙 e/D 对应的曲线，根据雷诺数 Re 可直接查出相应的沿程阻力系数 λ 值。

4.5.1.5 沿程阻力系数的经验公式

除了以上的半经验公式外，还有很多学者根据实验资料整理成不同的经验公式。

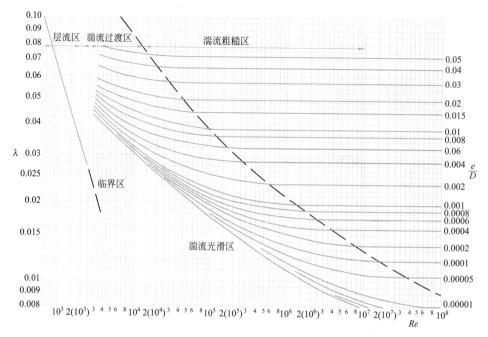

图 4-11　穆迪图

（1）布拉修斯公式

1913 年布拉修斯（H. Blasius，德国工程师、水力学家，1883～1970）提出了湍流光滑区经验公式

$$\lambda = \frac{0.316}{Re^{0.25}} \tag{4-50}$$

该式适用范围为 $3000 < Re < 10^5$。将该式代入达西-魏斯巴赫公式，可得到沿程水头损失与流速的 1.75 次方成正比。

（2）谢才公式

1769 年谢才（A. Chezy，法国工程师，1718～1798）根据河渠的实测资料提出

$$v = C\sqrt{RJ} \tag{4-51}$$

式中　v——断面平均流速（m/s）；

　　　R——水力半径（m）；

　　　J——水力坡度；

　　　C——谢才系数（$m^{0.5}/s$）。

上式就是明渠均匀流中常用的流速公式，称为谢才公式。将均匀流水力坡度 J 代入式（4-51），则有

$$h_f = \frac{1}{C^2}\frac{l}{R}v^2 = \frac{8g}{C^2}\frac{l}{4R}\frac{v^2}{2g} = \lambda\frac{l}{4R}\frac{v^2}{2g}$$

$$\lambda = \frac{8g}{C^2} \tag{4-52}$$

可见谢才公式是均匀流沿程水头损失计算公式的另一表达式，谢才系数 C 实际上是与沿程水头损失有关的系数，通常用曼宁公式或巴甫洛夫斯基公

式计算谢才系数。

（3）曼宁公式

1889 年，曼宁（R. Manning，爱尔兰工程师，1816～1897）发表了他的研究结果

$$C=\frac{1}{n}R^{1/6} \tag{4-53}$$

式中　　C——谢才系数；

n——壁面的粗糙系数，见表 4-3 与表 4-4；

R——水力半径（m）。

给水管粗糙系数　　　　　　　　表 4-3

管道类别		粗糙系数度 n
钢管、铸铁管	水泥砂浆内衬	0.011～0.012
	涂料内衬	0.0105～0.0115
	旧钢管、旧铸铁管（未加内衬）	0.014～0.018
混凝土管	预应力混凝土管（PCP）	0.012～0.013
	预应力钢筒混凝土管（PCCP）	0.011～0.0125

排水管渠粗糙系数　　　　　　　　表 4-4

管渠类别	粗糙系数度 n	管渠类别	粗糙系数度 n
UPVC管、PE管、玻璃钢管	0.009～0.011	浆砌砖渠道	0.015
石棉水泥管、钢管	0.012	浆砌块石渠道	0.017
陶土管、铸铁管	0.013	干砌块石渠道	0.020～0.025
混凝土及钢筋混凝土管	0.013～0.014	土明渠	0.025～0.030
水泥砂浆抹面渠道		（包括带草皮）	

在 $n<0.02$、$R<0.5m$ 的范围内，结果与实际符合较好，适用于混凝土输水管道及排水管渠的计算。还须指出，就谢才公式（4-51）本身而言，可用于有压或无压均匀流的各阻力区。但采用曼宁公式（4-53）计算的 C 值，只与壁面的粗糙有关，而与雷诺数无关，仅适用于湍流粗糙区。

（4）巴甫洛夫斯基（Н. Н. Павловский，俄罗斯水力学家，1884～1937）根据明渠水流的实验研究，于 1925 年提出谢才系数的计算公式

$$C=\frac{1}{n}R^{y} \tag{4-54}$$

式中 y 值可采用下式计算

$$y=2.5\sqrt{n}-0.13-0.75\sqrt{R}\,(\sqrt{n}-0.10) \tag{4-55}$$

巴甫洛夫斯基公式的适用范围为 $0.1m \leqslant R \leqslant 3.0m$，$0.011 \leqslant n \leqslant 0.04$。

（5）海曾-威廉公式

海曾（A. Hazen）与威廉（G. S. Williams）于 1905 年提出管道流速与沿程水头损失的计算公式

$$v=0.355C_{HW}D^{0.63}J^{0.54} \tag{4-56}$$

变换上式

$$J = \frac{10.666Q^{1.85}}{C_{HW}^{1.85}D^{4.87}} \tag{4-57}$$

将式(4-2)代入式(4-56)，解得

$$\lambda = \frac{133.378}{C_{HW}^{1.85}D^{0.167}v^{0.148}} \tag{4-58}$$

或

$$\lambda = \frac{128.743D^{0.129}}{C_{HW}^{1.852}Q^{0.148}} \tag{4-59}$$

式中　C_{HW}——海曾-威廉系数，由实验测得，见表4-5；

　　　Q——流量(m^3/s)；

　　　v——流速(m/s)；

　　　D——管径(m)；

　　　J——水力坡度。

海曾-威廉系数　　　　　　　　　　　　　　　　　　表4-5

管道类别		海曾-威廉系数 C_{HW}
钢管、铸铁管	水泥砂浆内衬	120~130
	涂料内衬	130~140
	旧钢管、旧铸铁管(未加内衬)	90~100
混凝土管	预应力混凝土管(PCP)	110~130
	预应力钢筒混凝土管(PCCP)	120~140
塑料管	化学管材(聚乙烯管、聚氯乙烯管、玻璃纤维增强树脂加砂管等)，内衬与内涂塑料的钢管	140~150

【例题4-4】　长 $l=30m$、管径 $D=75mm$ 的旧铸铁水管，通过流量 $Q=7.25L/s$，水温 $t=10℃$。试求该管段的沿程水头损失。

【解】

(1) 采用穆迪图计算。

首先计算雷诺数 Re 与相对粗糙 e/D

$$A = \frac{\pi D^2}{4} = \frac{3.14 \times 0.075^2}{4} = 0.0044m^2$$

$$v = \frac{Q}{A} = \frac{0.00725}{0.0044} = 1.65m/s$$

查表1-4，$t=10℃$ 时，水的运动黏度 $\nu = 1.31 \times 10^{-6}m^2/s$，于是雷诺数为

$$Re = \frac{vD}{\nu} = \frac{1.65 \times 0.075}{1.31 \times 10^{-6}} = 94466$$

查表4-2，取绝对粗糙度 $e=1.25mm$，求得相对粗糙为

$$\frac{e}{D} = \frac{0.00125}{0.075} = 0.017$$

在穆迪图上，找出相对粗糙 e/D 对应的曲线，由所求雷诺数查得对应的沿程阻力系数为

$$\lambda = 0.046$$

再根据达西-魏斯巴赫公式，计算沿程水头损失

$$h_f = \lambda \frac{l}{D} \frac{v^2}{2g} = 0.046 \times \frac{30}{0.075} \times \frac{1.65^2}{2 \times 9.8} = 2.56 \mathrm{m}$$

（2）采用海曾-威廉公式计算。

查表4-5，取 $C_{HW} = 95$，由式(4-57)，得

$$h_f = Jl = \frac{10.666 Q^{1.85} l}{C_{HW}^{1.85} D^{4.87}} = \frac{10.666 \times 0.00725^{1.85} \times 30}{95^{1.85} \times 0.075^{4.87}} = 2.32 \mathrm{m}$$

4.5.2 局部水头损失

在流体流动过程中，由于流动边界的变化，使得原本均匀的流动受到破坏，流速的大小、方向或分布发生变化，在局部产生了水头损失，从而消耗机械能。在实际工程中，风吹过房屋、树木，河水绕过桥墩、水闸，以及水流通过管道或渠道内的弯头、变径管时，均会有不同程度的局部水头损失产生。局部水头损失和沿程水头损失一样，不同的流态遵循不同的规律。但由于局部的强烈扰动，流动在较小雷诺数时就已进入阻力平方区，故本节中只讨论湍流阻力平方区的局部水头损失。

4.5.2.1 局部水头损失的一般分析

（1）局部水头损失产生的主要原因

局部阻碍的种类虽多，如分析其流动特征，可分为过流断面的扩大或收缩、流动方向的改变、流量的汇入或分出等几种基本形式以及这几种基本形式的不同组合。例如，经过闸阀或孔板的流动，实质上就是过流断面突然收缩和突然扩大的组合。如图4-12所示，通过对典型局部阻碍的流动分析，说明局部水头损失产生的主要原因。

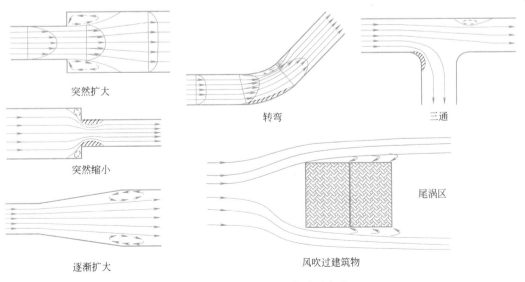

图 4-12　几种典型的局部水头损失

当流体通过过流断面突然改变的局部阻碍（突然扩大或突然缩小）时，因惯性作用，流体质点不能像边壁那样突然转折，于是在边壁突变的地方，出现主流与边壁脱离的现象，并形成旋涡区。在渐扩管内，虽然边壁无突然变化，但是流体沿程减速增压，流体质点受到与流动方向相反的压差作用，紧靠壁面的流体质点由于流速较小，在反向压差作用下，主流逐渐与边壁脱离，形成旋涡区。在分流三通直通管上的旋涡区，也是这种减速增压过程造成的。

流体流经弯管时，虽然过流断面沿程不变，但弯管内流体质点受到离心力作用，在弯管前半段，外侧压强沿程增大，内侧压强沿程减小；而流速是外侧减小，内侧增大。因此，弯管前半段沿外壁是减速增压的，也会出现旋涡区；在弯管的后半段，由于惯性作用，在雷诺数较大和弯管转角较大的情况下，旋涡区又在内侧出现。弯管内侧的旋涡，无论是大小还是强度，一般都比外侧的大。因次，它是造成弯管能量损失的重要原因。除此之外，对于弯管还有另一个原因，流体沿弯管运动时受离心惯性力作用，弯管外侧处的压强大于弯管内侧，而左、右两侧压强变化不大，于是就会在过流断面上出现自外向内的压强降低，使得弯管内产生一对由管中心流向外侧，再沿管壁流向内侧的旋转流动，称为二次流（secondary flow）现象。二次流与主流叠加，使流经弯管的流体质点做螺旋运动，从而加大了流体流经弯管的水头损失。在弯管内形成的二次流，要经过一段距离后才能消失，弯管后面的影响长度最大可超过50倍管径。

把各种局部阻碍的能量损失和局部阻碍附近的流动情况对照比较，可以看出，无论改变流速的大小，还是改变它的方向，较大的局部损失总是和旋涡区的存在相联系。旋涡区内，质点旋涡运动集中消耗机械能。旋涡区越大，能量损失也越大。此外，旋涡区内的流体并不是固定不变的，形成的大尺度的旋涡，会不断地被主流带走，补充进去的流体又会出现新的旋涡，如此周而复始。做旋涡运动的质点不断被主流带向下游，加剧下游一定范围内主流的湍动强度，产生附加水头损失。由于主流脱离边壁，局部阻碍附近的流速分布不断改组，也将造成额外的水头损失。

（2）局部阻力系数的影响因素

同沿程阻力系数 λ 相似，局部阻力系数 ζ 与边壁的几何形状、雷诺数 Re 有关。但因受局部阻碍的强烈扰动，局部阻碍处的流动在较小的雷诺数时，已进入阻力平方区。因此，一般情况下，ζ 只决定于局部阻碍的形状，而与 Re 无关。但因局部阻碍的形式繁多，流动现象复杂，局部阻力系数多由实验确定。

4.5.2.2　几种典型的局部水头损失

（1）断面突然扩大管

管道断面突然扩大（sudden expansion）的局部水头损失可以通过连续性方程、伯努利方程和动量方程联立近似求解，即

$$h_\mathrm{m}=\frac{(v_1-v_2)^2}{2g}$$

(4-60)

式中　v_1、v_2——突然扩大前、后的断面平均流速（m/s）。

该式又以包达（J. Borda，法国物理学家，1733～1799）和卡尔诺特（L. Carnot，法国工程师、数学家，1753～1823）命名，称为包达-卡尔诺特公式。

为把式(4-60)表示为局部水头损失的一般式。引入连续性方程

$$v_1 A_1 = v_2 A_2$$

将 v_1 和 v_2 分别代入式(4-60)，得

$$h_m = \left(1 - \frac{A_1}{A_2}\right)^2 \frac{v_1^2}{2g} = \zeta_1 \frac{v_1^2}{2g} \tag{4-61}$$

或

$$h_m = \left(\frac{A_2}{A_1} - 1\right)^2 \frac{v_2^2}{2g} = \zeta_2 \frac{v_2^2}{2g} \tag{4-62}$$

式(4-61)和式(4-62)中的 ζ_1 和 ζ_2 均为突然扩大管的局部阻力系数。只是在计算时应注意与其对应的流速水头相一致。

液体在淹没情况下，即从管道流入断面很大的容器时，如图 4-13 所示，作为突然扩大的特例，根据式(4-60)，面积比 A_1/A_2 近似为 0，局部阻力系数 $\zeta_{ex}=1$。这种流动现象称为管道的出口（exit），相应的阻力系数则称为出口阻力系数。

（2）断面突然缩小管

突然缩小（sudden contraction）管的水头损失，如图 4-14 所示，主要发生在下游管进口处收缩断面附近的旋涡区。突然缩小的局部阻力系数决定于收缩面积比 A_2/A_1，其值可按经验公式计算，与下游断面流速 v_2 相对应，即

$$h_m = \zeta \frac{v_2^2}{2g}$$

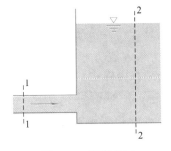

图 4-13　管道出口

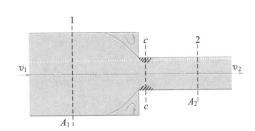

图 4-14　突然缩小

阻力系数

$$\zeta = 0.5\left(1 - \frac{A_2}{A_1}\right) \tag{4-63}$$

当流体由断面很大的容器流入管道时，如图 4-15 所示，作为突然缩

图 4-15　管道进口

小的特例，根据式（4-63），面积比 A_2/A_1 近似为 0，局部阻力系数 $\zeta_{en}=0.5$。这种流动现象称为管道的进口（entrance），相应的阻力系数则称为进口阻力系数。

鉴于大量的局部阻力系数均通过实验得出，此处不再赘述，具体可通过相关图表等查得。

局部阻力系数测定，一般是在局部阻碍前后都有足够长的均匀流段的条件下进行的。测得的损失也不仅仅是局部阻碍范围内的损失，还包括它下游一段长度上因紊动加剧而引起的损失。若局部阻碍之间相距很近，流体流出前一个局部阻碍，在流速分布和湍流脉动还未达到正常均匀流之前，又流入后一个局部阻碍，相连的两个局部阻碍存在相互干扰，其阻力系数不等于正常条件下两个局部阻碍的阻力系数之和。实验研究表明，局部阻碍相互干扰的结果，局部损失可能有较大的增大或减小，变化幅度约为单个局部损失总和的 0.5～3 倍，视前一个局部阻碍出口断面上的流速分布是否会大大增加后一个的局部损失而定。在设计管道时，如果各局部阻碍之间的距离都大于 3 倍管径，忽略相互干扰的影响，计算结果一般都是偏安全的。

4.6　边界层与绕流阻力

边界层理论是普朗特在 1904 年创立的，它的发展主要是与研究流体绕经物体时的阻力问题有关。它不仅使实际流体运动中的许多表面上似是而非的问题得以澄清，而且为解决边界复杂的实际流体运动的问题开辟了途径，对流体力学的发展有着极其重要的意义。

4.6.1　边界层的基本概念

以平板绕流为例介绍边界层的概念。设有一与流动方向平行的薄平板，流体以均匀速度 U_0 流经平板。如图 4-16 所示。在平板起点 A 的上游，流速保持为 U_0 均匀分布。当流体遇到平板时，由于流体的黏滞性，紧挨边壁的流体黏附在壁面上，紧贴平板表面的流体速度为零。同时，平板附近流层的流速也有不同程度的降低，严格来说，黏滞性沿着 y 方向将影响到无穷远处。离平板越远处，流速越接近 U_0，沿 y 方向形成流速梯度，平板表面附近的流速从零逐渐增大。一般认为，流速从零增至 $0.99U_0$ 时的流程厚度 δ 厚度范围内，黏滞性对流动有显著影响，计算时不能忽略，这一范围内的流层称为边界层或附面层，δ 称为边界层厚度。

实验表明，边界层厚度与来流速度 U_0、考察点至 A 点的距离 x 以及流体黏度 ν 等因素有关，并随 x 和 ν 的增大而增大，随 U_0 的增大而减小。如果边

界层的雷诺数 $Re_x = \dfrac{U_0 x}{\nu}$，当 Re_x 值增大，即流速 U_0 或距离 x 增大时，边界层内的流态可以从层流经过渡区转化变为湍流，如图 4-16 所示，因此边界层内的流态可以为层流或湍流。由于湍流质点的混掺作用和流速分布的均匀化，使湍流边界层的厚度比层流有所增大。经分析和实验验证，平板层流边界层厚度为

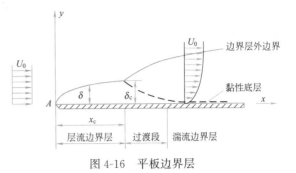

图 4-16 平板边界层

$$\delta = \frac{5x}{Re_x^{1/2}} \tag{4-64}$$

平板湍流边界层厚度为

$$\delta = \frac{0.377x}{Re_x^{1/5}} \tag{4-65}$$

边界层内的流体由层流转化为湍流的雷诺数范围为 $Re = 3.0 \times 10^5 \sim 3.0 \times 10^6$。

边界层这一概念的重要在于将流场划分为边界层内和边界层外两个区域。边界层内部为边界层区，边界层外部为主流区。在湍流边界层内，靠近壁面仍然存在黏性底层。研究流体黏滞性对物体引起的阻力时，就要应用边界层理论。在边界层外的流体可以看作理想流体，可按势流来处理，这样可使问题得到简化。

4.6.2 边界层分离现象

边界层分离是指边界层脱离固体壁面的现象。

边界层分离是决定物体绕流阻力大小的重要因素。大多绕流体具有弯曲的壁面，对外部流场的挤压作用使得流速和压强均沿程变化。

以无限长圆柱平面绕流为例，流体沿垂直于圆柱方向绕流，如图 4-17 所示。当流体沿曲面壁 DE 段流动时，

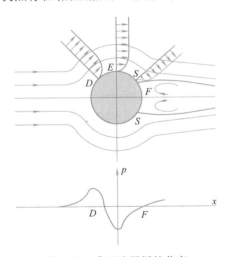

图 4-17 曲面边界层的分离

由于流动空间减小，边界层外边界上的流速沿程增加，$\dfrac{\partial u_e}{\partial x} > 0$，压强沿程减小，$\dfrac{\partial p_e}{\partial x} < 0$。由于边界层厚度很小，可以认为边界层内法线上各点压强相等，等于边界层外边界上的压强，所以边界层内的压强变化与外界相同，即 $\dfrac{\partial p}{\partial x} < 0$。在这种顺压梯度的作用下，贴近壁面的流体克服近壁处摩擦力后，所余能量足以使其继续流动。而当流体沿曲面壁流过 E 点后，流动区域逐渐扩大，

103

边界层外边界上的流速沿程减小，$\dfrac{\partial u_e}{\partial x}<0$，而压强沿程增加，$\dfrac{\partial p_e}{\partial x}>0$，边界层内的压强亦沿程增大，$\dfrac{\partial p}{\partial x}>0$，流动受逆压梯度作用。紧靠壁面的流体要克服近壁处摩擦阻力和逆压梯度作用，流速沿程迅速减缓，到 S 点动能消耗殆尽，流速减至零。S 点下游靠近壁面的流体在逆压梯度作用下出现回流，而远离壁面处的流体，因摩擦阻力较小，仍能继续向下游流动。于是由 S 点开始形成一条两侧流速方向相反的间断面，并发展成旋涡。上游来的主流和流速梯度很大的边界层，因受旋涡排挤脱离壁面，这就是曲面边界层的分离。S 点称为边界层的分离点。

在物体边界层分离点下游形成的旋涡区通称为尾流（wake）。流体绕流除

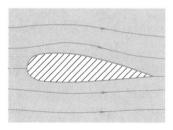

图 4-18　流线型绕流体

了沿物体表面的摩擦阻力耗能，更有尾流旋涡耗能，使得尾流区的压强大为降低。物体上下游表面的压强差，造成作用于物体上的压强阻力（pressure drag）。显然，压强阻力的大小，决定于尾流区的尺度，也就是决定于边界层分离点的位置。对于图 4-18 所示的流线型绕流体，分离点移向下游，尾流区减小，则压强阻力减小，表面摩擦阻力增加。但是，在较高雷诺数时，摩擦阻力较压强阻力小得多，因此，降低压强阻力便降低了总的阻力。

4.6.3　卡门涡街

曲面体绕流中尾流形态的变化，主要取决于雷诺数的大小。在一定条件下，流体绕过物体时，物体两侧会周期性地脱落出旋转方向相反、规则排列的非对称双列旋涡。卡门（Karman）首先对这一现象进行了深入分析，故又称为卡门涡街（Karman vortex street），如图 4-19 所示。

现将直径为 D 的一个圆柱体放在运动黏度为 ν 的静止流体中，如图 4-17 所示。随着流体由静止开始以速度 U_0 运动

图 4-19　卡门涡街

并逐渐增大流速，流体在绕过圆柱体时，使圆柱体后半部分的压强梯度增加，以致引起边界层的分离。

若以雷诺数 $Re=\dfrac{DU_0}{\nu}$ 来描述该流动的状况，那么随着来流雷诺数的不断增加，分离点 S 出现并一直向 E 点移动。当雷诺数增加到大约 40 时，在圆柱体的后面便产生一对旋转方向相反的对称旋涡。雷诺数超过 40 后，对称旋涡不断增长并出现摆动，直到 $Re\approx60$ 时，这对不稳定的对称旋涡交替脱落，最

后形成卡门涡街。

对有规则的卡门涡街，只能在 $Re \approx 60 \sim 5000$ 的范围内观察到，而且在多数情况下涡街是不稳定的，即受到外界扰动涡街就破坏了。卡门的研究发现，只有当两列涡街之间的距离与同列中相邻两个旋涡间的距离之比等于 0.281 时，卡门涡街才可保持稳定。

卡门涡街中的旋涡是以一定频率出现的。1878 年，斯特劳哈尔（V. Strouhal，捷克物理学家，1850～1922)提出了旋涡的释放频率 f、圆柱体直径 D 与来流速度 U_0 的关系——斯特劳哈尔数 St 及其与雷诺数 Re 的关系式

$$St = \frac{fD}{U_0} = 0.198\left(1 - \frac{19.7}{Re}\right) \tag{4-66}$$

在自然界中常常可以看到卡门涡街现象，例如风吹过建筑物、水流过桥墩，甚至于大气流过岛屿等，如图 4-20 所示。由于卡门涡街的旋涡是以非对称的形式交替脱落，每一个脱落的旋涡对被绕流物体周边流场引起的不对称变化也就随之交替出现。所谓流场的不对称是指流体流过绕流物体后偏向某一侧的现象。

根据伯努利方程，流动的变化必然引起压强的变化。当流动偏向绕流物体的某一侧时，该侧流体的流速增大，压强减小，而另一侧的压强增大。于是产生了一个与主流方向相垂直并且指向流速增大一侧的横向力；当下一个旋涡脱落时，流动偏向另一侧，随之而产生同样大小的横向力，但方向相反。这样一个以某一频率交替变化方向的横向力给绕流物体所带来

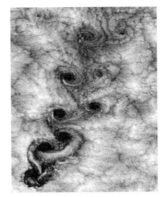

图 4-20 大气绕孤立岛礁出现的卡门涡街

的影响就是该物体的横向振动。我们手持细木棍用力在水中划过时，会明显感受到这种振动。

工程中，卡门涡街对建筑物带来的影响是负面的。特别是当涡街中旋涡的脱落频率相等或者接近于建筑物的固有频率时，就会产生所谓的"共振"，这对建筑物的破坏力是非常大的。到 20 世纪末，已有包括 1940 年美国华盛顿州的塔科马吊桥(Tacoma Narrow Bridge)在内的 11 座悬索桥因风振而遭受破坏。因此，现代建筑设计中，特别是高层建筑、烟囱、高塔以及大跨桥梁等方面，风振及其所带来的一系列问题已经备受设计者的重视。

4.6.4 物体的绕流阻力

当流体绕物体流动时，流体对物体表面有作用力。单位面积的表面力可分解为与表面相切的切应力 τ 和与表面垂直的压应力（压强）p，如图 4-21 所示。同种来流流速为 U_0。表面力（包括切应力和压应力）沿表面积分得合力。该合力在流动方向的分力称为绕流阻力，在垂直于流动方向的分力称为绕流升力，此处仅讨论绕流阻力。

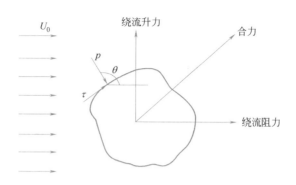

图 4-21　绕流阻力与绕流升力

绕流阻力 F_D 又可分为摩擦阻力 F_f 和压强阻力 F_p 两部分，分别由下式定义

$$F_f = \int_A \tau \sin\theta \, dA \tag{4-67}$$

$$F_p = -\int_A p \cos\theta \, dA \tag{4-68}$$

$$F_D = F_f + F_p \tag{4-69}$$

式中 A 为物体表面积，θ 为表面上微分面积 dA 的外法线方向与流动方向 U_0 之间的夹角。

由于流体的黏滞性，摩擦阻力总是存在的。而压强阻力的大小与边界层分离现象有关，往往取决于绕流物体的形状。对于细长物体，如顺流放置的平板或流线型绕流体，其摩擦阻力占主导地位。而钝形物体的绕流，如圆球、桥墩，则压强阻力占主导地位。

对于房屋等建筑物来说，由于沿程阻力远小于局部阻力，流体绕过建筑物所产生的摩擦阻力可忽略不计，以压强阻力为主。在房屋的迎风面，来流空气的动能全部转化为压能，相对压强大于大气压，产生所谓的"承压作用"；在房屋的侧面和屋顶，由于受风速增大压强减小和旋涡耗能的双重影响，压强要小于迎风面；而在房屋的背面，大范围的旋涡区产生的能量消耗，使压强大大减小。在房屋的侧面和背面，压强有时会小于大气压，出现真空状态，产生所谓的"抽吸作用"。图 4-22 为房屋的受压作用示意。

牛顿 1726 年提出了绕流阻力计算公式

$$F_D = C_D A \frac{\rho U_0^2}{2} \tag{4-70}$$

式中　C_D——绕流阻力系数；
　　　U_0——受到物体的扰动前来流相对于物体的流速(m/s)；
　　　ρ——流体密度(kg/m³)；
　　　A——迎流面在垂直于来流的平面上的投影面积(m²)。

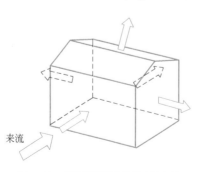

图 4-22　房屋的受风压作用示意

设 D 为迎流面投影面积的特征长度(如圆柱体或圆球的直径)。C_D 主要取决于绕流物体的形状与雷诺数

$$Re = \frac{U_0 D}{\nu} \qquad (4\text{-}71)$$

物面粗糙度和来流湍动也有影响,一般由实验方法确定 C_D 值。

当圆球绕流为 $Re<1$ 的层流时,斯托克斯(G. Stokes. 英国数学家,1819~1903)得出了阻力系数 C_D 的理论值

$$C_D = \frac{24}{Re} \qquad (4\text{-}72)$$

代入到式(4-70),得到

$$F_D = 3\pi\rho\nu DU_0 = 3\pi\mu DU_0 \qquad (4\text{-}73)$$

式(4-73)称为斯托克斯公式,表明层流阻力 F_D 与 U_0、D 成正比。图 4-23 中圆柱球 $C_D \sim Re$ 实验曲线验证了式(4-73)的正确性。雷诺数很小的层流,绕流阻力主要来自摩擦阻力,物面切应力与流速成正比,这就是 $F_D \propto U_0$ 的物理意义。

把物体重量大于浮力的沉体放置于静止流体中时,沉体会发生下沉加速运动,绕流阻力随沉体下降速度的增大而增大。阻力和浮力两者达到平衡时的下降速度称为沉体的沉降速度或简称沉速。应用斯托克斯公式,通过测定圆球在充满流体的竖直圆管中的沉降可确定流体的黏度,这是流体黏度量测的一种重要方法。例如,按上限值 $Re=1$ 和球状天然砂在静水中沉降估算,斯托克斯公式的适用范围为 $D<0.08$mm(水中)和 $D<0.6$mm(空气中)。

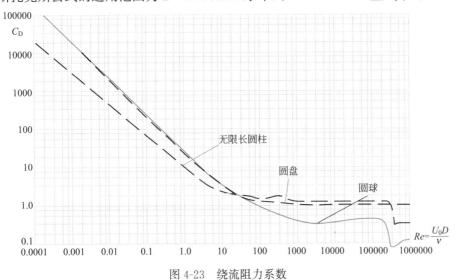

图 4-23 绕流阻力系数

光滑物体绕流场的特性对物面边界层由层流到湍流的流态过渡非常敏感。层流边界层向近壁层传递能量的效率较低,在逆压梯度作用下边界层易脱离壁面,称层流分离。边界层的流态过渡到湍流之后,剧烈掺混促使能量和动量更有效地传到壁层,边界层过渡到湍流后再分离称湍流分离。边界层分离

点的位置是决定压差阻力大小的最重要因素,分离点越靠近下游尾流区宽度越小,当湍流分离点移向尾端时,压差阻力因而大幅度减小。由图 4-23 中圆球绕流 $C_D \sim Re$ 实验曲线可见,在临界值 $Re \approx 2.2 \times 10^5$ 处 C_D 值迅速下降,这称为失阻效应。在该临界值,物面边界层开始由层流流态向湍流过渡,过渡过程中边界层分离点的位移向下游,尾流区宽度减小,压差阻力随之减小。Re 临界值对物面粗糙和来流湍动强度的变化非常敏感,图 4-23 中圆球临界值提前到 $Re < 1 \times 10^5$。方截圆柱体和轴线沿来流向的圆盘的边界层大多在尖锐的圆盘边缘上,故 $C_D \sim Re$ 曲线没有呈现出失阻效应。绕流阻力对前体形状的变化十分敏感,方头比圆头的阻力要大许多。

物体在流体中的运动取决于自身重力 F_G、所受浮力 F_B 与所受绕流阻力 F_D 的关系。重力大于浮力与阻力之和,物体下降;重力小于浮力与阻力之和,物体上升;重力等于浮力与阻力之和,物体悬浮。

若物体(假定为球形)的重力(物体密度为 ρ_s)

$$F_G = \frac{1}{6} \pi D^3 \rho_s g$$

所受的浮力

$$F_B = \frac{1}{6} \pi D^3 \rho g$$

所受的绕流阻力

$$F_D = \frac{1}{8} C_D \pi D^2 \rho U_0^2$$

颗粒处于悬浮状态时,有

$$F_G = F_B + F_D$$

或

$$\frac{1}{6} \pi D^3 \rho_s g = \frac{1}{6} \pi D^3 \rho g + \frac{1}{8} C_D \pi D^2 \rho U_0^2$$

解得的流速称为悬浮速度,即

$$u = \sqrt{\frac{4}{3} \left(\frac{\rho_s - \rho}{\rho} \right) \frac{gD}{C_D}} \qquad (4-74)$$

当 $Re < 1$ 时,将 $C_D = \dfrac{24}{Re}$ 代入式(4-74),可得斯托克斯悬浮速度公式

$$u = \frac{1}{18} \frac{D^2}{\mu} (\rho_s - \rho) g \qquad (4-75)$$

当 $Re > 1$ 时,多采用经验公式计算绕流阻力系数。

小结及学习指导

1. 流动阻力包括沿程阻力和局部阻力,对应的机械能损失则分别是沿程水头损失和局部水头损失。水头损失计算的关键在于确定阻力系数,即沿程

阻力系数和局部阻力系数。

2. 黏性流体流动存在层流和湍流两种截然不同的流态,其流速分布、切应力分布、水头损失规律均不相同,运用雷诺数判别流态是正确分析两种流态流动规律的前提。

3. 通过层流运动分析,从理论上认识实际流动的速度分布,并根据这一速度分布得到了圆管层流和二元明渠均匀层流总流的流量、断面平均流速、动能修正系数、动量修正系数、沿程水头损失以及沿程阻力系数。湍流运动首先应认识湍流结构,理解湍流的特征与时均化思想方法,了解湍流切应力的组成及流速分布。

4. 尼古拉兹实验明确了湍流运动中存在着不同的阻力规律,即阻力分区。通过尼古拉兹实验得到的沿程阻力系数半经验计算公式以及其他的经验公式均存在不同的适用条件,使用中应注意区别。局部阻力系数一般由经验公式或实测得到。

5. 边界层理论的提出在流体力学发展中具有重要意义,学习中注意理解边界层的概念,了解曲面绕流物体的边界层分离和卡门涡街等流动现象,掌握绕流阻力计算方法。

习题

4-1 水管直径 $D=10$cm,管中流速 $v=1$m/s,水温为 $t=10℃$。试判别流态并求临界流速。

4-2 有一矩形断面的排水沟,水深 $h=15$cm,底宽 $b=20$cm,流速 $v=0.15$m/s,水温 $t=10℃$。试判别流态。

4-3 输油管的直径 $D=150$mm,流量 $Q=16.3$m^3/h,油的运动黏度 $\nu=0.2$cm^2/s。试求每千米管长的沿程水头损失。

4-4 为了率定管径,在管内通过运动黏度 $\nu=0.013$cm^2/s 的水,实测流量 $Q=35$cm^3/s,长 $l=15$m 管段上的水头损失为 $h_f=2$ cmH$_2$O。试求此圆管的内径。

4-5 如图 4-24 所示,油管直径 $D=75$mm,油的密度为 900kg/m^3,油的运动黏度 $\nu=0.9$cm^2/s,在管轴位置安放连接水银压差计的皮托管,水银面高差 $\Delta h=20$mm。试求油的流量。

4-6 自来水管长 $l=600$m,直径 $D=300$mm,旧铸铁管,通过流量 $Q=60$m^3/h。试用穆迪图和海曾-威廉公式分别计算沿程水头损失。

4-7 预应力混凝土输水管直径为 $D=300$mm,长度 $l=500$m,沿程水头损失 $h_f=1$m。试用谢才公式和海曾-威廉公式分别求解管道中流速。

4-8 圆管和正方形管道的断面面积、长度和相对粗糙都相等,且通过的流量相等。试求两种形状管道沿程损失之比:(1)管流为层流;(2)管流为湍流粗糙区。

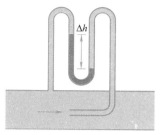
图 4-24　习题 4-5 图

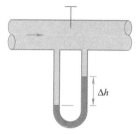
图 4-25　习题 4-9 图

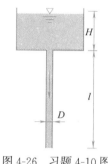
图 4-26　习题 4-10 图

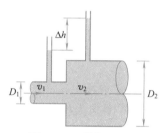
图 4-27　习题 4-11 图

4-9　如图 4-25 所示，输水管道中设有阀门。已知管道直径 $D=50\text{mm}$，通过流量 $Q=3.34\text{L/s}$，水银压差计读值 $\Delta h=150\text{mm}$，沿程水头损失不计。试求阀门的局部阻力系数。

4-10　如图 4-26 所示，水箱中的水通过等直径的垂直管道向大气流出。已知水箱的水深 H，管道直径 D，管道长 l，沿程阻力系数 λ，局部阻力系数 ζ。试问在什么条件下，流量随管长的增加而减小？

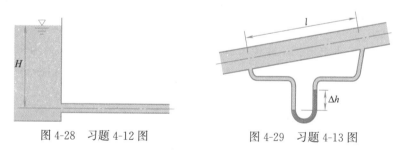
图 4-28　习题 4-12 图　　　　图 4-29　习题 4-13 图

4-11　如图 4-27 所示，用突然扩大使管道的平均流速由 v_1 减到 v_2，若直径 D_1 及流速 v_1 一定。试求使测压管液面差 Δh 成为最大的 v_2 和 D_2 以及 Δh 的最大值。

4-12　如图 4-28 所示，水箱中的水经管道出流。已知管道直径 $D=25\text{mm}$，长度 $l=6\text{m}$，水位 $H=13\text{m}$，沿程阻力系数 $\lambda=0.02$。试求流量及管壁切应力 τ_0。

4-13　如图 4-29 所示，水管直径 $D=50\text{mm}$，两测点间相距 $l=15\text{m}$，通过的流量 $Q=6\text{L/s}$，水银压差计读值 $\Delta h=250\text{mm}$。试求管道的沿程阻力系数。

4-14　如图 4-30 所示，两水池水位恒定。已知管道直径 $D=100\text{mm}$，管长 $l=20\text{m}$，沿程阻力系数 $\lambda=0.042$，弯管和阀门的局部阻力系数分别为 $\zeta_b=0.8$，$\zeta_v=0.26$，通过流量 $Q=65\text{L/s}$。试求水池水面高差 H。

4-15　如图 4-31 所示，自水池中引出一根具有三段不同直径的水管，已知直径 $D_1=D_3=50\text{mm}$，$D_2=200\text{mm}$，长度 $l=100\text{m}$，水位 $H=12\text{m}$，沿程阻力系数 $\lambda=0.03$，阀门局部阻力系数 $\zeta_v=5.0$。试求通过水管的流量并绘总水头线及测压管水头线。

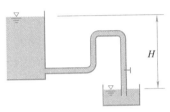
图 4-30　习题 4-14 图

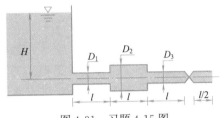
图 4-31　习题 4-15 图

第5章
有 压 流 动

本章知识点

> **【知识点】**孔口出流，管嘴出流，短管的水力计算，长管的水力计算。
> **【重点】**掌握短管与长管的水力计算。
> **【难点】**复杂长管的水力计算。

前面几章阐述了流体动力学基本方程和水头损失计算方法。从这一章开始，在前述各章的理论基础上，对流动现象进行分类研究，孔口（orifice）、管嘴（nozzle）出流和有压管流（pipe flow）就是工程中最常见的一类流动现象，这类流动称为有压流动。

孔口、管嘴出流和有压管流的水力计算，是连续性方程、能量方程及流动阻力和水头损失规律在工程实践中的具体应用。

5.1 孔口出流

在容器壁上开孔后流体会通过孔口流出容器，这种流动称为孔口出流。孔口出流是工程中很常见的流动现象。通过各类取水孔、泄水孔和闸门孔的水流以及通过房屋门、窗的气流等均与孔口出流有关，孔口出流还广泛用于流量的量测和控制。由于孔口出流流动方向的边界长度较短，分析时仅考虑局部水头损失。

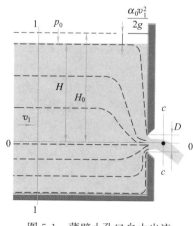

图 5-1 薄壁小孔口自由出流

5.1.1 薄壁孔口出流

若孔口具有锐缘状，孔壁与流体仅以一条周线相接触，壁厚不影响孔口出流，称薄壁孔口。作用在孔口断面各点上的水头近似相等的孔口称小孔口，否则称大孔口。设 D 表示孔口直径，H 为孔口形心在液面下的深度。圆形薄壁孔口的实验研究表明，若 $H \geqslant 10D$，属于小孔口；若 $H < 10D$，属于大孔口。薄壁小孔口又称标准孔口。

5.1.1.1 自由出流

液体经孔口流入大气的出流称为孔口自由出流，其流动现象如图 5-1 所示。在惯性的作用下，液体经过孔口后流线继续收缩，直至离孔口约 $0.5D$ 处（$c\text{-}c$ 断面）收缩最充分，该断面称为收缩断面。其后流股又有所扩散，并在重力作用下跌落，收缩断面处流线近于平行，可看作渐变流断面。

以通过孔口中心线的水平面 0-0 为基准面，取渐变流断面 1-1 和 $c\text{-}c$ 列伯努利方程

$$H + \frac{p_1}{\rho g} + \frac{\alpha_1 v_1^2}{2g} = \frac{p_c}{\rho g} + \frac{\alpha_c v_c^2}{2g} + \zeta_0 \frac{v_c^2}{2g}$$

式中 $H + \left(\dfrac{p_1}{\rho g} - \dfrac{p_c}{\rho g}\right) + \dfrac{\alpha_1 v_1^2}{2g}$ 为断面 1-1 的总水头，记为 H_0；v_1 称为行近流速；v_c 为收缩断面平均流速；ζ_0 为孔口出流的局部阻力系数。

在图 5-1 所示的孔口出流中，$p_1 = p_c = 0$，$v_1 \approx 0$，故伯努利方程可写为

$$H_0 = \frac{\alpha_c v_c^2}{2g} + \zeta_0 \frac{v_c^2}{2g} \tag{5-1}$$

式(5-1)表明总水头 H_0 一部分用来克服流动阻力形成了水头损失，另一部分转化为收缩断面的动能(流速水头)。由式(5-1)可得

$$v_c = \frac{1}{\sqrt{\alpha_c + \zeta_0}}\sqrt{2gH_0}$$

$\varphi_0 = \dfrac{1}{\sqrt{\alpha_c + \zeta_0}} \approx \dfrac{1}{\sqrt{1 + \zeta_0}}$ 称为流速系数。收缩断面流速可写成

$$v_c = \varphi_0 \sqrt{2gH_0} \tag{5-2}$$

设孔口面积为 A，收缩断面面积为 A_c，面积比 $\varepsilon = A_c/A$ 称为收缩系数。由 $Q = v_c A_c$，得到流量算式

$$Q = v_c A_c = \varphi_0 \varepsilon A \sqrt{2gH_0} = \mu_0 A \sqrt{2gH_0} \tag{5-3}$$

该式是小孔口自由出流的基本公式，其中 $\mu_0 = \varepsilon_0 \varphi_0$ 称流量系数。实验得出的圆形小孔口 $\varepsilon_0 = 0.64$，$\varphi_0 = 0.97$，由此可算得 $\zeta_0 = 0.06$，$\mu_0 = 0.62$。

5.1.1.2　淹没出流

若液体经孔口再流入液体的孔口出流称为淹没出流，如图 5-2 所示。液流脱离孔口边缘后，经收缩断面 $c\text{-}c$ 后会迅速扩散，淹没孔口出流的局部水头损失则包括收缩损失和扩展损失两部分，前者与自由出流的损失值相等，后者可按断面突然扩大来计算。

取基准面 0-0 过孔口中心，列断面 1-1 与 2-2 之间的伯努利方程

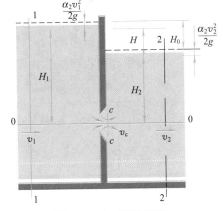

图 5-2　孔口淹没出流

$$H_1 + \frac{p_1}{\rho g} + \frac{\alpha_1 v_1^2}{2g} = H_2 + \frac{p_2}{\rho g} + \frac{\alpha_2 v_2^2}{2g} + \zeta_0 \frac{v_c^2}{2g} + \zeta_{se} \frac{v_c^2}{2g}$$

式中　ζ_0——收缩阻力系数，按自由出流取 $\zeta_0 = 0.06$；

ζ_{se}——突然扩大阻力系数，当断面 2-2 的面积为 A_2 时，根据式(4-61)，$\zeta_{se} = (1 - A_1/A_2)^2$。

设 H_{01} 和 H_{02} 分别表示两断面的总水头，$H_0 = H_{01} - H_{02} = \left(H_1 + \dfrac{p_1}{\rho g} + \dfrac{\alpha v_1^2}{2g} \right) -$

$\left(H_2 + \dfrac{p_2}{\rho g} + \dfrac{\alpha_2 v_2^2}{2g} \right)$ 为两断面的总水头之差。于是，解出 $c\text{-}c$ 断面的流速与流量

分别为

$$v_{\mathrm{c}} = \frac{1}{\sqrt{\zeta_{\mathrm{o}} + \zeta_{\mathrm{se}}}} \sqrt{2gH_{\mathrm{o}}} = \varphi_{\mathrm{o}} \sqrt{2gH_{\mathrm{o}}} \tag{5-4}$$

$$Q = v_{\mathrm{c}} A_{\mathrm{c}} = \varphi_{\mathrm{o}} \varepsilon_{\mathrm{o}} A \sqrt{2gH_{\mathrm{o}}} = \mu_{\mathrm{o}} A \sqrt{2gH_{\mathrm{o}}} \tag{5-5}$$

式中　H_0——作用水头 (m)，如流速 $v_1 \approx 0$，$p_1 = p_2 = p_{\mathrm{a}}$ 则 $H_0 = H_1 - H_2 = H$；

ζ_{o}——孔口的局部阻力系数，与自由出流相同；

ζ_{se}——水流收缩断面突然扩大局部阻力系数，根据式(4-61)，当 $A_2 \gg$ A_{c} 时，$\zeta_{\mathrm{se}} \approx 1$；

φ_{o}——淹没孔口的流速系数，$\varphi_{\mathrm{o}} = \dfrac{1}{\sqrt{\zeta_{\mathrm{se}} + \zeta_{\mathrm{o}}}} \approx \dfrac{1}{\sqrt{1 + \zeta_{\mathrm{o}}}}$；

μ_{o}——淹没孔口的流量系数 $\mu_{\mathrm{o}} = \varepsilon \varphi_{\mathrm{o}}$。

对于大孔口自由出流，将大孔口分解为许多水头不等的小孔口，应用小孔口自由出流公式计算其流量，积分求和可得大孔口出流流量公式。其公式形式仍为(5-3)，式中 H_0 指大孔口形心处的总水头。

鉴于 $H_0 \approx H_1 - H_2 = H$，它表明出流流量 Q 与淹没深度无关，故式(5-4)、式 (5-5) 同时适用于淹没小孔口和大孔口出流。

作用水头、流速系数和流量系数的概念，普遍适用于孔口、管嘴和有压管流三类流动。作用水头 H_0 对实际计算很有用，因为大多实际场合的容器体积很大，可近似取 $H_0 \approx H$。

5.1.2　孔口出流流量系数的影响因素

孔口出流的流速系数 φ_{o} 和流量系数 μ_{o} 值，取决于孔口的局部水头损失系数和收缩系数，影响因素主要有孔口的形状、大小、位置和进口形式。

孔口在壁面上的位置对收缩系数有直接影响。孔口边界距离邻近壁面较

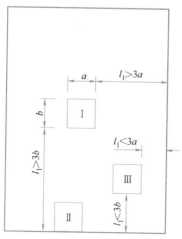

图 5-3　孔口位置示意图

远，出流流束能各方向全部收缩，如图 5-3 中孔口 I 所示；若孔口有部分边界与容器壁或液面重合，此时出流流束只能部分收缩，如图 5-3 中孔口 II 所示，部分收缩的收缩系数比全部收缩的收缩系数大。对于全部收缩的孔口，若孔口边界与相邻壁面或液面的距离大于同方向孔口尺寸的 3 倍，孔口出流的收缩不受壁面或液面影响，则成为完善收缩，如图 5-3 中孔口 I 所示；否则称为不完善收缩，如图 5-3 中孔口 III 所示，不完善收缩的收缩系数比完善收缩的收缩系数大。例如用式

(5-3)计算大孔口自由出流时，可参考表 5-1 中 μ 的实验值。与完善收缩的小孔口对比后可以看出，当收缩不完善或不完全时，出流能力增大 $10\% \sim 40\%$。

大孔口的流量系数 μ 值   表 5-1

序号	孔口收缩情况	流量系数 μ
1	全部不完善收缩	0.70
2	底部无收缩、有侧收缩	$0.65 \sim 0.70$
3	底部无收缩、有很小的侧收缩	$0.70 \sim 0.75$
4	底部无收缩、有极小的侧收缩	$0.80 \sim 0.90$

【例题 5-1】 液体从容器铅垂侧壁上的小孔口中水平射出，如图 5-4 所示，从收缩断面 c 量起，水平射程 $x = 4.8$m，孔口中心离地面高度 $y = 2$m，容器中液面比孔口高 $H = 3$m。试求孔口的流速系数。

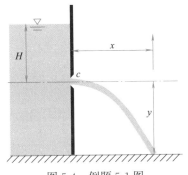

图 5-4 例题 5-1 图

【解】 设收缩断面流速为 v_c，液体质点由断面 c 到地面所经过的时间为 t。显然有

$$x = v_c t , \quad y = g t^2 / 2$$

解得

$$t = \sqrt{\frac{2y}{g}} , \quad v = \sqrt{\frac{g x^2}{2y}}$$

已知理想流速 $v_0 = \sqrt{2gH}$，于是得流速系数

$$\varphi_o = \frac{v_c}{v_0} = \frac{\sqrt{g x^2 / 2y}}{\sqrt{2gH}} = \sqrt{\frac{x^2}{4yH}} = \sqrt{\frac{4.8^2}{4 \times 2 \times 3}} = 0.98$$

5.1.3 孔口非恒定出流

若容器的作用水头在出流过程中发生变化，将会形成孔口非恒定出流。一般地，因容器断面面积较大，水头变化较缓慢，可以将每一微小时段内的孔口出流近似当成恒定流，这就是准恒定近似法，适用于水库或蓄水池充泄水过程的计算。

设图 5-5 所示截面面积 A_t 很大的等截面柱形容器。根据式(5-3)，任意微小时段 dt 内小孔口自由流出的体积为

$$dV = Q dt = \mu_o A \sqrt{2gh} \, dt$$

式中 h——t 时刻的作用水头。

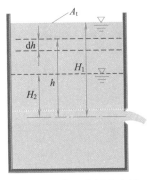

图 5-5 孔口非恒定出流

若设容器液面在 dt 内的降幅为 dh，即

$$dV = -A_t dh$$

于是有

$$\mu_o A \sqrt{2gh} \, dt = -A_t dh$$

设在 $t = 0$ 和 $t = T$ 两时刻容器内的水头分别为 H_1、H_2，对上式积分可

得水位由 H_1 降至 H_2 所需时间

$$t = \int_{H_1}^{H_2} \frac{A_1}{\mu_0 A \sqrt{2g}} \frac{\mathrm{d}h}{\sqrt{h}} = \frac{2A_1}{\mu_0 A \sqrt{2g}} (\sqrt{H_1} - \sqrt{H_2}) \tag{5-6}$$

令 $H_2 = 0$，便得到容器的泄空时间

$$t = \frac{2A_1\sqrt{H_1}}{\mu_0 A \sqrt{2g}} = \frac{2A_1 H_1}{\mu_0 A \sqrt{2g H_1}} = \frac{2V}{Q_{\max}} \tag{5-7}$$

式中 V —— 容器放空的体积（m³）；

      $Q_{\max}$ —— 初始出流时的最大流量（m³/s）。

式（5-7）表明，容器内液体的放空时间，等于在起始水头 H_1 作用下，流出同体积液体所需时间的二倍。

5.2 管嘴出流

5.2.1 圆柱形外管嘴恒定出流

在孔口处外接长度 $l = (3 \sim 4)D$ 的短直管，即为圆柱形外管嘴。水流流入管嘴在距进口不远处，形成收缩断面 $c\text{-}c$，在收缩断面处主流与管壁脱离，并形成旋涡区。其后水流逐渐扩大，在管嘴出口断面满管出流，如图 5-6 所示。

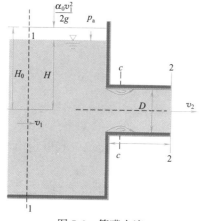

图 5-6 管嘴出流

设开口容器，水由管嘴自由出流，取容器内过流断面 1-1 和管嘴出口断面 2-2 列伯努利方程

$$H + \frac{\alpha_1 v_1^2}{2g} = \frac{\alpha_2 v_2^2}{2g} + \zeta_n \frac{v_2^2}{2g}$$

令 $H_0 = H + \dfrac{\alpha_1 v_1^2}{2g}$，代入上式整理得管嘴出口流速

$$v_2 = \frac{1}{\sqrt{\alpha_2 + \zeta_n}} \sqrt{2g H_0} = \varphi_n \sqrt{2g H_0} \tag{5-8}$$

管嘴流量

$$Q = v_2 A_2 = \varphi_n A_2 \sqrt{2g H_0} = \mu_n A_2 \sqrt{2g H_0} \tag{5-9}$$

式中 H_0 —— 作用水头（m），如流速 $v_0 = 0$，则 $H_0 = H$；

      ζ_n —— 管嘴局部损失系数，相当于管道锐缘进口的阻力系数，$\zeta_n = 0.5$；

      φ_n —— 管嘴的流速系数，$\varphi_n = \dfrac{1}{\sqrt{\alpha_1 + \zeta_n}} = \dfrac{1}{\sqrt{1 + 0.5}} = 0.82$；

      μ_n —— 管嘴的流量系数，因出口断面无收缩，$\mu_n = \varphi_n = 0.82$。

比较基本公式（5-9）和式（5-5），两式形式上完全相同，然而流量系数 $\mu_n =$

$1.32\mu_o$，可见在相同的作用水头下，同样断面积管嘴的过流能力是孔口过流能力的 1.32 倍。

5.2.2 收缩断面的真空

孔口外接短管成为管嘴，增加了阻力，但流量不减反而增加。这是由于收缩断面处真空的作用。

对收缩断面 c-c 和出口断面 2-2 列伯努利方程

$$\frac{p_c}{\rho g} + \frac{\alpha_c v_c^2}{2g} = \frac{p_a}{\rho g} + \frac{\alpha v_2^2}{2g} + \zeta_{se} \frac{v_2^2}{2g}$$

则

$$\frac{p_a - p_c}{\rho g} = \frac{\alpha_c v_c^2}{2g} - \frac{\alpha v_2^2}{2g} - \zeta_{se} \frac{v_2^2}{2g}$$

其中

$$v_c = \frac{A}{A_c} v = \frac{1}{\varepsilon} v$$

$$\zeta_{se} = \left(\frac{A}{A_c} - 1\right)^2 = \left(\frac{1}{\varepsilon} - 1\right)^2$$

得到

$$\frac{p_v}{\rho g} = \left[\frac{\alpha_c}{\varepsilon^2} - \alpha - \left(\frac{1}{\varepsilon} - 1\right)^2\right] \frac{v^2}{2g}$$

$$= \left[\frac{\alpha_c}{\varepsilon^2} - \alpha - \left(\frac{1}{\varepsilon} - 1\right)^2\right] \varphi_o^2 H_0$$

将各项系数 $\alpha_1 = \alpha = 1$，$\varepsilon = 0.64$，$\varphi_n = 0.82$ 代入上式，得

$$\frac{p_v}{\rho g} = 0.75 H_0 \tag{5-10}$$

比较孔口自由出流和管嘴出流，前者收缩断面在大气中，而后者的收缩断面在短管内并形成真空区，真空高度达作用水头的 0.75 倍。其对水流的作用相当于把孔口的作用水头增大 75%，故而圆柱形外管嘴的流量要比孔口的流量大。

5.2.3 圆柱形外管嘴的正常工作条件

由式(5-10)可知，作用水头 H_0 愈大，收缩断面的真空高度也愈大。但实际上，当收缩断面的真空高度超过 $7 \mathrm{mH_2O}$ 时，空气将会从管嘴出口断面被吸入，使得收缩断面的真空被破坏，管嘴不再保持满管出流。为限制收缩断面的真空高度 $\frac{p_v}{\rho g} \leqslant 7\mathrm{m}$，规定管嘴作用水头的限值

$$[H_0] = \frac{7}{0.75} = 9\mathrm{m}$$

其次，对管嘴的长度也有一定限制。长度过短，水流收缩后来不及扩大到整个出口断面，收缩断面的真空不能形成，管嘴仍不能发挥作用；长度过长，沿程水头损失不容忽略，管嘴出流变为短管流动。

所以，圆柱形外管嘴的正常工作条件是：

(1) 作用水头 $H_0 \leqslant 9\mathrm{m}$；

117

（2）管嘴长度 $l=(3\sim4)D$。

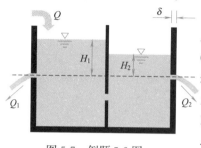

图 5-7 例题 5-2 图

【例题 5-2】 如图 5-7 所示，某水池壁厚 $\delta=200mm$，两侧壁上各有一直径 $d=60mm$ 的位于同一水平中心线的圆孔。水池来水量 $Q=30L/s$，通过两圆孔流出。为调节两圆孔的出流量，池内设有隔板，隔板上开一与池壁孔径相等的圆孔口。试求池内水位恒定情况下，池壁两圆孔的出流量 Q_1 和 Q_2 各为多少？

【解】 池壁厚 $\delta=(3\sim4)d$，所以池壁两侧圆孔的出流按圆柱形外管嘴出流计算。

设隔板两侧的水面到圆孔中心线的距离分别为 H_1 和 H_2。显然，在恒定流情况下，隔板孔口与圆孔 2 的流量相等，于是根据式(5-5)和式(5-9)，有

$$\mu_0 A\sqrt{2g(H_1-H_2)}=\mu_2 A\sqrt{2gH_2}$$

解出

$$H_1=2.75H_2$$

并代入

$$Q=Q_1+Q_2=\mu_1 A\sqrt{2gH_1}+\mu_2 A\sqrt{2gH_2}$$

解出

$$H_1=3.33m,\ H_2=1.21m$$

最后求得两圆孔的出流量分别为

$$Q_1=\mu_1 A\sqrt{2gH_1}$$
$$=0.82\times0.785\times0.06^2\sqrt{2\times9.8\times3.33}$$
$$=0.0187m^3/s=18.7L/s$$
$$Q_2=Q-Q_2=30-18.7=11.3L/s$$

5.3 短管的水力计算

有压管流是输送流体的主要方式。由于有压管流沿程具有一定的长度，其水头损失包括沿程损失和局部损失。工程上为了简化计算，按两类水头损失在全部损失中所占比例的不同，将管道分为短管和长管。短管是指水头损失中，沿程损失和局部损失都占相当比例，两者都不可忽略的管道，如路基涵管、虹吸管以及工业送风管等都是短管；长管是指水头损失以沿程损失为主，局部损失和流速水头的总和同沿程损失相比很小可忽略不计，或按沿程损失的某一百分数估算，仍能满足工程要求的管道，如长距离输水管道就属于长管。

5.3.1 短管出流的基本公式

按流体流经管道后出流的方式分为短管自由出流和短管淹没出流。

以水为例，短管自由出流指液体经管道后流入大气，流出管口的液体各点压强均等于大气压。短管淹没出流指液体经管道后直接流入液体中。

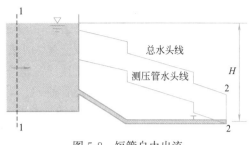

图 5-8 短管自由出流

短管流动的基本公式是在伯努利方程的基础上，结合水头损失的计算公式以及自身特点得到的。设短管自由出流，如图 5-8 所示。取容器内过流断面 1-1 与管道出口断面 2-2 为计算断面，列伯努利方程，其中 $v_1 \approx 0$，有

$$H + \frac{p_1}{\rho g} + \frac{v_1^2}{2g} = \frac{v_2^2}{2g} + h_l$$

水头损失 $h_l = \left(\lambda \dfrac{l}{D} + \Sigma \zeta \right) \dfrac{v^2}{2g}$，代入上式整理得流速

$$v = \frac{1}{\sqrt{\alpha + \lambda \dfrac{l}{D} + \Sigma \zeta}} \sqrt{2g \left(H + \frac{p_1}{\rho g} + \frac{v_1^2}{2g} \right)} \qquad (5\text{-}11)$$

令 $\mu_s = \dfrac{1}{\sqrt{\alpha + \lambda \dfrac{l}{D} + \Sigma \zeta}}$，$H_0 = H + \dfrac{p_1}{\rho g} + \dfrac{v_1^2}{2g}$，于是流量

$$Q = vA = \mu_s A \sqrt{2g H_0} \qquad (5\text{-}12)$$

式中　μ_s——短管管系流量系数；

　　　H_0——作用水头。

图 5-7 中所示情况下，$p_1 = 0$，$v_1 \approx 0$，$H_0 \approx H$

式(5-11)为短管自由出流的基本公式。

短管淹没出流与短管自由出流具有同样形式的计算公式，可由对图 5-9 所示短管淹没出流列伯努利方程得到。不同之处在于短管淹没出流基本公式中的作用水头为短管上下游自由液面高差，管系流量系数为 $\mu_s = \dfrac{1}{\sqrt{\lambda \dfrac{l}{D} + \Sigma \zeta}}$，局部阻力系数中包含出口阻力系数。

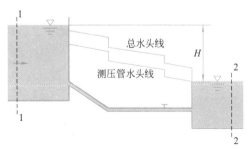

图 5-9 短管淹没出流

5.3.2 短管有压流的设计

短管恒定出流的设计问题分为三类。

第一类是求作用水头 H 或各断面的压强 p。作用水头 H 用于设计水塔高度，确定水泵扬程或风机全压。要求验算各部位的压强 p，以满足工程的实

119

际要求，或防止因真空度过大而发生空化空蚀等有害现象。这类设计可直接应用短管流速算式(5-11)、流量算式(5-12)进行计算。

第二类是求管道流量 Q 或流速 v。给定作用水头和管道参数，要求验算输流能力，或验算流速大小是否满足经济流速要求。因阻力系数有时与流速有关，需要根据流速或流量算式实施迭代计算。

第三类是设计管径 D。沿程水头损失和局部水头损失的大小以及过流断面面积均取决于管径，需要迭代计算。实际设计时，要考虑经济流速因素，且算出管径后应按相应的标准管径选取，以便于市场采购。

5.3.3 短管水力计算实例

5.3.3.1 虹吸管的水力计算

管道轴线的一部分高出无压的上游供水水面，这样的管道称为虹吸管(siphon)，如图 5-10 所示。应用虹吸管输水，具有可以跨越高地，减少挖方，以及便于自动操作等优点，在工程中广为应用。

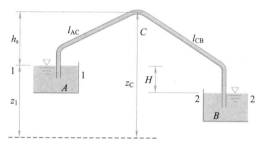

图 5-10　虹吸管

由于虹吸管部分管段高出自由液面，管内必存在真空区段。若其内真空度增至极限值，管中的水汽化并在虹吸管顶部聚集，形成气塞，阻碍水流运动。为保证虹吸管正常过流，工程上限制管内最大真空高度不超过允许值 $[h_v]=7\sim8.5m$ 水柱。

根据流动特点，虹吸管按淹没出流计算流量，即

$$Q=\mu_s A\sqrt{2gH}$$

式中 $\mu_s=\dfrac{1}{\sqrt{\lambda\dfrac{l_{AB}}{D}+\sum\limits_{AB}\zeta}}$，$l_{AB}$ 为虹吸管的管长，D 为管径，ζ 为局部阻力系数。

虹吸管最大真空高度的计算可直接应用伯努利方程。取已知断面 1-1 和最大真空断面 C-C 列伯努利方程，其中 $v_1\approx0$，得

$$\frac{p_a-p_c}{\rho g}=(z_c-z_1)+\left(\alpha+\lambda\frac{l_{AC}}{D}+\sum_{AC}\zeta\right)\frac{v^2}{2g}$$

即

$$\frac{p_v}{\rho g}=h_s+\left(\alpha+\lambda\frac{l_{AC}}{D}+\sum_{AC}\zeta\right)\frac{v^2}{2g}<[h_v] \tag{5-13}$$

为保证虹吸管正常工作，虹吸管的作用水头 H 和最大超高 h_s 都将受 $[h_v]$ 的制约。

【例题 5-3】 如图 5-10 所示虹吸管，上下游水池的水位差 $H=2\mathrm{m}$，管长 $l_{AC}=15\mathrm{m}$，$l_{CB}=20\mathrm{m}$，管径 $D=200\mathrm{mm}$。进口阻力系数 $\zeta_{en}=0.5$，出口阻力系数 $\zeta_{ex}=1$，各转弯的阻力系数 $\zeta_b=0.2$，沿程阻力系数 $\lambda=0.025$，管顶最大允许真空高度 $[h_v]=7\mathrm{m}$。试求通过流量及管道最大的允许超高 h_s。

【解】 根据

$$v=\frac{1}{\sqrt{\lambda\dfrac{l_{AB}}{D}+\zeta_{en}+3\zeta_b+\zeta_{ex}}}\sqrt{2gH}$$

$$=\frac{1}{\sqrt{0.025\times\dfrac{35}{0.2}+0.5+0.6+1}}\sqrt{2\times9.8\times2}=2.46\mathrm{m/s}$$

得流量为
$$Q=vA=0.077\mathrm{m}^3/s$$

将 $\dfrac{p_v}{\rho g}$ 以 $\left[\dfrac{p_v}{\rho g}\right]=7\mathrm{m}$ 代入式(5-12)

$$\frac{p_v}{\rho g}=h_s+\left(\alpha+\lambda\frac{l_{AC}}{D}+\sum_{AC}\zeta\right)\frac{v^2}{2g}$$

整理得最大允许超高为

$$h_s=\left[\frac{p_v}{\rho g}\right]-\left(\alpha+\lambda\frac{l_{AC}}{D}+\sum_{AC}\zeta\right)\frac{v^2}{2g}$$

$$=7-\left(1+0.025\times\frac{15}{0.2}+0.5+0.2\times2\right)\times\frac{2.46^2}{19.6}=5.83\mathrm{m}$$

5.3.3.2 水泵吸水管的水力计算

离心泵(centrifugal pump)吸水管的水力计算，主要为确定泵的扬程、安装高度（即泵轴线在吸水池水面上的高度 H_p），如图 5-11。

取吸水池水面 1-1 和水泵进口断面 2-2 列伯努利方程，忽略吸水池水面流速，得

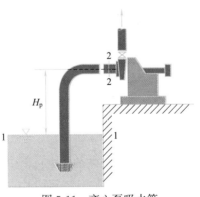

图 5-11 离心泵吸水管

$$\frac{p_a}{\rho g}=H_p+\frac{p_2}{\rho g}+\frac{\alpha v^2}{2g}+h_l$$

则

$$H_p=h_v-\left(\alpha+\lambda\frac{l}{D}+\sum\zeta\right)\frac{v^2}{2g} \tag{5-14}$$

式中 H_p —— 水泵安装高度(m)；

h_v——水泵进口断面真空高度 $h_v = \dfrac{p_a - p_2}{\rho g}$ (m)；

λ——吸水管沿程阻力系数；

$\sum\zeta$——吸水管各项局部阻力系数之和。

式(5-14)表明，水泵的安装高度与其进口的真空高度有关。进口断面的真空高度是有限制的，当该断面绝对压强低于该水温下的汽化压强时，水汽化生成大量气泡，气泡随水流进入泵内，受到压缩而突然溃灭。周围的水以极大的速度向溃灭点冲击，在该点造成高达数十兆帕的压强。这个过程发生在水泵部件的表面，就会使部件很快损坏，这种现象称为空蚀。为防止空蚀，通常由实验确定允许吸水真空高度 $[h_v]$，作为水泵的性能指标之一。

【例题 5-4】 离心泵系统如图 5-10 所示。已知泵的流量 $Q = 8.8\text{L/s}$；吸水管长度与直径分别为 $l = 7.5\text{m}$ 和 $D = 100\text{mm}$，吸水管沿程阻力系数 $\lambda = 0.045$，有滤网底阀的局部阻力系数 $\zeta_v = 7.0$，直角弯管局部阻力系数 $\zeta_b = 0.3$，泵的允许吸上真空高度 $[h_v] = 5.7\text{m}$，试确定水泵的最大安装高度 H_p。

【解】 由式(5-14)

$$H_p = h_v - \left(\alpha + \lambda\frac{l}{D} + \sum\zeta\right)\frac{v^2}{2g}$$

局部阻力系数总和 $\sum\zeta = 7 + 0.3 = 7.3$；

管中流速 $v = \dfrac{4Q}{\pi D^2} = 1.12\text{m/s}$。

h_v 以允许吸水真空高度 $[h_v] = 5.7\text{m}$ 代入，得最大安装高度

$$H_p = 5.7 - \left(1 + 0.045\times\frac{7.5}{0.1} + 7.3\right)\times\frac{1.12^2}{19.6} = 4.95\text{m}$$

5.4 长管的水力计算

5.4.1 简单管道

管径和流量沿程不变的管道称为简单管道，这是长管中最基本的情形。其他各种复杂的管道可以认为是简单管道的组合。

图 5-12 所示为简单管道自由出流的情形。以通过管道出口断面 2 中心的水平面 0-0 为基准面，列断面 1-1 和断面 2-2 的伯努利方程，得

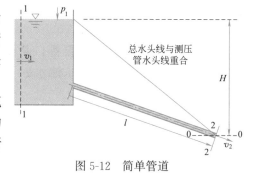

图 5-12 简单管道

$$H + \frac{p_1}{\rho g} + \frac{\alpha_1 v_1^2}{2g} = \frac{\alpha_2 v_2^2}{2g} + h_f + h_m$$

与沿程水头损失相比，发生在长管中的流速水头和局部水头损失相对较

小，均可忽略，并令作用水头 $H_0 = H + \dfrac{p_1}{\rho g} + \dfrac{\alpha_1 v_1^2}{2g}$，则上式简化为

$$H_0 = h_f \tag{5-15}$$

对于简单管道淹没出流，同理可得式(5-15)，只是水头为上下游水池的水面高差。

图 5-11 所示流动中，$p_1 = 0$，$v_1 \approx 0$，作用水头 $H_0 \approx H$。式(5-15)表明长管的水头 H_0 全部用来克服沿程阻力，消耗为沿程水头损失 h_f。

长管的测压管水头线如图 5-12 所示。因长管局部水头损失和流速水头均可忽略，所以总水头线是连续下降的直线，并与测管水头线重合。

将达西—魏斯巴赫公式代入式(5-15)

$$H_0 = h_f = \lambda \frac{l}{D} \frac{v^2}{2g} = \frac{8\lambda}{g \pi^2 D^5} l Q^2 \tag{5-16}$$

令其中

$$a = \frac{8\lambda}{g \pi^2 D^5} \tag{5-17}$$

代入上式，得

$$H_0 = h_f = a l Q^2 = s Q^2 \tag{5-18}$$

或

$$J = \frac{h_f}{l} = a Q^2 \tag{5-19}$$

式中　a——单位管长的阻抗，称比阻(s^2/m^6)；

　　　s——阻抗(s^2/m^5)；

　　　J——水力坡度。

若将沿程阻力系数与谢才系数的关系式 $C = \sqrt{\dfrac{8g}{\lambda}}$ 代入式(5-17)，再选用曼宁公式计算谢才系数 C，得比阻的计算式为

$$a = \frac{10.3 n^2}{D^{5.33}} \tag{5-20}$$

或将其以表格形式表示，见表 5-2。

曼宁公式比阻计算表

表 5-2

水管直径(mm)	$n = 0.012$	$n = 0.013$	$n = 0.014$
75	1480	1740	2010
100	319	375	434
125	96.5	113	131
150	36.7	43.0	49.9
200	7.92	9.30	10.8

水管直径(mm)	n=0.012	n=0.013	n=0.014
250	2.41	2.83	3.28
300	0.911	1.07	1.24
350	0.401	0.471	0.545
400	0.196	0.230	0.267
450	0.105	0.123	0.143
500	0.0598	0.0702	0.0815
600	0.0226	0.0265	0.0307
700	0.00993	0.0117	0.0135
800	0.00487	0.00573	0.00663
900	0.00260	0.00305	0.00354
1000	0.00148	0.00174	0.00201

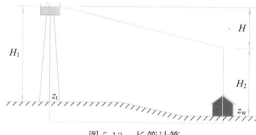

图 5-13 长管计算

【例题 5-5】 由水塔向车间供水(图 5-13),采用铸铁管。管长 $l=2500\mathrm{m}$,管径 $D=400\mathrm{mm}$,水塔地面标高 $z_t=61\mathrm{m}$,水塔水面距地面的高度 $H_1=18\mathrm{m}$,车间地面标高 $z_w=45\mathrm{m}$,供水点需要的最小服务水头 $H_2=25\mathrm{m}$,求供水量 Q。

【解】 首先计算作用水头

$$H=(z_t+H_1)-(z_w+H_2)$$
$$=(61+18)-(45+25)=9\mathrm{m}$$

由表 5-2 知铸铁管粗糙系数 $n=0.013$,查表 5-2 知 $D=400\mathrm{mm}$ 的铸铁管比阻 $a=0.23\mathrm{s}^2/\mathrm{m}^6$,代入式(5-18),得

$$Q=\sqrt{\frac{H}{al}}=\sqrt{\frac{9}{0.23\times2500}}=0.125\mathrm{m}^3/\mathrm{s}$$

【例题 5-6】 上题中,如图 5-12,如车间需水量 $Q=0.152\mathrm{m}^3/\mathrm{s}$,管线布置、地面标高及供水点需要的最小服务水头都不变,试设计水塔高度。

【解】 由表 5-2 查得 $a=0.23\mathrm{s}^2/\mathrm{m}^6$,代入式(5-17),得

$$H=h_f=alQ^2=0.23\times2500\times0.152^2=13.28\mathrm{m}$$

于是 $H=(z_t+H_1)-(z_w+H_2)$
$$=(61+H_1)-(45+24)=13.28\mathrm{m}$$

得水塔高 $H_1=21.28\mathrm{m}$。

【例题 5-7】 保持上题车间需水量 $Q=0.152\mathrm{m}^3/\mathrm{s}$,水塔高度 $H_1=18\mathrm{m}$,管线布置、地面标高以及供水点需要的最小服务水头都不变,试计算管径 D。

【解】 首先计算作用水头

$$H=(z_t+H_1)-(z_w+H_2)=(61+18)-(45+25)=9\mathrm{m}$$

代入式(5-17),得比阻 $a=\dfrac{H}{lQ^2}=\dfrac{9}{2500\times0.152^2}=0.156\mathrm{s}^2/\mathrm{m}^6$

由表 5-2 查得

$$D_1 = 450\text{mm}, \quad a_1 = 0.123\text{s}^2/\text{m}^6$$
$$D_2 = 400\text{mm}, \quad a_2 = 0.230\text{s}^2/\text{m}^6$$

可见所需管径在 D_1 与 D_2 之间。由于无此规格的产品，采用管径较小者，流量达不到要求，采用管径较大者将浪费管材。合理的办法是在满足管道总长度的前提下，两个直径的管道各取一部分，并串接起来，即串联管道。

5.4.2　串联管道

由直径不同的管段顺序串接起来的管道，称为串联管道（pipes in series）。串联管道常用于沿程向几处输水，经过一段距离后有流量分出，随着沿程流量减少，所采用的管径也相应减小的情况。

设串联管道如图 5-14 所示，各管段的长度分别为 l_1、l_2……，相应的管径分别为 D_1、D_2……，通过流量分别为 Q_1、Q_2……，两管段的连接点，即节点处分出流量分别为 q_1、q_2……。流向节点的流量等于流出节点的流量，满足连续性方程或节点流量平衡

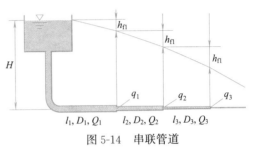

图 5-14　串联管道

$$Q_1 = q_1 + Q_2$$
$$Q_2 = q_2 + Q_3$$

一般形式为

$$Q_i = q_i + Q_{i+1} \tag{5-21}$$

因为串联管道每段管段均为简单管道，水头损失按比阻计算，即

$$h_{fi} = \alpha_i l_i Q_i^2 = s_i Q_i^2$$

式中　a_i——管段的比阻（s^2/m^6）；

　　　s_i——管段的阻抗（s^2/m^5）。

串联管道的总水头损失等于各管段水头损失的总和

$$H_0 = \sum_{i=1}^{n} h_{fi} = \sum_{i=1}^{n} s_i Q_i^2 \tag{5-22}$$

当节点无流量分出，通过各管段的流量相等，即 $Q_1 = Q_2 = \cdots\cdots = Q$ 时，总管路的阻抗 s 等于各管段的阻抗叠加，即 $s = \sum_{i=1}^{n} s_i$。

于是式(5-22)可化简为

$$H_0 = sQ^2 \tag{5-23}$$

串联管道的水头线是一条折线，这是因为各管段的水力坡度不等之故。

【例题 5-8】　在例题 5-7 中，为了充分利用水头和节省管材，采用 450mm 和 400mm 两种直径管段串联。试求每段的长度。

【解】　设 $D_1 = 450\text{mm}$ 的管段长 l_1，$D_2 = 400\text{mm}$ 的管段长 l_2，由表 5-2 查得

$$D_1 = 450\text{mm}, \quad a_1 = 0.123\text{s}^2/\text{m}^6$$

$$D_2 = 400\text{mm}，a_2 = 0.230\text{s}^2/\text{m}^6$$

根据
$$H = (a_1 l_1 + a_2 l_2) Q^2$$

得
$$\frac{H}{Q^2} = a_1 l_1 + a_2 l_2$$

或
$$390 = 0.123 l_1 + 0.230 l_2$$

另外
$$l_1 + l_2 = 2500$$

联立求解上两式，得

$$l_1 = 1729\text{m}，l_2 = 2500 - 1729 = 771\text{m}$$

5.4.3 并联管道

在两节点之间，首尾并接两根以上支管的管道称为并联管道（pipes in parallel），见图 5-15。图中节点 A、B 之间就是三根并接的并联管道。

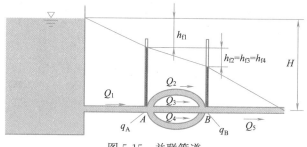

图 5-15 并联管道

设并联节点 A、B 间各支管流量分别为 Q_2、Q_3 和 Q_4，节点分出流量分别为 q_A 和 q_B。由节点流量平衡条件得

节点 A $\qquad\qquad\qquad Q_1 = q_A + Q_2 + Q_3 + Q_4$

节点 B $\qquad\qquad\qquad Q_2 + Q_3 + Q_4 = q_B + Q_5$

因为各支管的首端 A 和末端 B 是共同的，则单位重量液体由断面 A 通过 A、B 间任一根支管至断面 B 的水头损失，均等于 A、B 两断面的总水头差，即

$$h_{f2} = h_{f3} = h_{f4} = h_{fAB} \qquad\qquad (5\text{-}24)$$

以阻抗和流量表示

$$s_2 Q_2^2 = s_3 Q_3^2 = s_4 Q_4^2 = s Q^2 \qquad\qquad (5\text{-}25)$$

式(5-25)表示了并联管道各支管流量与总流量及其相互间的关系。其中 s 为并联管道的总阻抗，Q 为总流量。式(5-25)还可以表示成

$$\frac{Q_i}{Q_j} = \sqrt{\frac{s_j}{s_i}} \qquad\qquad (5\text{-}26)$$

或

$$\frac{Q_i}{Q} = \sqrt{\frac{s}{s_i}} \qquad\qquad (5\text{-}27)$$

式中 i、j 表示任意支管，式(5-26)与式(5-27)为并联管道流量分配规律。

由于 $Q = Q_2 + Q_3 + Q_4$，代入式(5-27)可得

$$\frac{1}{\sqrt{s}} = \frac{1}{\sqrt{s_2}} + \frac{1}{\sqrt{s_3}} + \frac{1}{\sqrt{s_4}} \tag{5-28}$$

【例题 5-9】 三根并联铸铁输水管道，见图 5-16，由节点 A 分出，在节点 B 重新会合。已知总流量 $Q = 0.28\text{m}^3/\text{s}$；管长 $l_1 = 500\text{m}$，$l_2 = 800\text{m}$，$l_3 = 1000\text{m}$；直径 $D_1 = 300\text{mm}$，$D_2 = 250\text{mm}$，$D_3 = 200\text{mm}$。试求各并联支管的流量及 AB 间的水头损失 h_{fAB}。

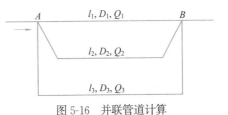

图 5-16 并联管道计算

【解】 并联支管的比阻由表 5-2 查得

$$D_1 = 300\text{mm}, \quad a_1 = 1.07\text{s}^2/\text{m}^6$$
$$D_2 = 250\text{mm}, \quad a_2 = 2.83\text{s}^2/\text{m}^6$$
$$D_3 = 200\text{mm}, \quad a_3 = 9.30\text{s}^2/\text{m}^6$$

由式(5-25)得

$$a_1 l_1 Q_1^2 = a_2 l_2 Q_2^2 = a_3 l_3 Q_3^2$$

将各 a，l 值代入上式，得

$$1.07 \times 500 Q_1^2 = 2.83 \times 800 Q_2^2 = 9.30 \times 1000 Q_3^2$$

即

$$535 Q_1^2 = 2264 Q_2^2 = 9300 Q_3^2$$

则

$$Q_1 = 4.17 Q_3$$
$$Q_2 = 2.03 Q_3$$

由连续性方程得

$$Q_1 + Q_2 + Q_3 = Q$$
$$(4.17 + 2.03 + 1) Q_3 = 0.28\text{m}^3/\text{s}$$

所以

$$Q_3 = 0.0389\text{m}^3/\text{s}$$
$$Q_2 = 0.0789\text{m}^3/\text{s}$$
$$Q_1 = 0.1622\text{m}^3/\text{s}$$

AB 间水头损失为

$$h_{fAB} = a_3 l_3 Q_3^2 = 9.30 \times 1000 \times 0.0389^2 = 14.07\text{m}$$

5.4.4 沿程均匀泄流管道

前面所述管道流动中，在一段路程内通过的流量是不变的，这种流量称为通过流量或转输流量。除此以外，还有一种管道流动，例如水处理设备中的穿孔管等，管道中除一部分通过流量外，还有一部分沿流动路程从管壁的开孔口不断泄出的流量，称之为途泄流量或沿线流量。泄流方式以单位管长等流量泄流最为简单，以这种方式泄流的管道称为沿程均匀泄流管道。

设沿程均匀泄流管长度为 l，直径为 D，通过流量 Q_p，总途泄流量 Q_s，见图 5-17。

距开始泄流断面 x 处，取长度 $\mathrm{d}x$ 管段，认为通过该管段的流量 Q_x 不变。其水头损失按简单管道计算，即

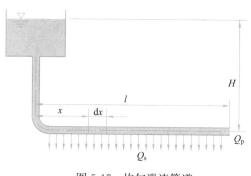

图 5-17 均匀泄流管道

$$Q_x = Q_p + Q_s - \frac{Q_s}{l}x$$

$$dh_f = aQ_x^2 dx = a\left(Q_p + Q_s - \frac{Q_s}{l}x\right)^2 dx$$

整个泄流管段的水头损失

$$h_f = \int_0^l dh_f = \int_0^l a\left(Q_p + Q_s - \frac{Q_s}{l}x\right)^2 dx$$

当管段直径和粗糙一定，且流动处于粗糙管区时，比阻 a 是常数，积分上式得

$$h_f = al\left(Q_p^2 + Q_p Q_s + \frac{1}{3}Q_s^2\right) \tag{5-29}$$

为便于计算，上式可近似简化成

$$h_f = al(Q_p + 0.55Q_s)^2 = alQ_c^2 \tag{5-30}$$

式(5-30)将途泄流量折算成通过流量来计算沿程均匀泄流管段的水头损失。

若管段无通过流量，只有途泄流量，即 $Q_p = 0$，由式(5-29)得

$$h_f = \frac{1}{3}alQ_s^2 \tag{5-31}$$

式(5-31)表明只有途泄流量的管道，水头损失是通过相同数量的通过流量的 1/3。

【例题 5-10】 水塔供水的输水管道，由三段铸铁管串联而成，BC 为均匀泄流管段，见图 5-18。其中 $l_1 = 500m$，$l_2 = 150m$，$l_3 = 200m$；$D_1 = 200mm$，$D_2 = 150mm$，$D_3 = 125mm$。节点 B 分出流量 $q = 0.01m^3/s$，通过流量 $Q_p = 0.02m^3/s$，途泄流量 $Q_s = 0.015m^3/s$。试求所需的作用水头 H。

【解】 首先将 BC 段途泄流量折算成通过流量，按式(5-30)，把 $0.55Q_s$ 加在节点 C，其余 $0.45Q_s$ 加在节点 B，则各管段流量分别为

$$Q_1 = q + Q_s + Q_p = 0.045m^3/s$$
$$Q_2 = 0.55Q_s + Q_p = 0.028m^3/s$$
$$Q_3 = Q_p = 0.02m^3/s$$

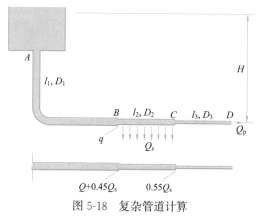

图 5-18 复杂管道计算

整个管道由三段支管串联而成，作用水头等于各支管水头损失之和。各支管的比阻由表 5-2 查得

$$D_1 = 200mm，a_1 = 9.30 s^2/m^6$$
$$D_2 = 150mm，a_2 = 43.0 s^2/m^6$$
$$D_3 = 125mm，a_3 = 113 s^2/m^6$$

作用水头为

$$H = \sum h_1 = a_1 l_1 Q_1^2 + a_v l_v Q_v^2 + a_s l_s Q_s^2$$
$$= 9.30 \times 500 \times 0.045^2 + 43.0 \times 150 \times 0.028^2 +$$
$$113 \times 200 \times 0.02^2 = 23.51 \text{m}$$

小结及学习指导

1. 本章属于流体力学的专题应用，是一元恒定总流基本原理在孔口、管嘴出流、有压管流中的应用。一元恒定总流连续性方程和伯努利方程是计算的主要依据。

2. 孔口出流应重点掌握薄壁小孔口恒定自由出流与淹没出流的计算，在此基础上理解大孔口出流以及孔口非恒定出流的计算。管嘴出流则以圆柱形外管嘴恒定出流计算为主，同时注意理解管嘴的真空现象以及工作条件。

3. 短管的水力计算涉及三类基本问题。长管的水力计算包括简单管道、串联管道和并联管道系统水力计算，应在掌握简单管道计算的基础上，理解串并联管道中流量及水头损失的关系，并用于复杂管道计算。

习题

5-1 薄壁小孔口出流。已知直径 $D = 10$mm，水箱水位恒定 $H = 2$m。现测得出口水流收缩断面的直径 $D_c = 8$mm，在 $t = 33$s 时间内，经孔口流出的流量 $Q = 0.01 \text{m}^3$。试求该孔口的收缩系数 ε_0、流量系数 μ_0、流速系数 φ_0 及孔口局部阻力系数 ζ_0。

5-2 如图 5-19 所示，薄壁小孔口出流。已知直径 $D = 20$mm，水箱水位恒定 $H = 2$m。试求：(1)孔口流量 Q_0；(2)此孔口外接圆柱形管嘴的流量 Q_n；(3)管嘴收缩断面的真空度。

5-3 如图 5-20 所示，水箱用隔板分为 A、B 两格，隔板上开一孔口，其直径 $D_1 = 40$mm。在 B 格底部装有圆柱形外管嘴，其直径 $D_2 = 30$mm。若 $H = 3$m，$h_3 = 0.5$m，试求：(1) h_1 和 h_2；(2)水箱的出流量 Q。

图 5-19　习题 5-2 图

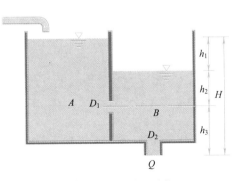

图 5-20　习题 5-3 图

5-4 如图 5-21 所示，有一平底空船，其水平面积 $A_B=8m$，船舷高 $h=0.5m$，船自重 $F_G=9.8kN$。现船底破一直径 $D=100mm$ 的圆孔，水自圆孔漏入船中。试问经过多少时间后船将沉没。

5-5 如图 5-22 所示，水池长 l 为 10m，宽 $B=4m$，孔口形心处水深 $H=2.8m$，孔口直径 $D=300mm$。试问放空（水面降至孔口处）所需时间。

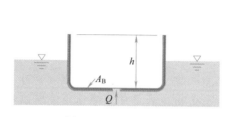

图 5-21 习题 5-4 图

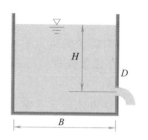

图 5-22 习题 5-5 图

5-6 如图 5-23 所示，油槽车的油槽长度为 l，直径为 D，油槽底部设有卸油孔，孔口面积为 A，流量系数为 μ，试求该车充满油后所需卸空时间 t。

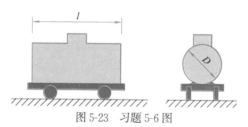

图 5-23 习题 5-6 图

5-7 如图 5-24 所示，虹吸管将 A 池中的水输入 B 池。已知两池水面高差 $H=2m$，水管的最大超高 $h=1.8m$，管长分别为 $l_1=3m$ 和 $l_2=5m$，管径 $D=75mm$，沿程阻力系数 $\lambda=0.02$，进口、转弯和出口局部阻力系数分别为 $\zeta_e=0.5$、$\zeta_b=0.2$ 和 $\zeta_0=1$。试求流量 Q 及管道最大超高断面的真空度 h_v。

5-8 如图 5-25 所示，水从密闭容器 A 沿直径 $D=25mm$，长度 $l=10m$ 的管道流入容器 B。已知容器 A 水面的相对压强 $p_1=0.2MPa$，水面高 $H_1=1m$，$H_2=5m$，沿程阻力系数 $\lambda=0.025$，阀门和弯头局部阻力系数分别为 $\zeta_v=4.0$ 和 $\zeta_b=0.3$。试求流量 Q。

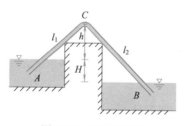

图 5-24 习题 5-7 图

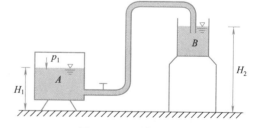

图 5-25 习题 5-8 图

5-9 如图 5-26 所示，水车由一直径 $D=150mm$，长 $l=80m$，沿程阻力系数 $\lambda=0.03$ 的管道供水，该管道中共有两个闸阀和 4 个 $90°$ 弯头，闸阀全开时局部阻力系数 $\zeta_v=0.12$，弯头局部阻力系数 $\zeta_b=0.48$，水车的有效容积 $V=25m^3$，水塔具有水头 $H=18m$。试求水车充满水所需的最短时间 t。

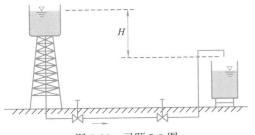

图 5-26　习题 5-9 图

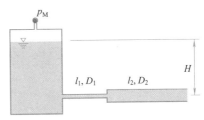

图 5-27　习题 5-10 图

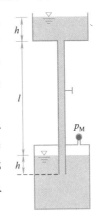

5-10　如图 5-27 所示，自密闭容器经两段串联管道输水。已知压力表读值 $p_M = 0.1\text{MPa}$，水头 $H = 2\text{m}$，管长分别为 $l_1 = 10\text{m}$ 和 $l_2 = 20\text{m}$，直径分别为 $D_1 = 100\text{mm}$ 和 $D_2 = 200\text{mm}$，沿程阻力系数 $\lambda_1 = \lambda_2 = 0.03$。试求流量并绘总水头线和测压管水头线。

5-11　如图 5-28 所示，水从密闭水箱沿垂直管道送入高位水池中。已知管道直径 $D = 25\text{mm}$，管长 $l = 3\text{m}$，水深 $h = 0.5\text{m}$，流量 $Q = 1.5\text{L/s}$，沿程阻力系数 $\lambda = 0.033$，阀门局部阻力系数 $\zeta_v = 9.3$，进口局部阻力系数 $\zeta_e = 1$。试求密闭容器上压力表读值 p_M。

图 5-28　习题 5-11 图

5-12　如图 5-29 所示，在长为 $2l$，直径为 D 的管道上，并联一根直径相同，长为 l 的支管(图中虚线)。若水头 H 不变，不计局部损失，试求并联支管前后的流量比。

5-13　如图 5-30 所示，有一泵循环管道，各支管阀门全开时，支管流量分别为 Q_1 和 Q_2，若将阀门 A 开度关小，其他条件不变，试论证主管流量 Q 怎样变化，支管流量 Q_1 和 Q_2 怎样变化。

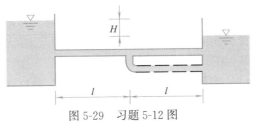

图 5-29　习题 5-12 图

5-14　供水系统如图 5-31 所示。已知各管段直径分别为 $D_1 = 250\text{mm}$、$D_2 = D_3 = 150\text{mm}$ 和 $D_4 = 200\text{mm}$，管长分别为 $l_1 = 500\text{m}$，$l_2 = 350\text{m}$，$l_3 = 700\text{m}$ 和 $l_4 = 300\text{m}$，流量分别为 $Q_D = 20\text{L/s}$、$q_B = 45\text{L/s}$ 和 $q_{CD} = 0.1\text{L/s}$，D 点要求的最小服务水头 $H_s = 8\text{m}$，水塔和 D 点的地面标高分别为 $z_t = 104\text{m}$ 和 $z_D = 100\text{m}$，采用铸铁管。试求水塔高度 H。

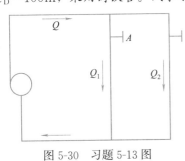

图 5-30　习题 5-13 图

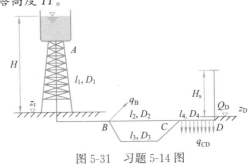

图 5-31　习题 5-14 图

第6章

明渠流动

本章知识点

【知识点】明渠的几何形态，明渠水流运动特点，明渠均匀流的特征，明渠均匀流的水力计算，水力最优断面及最优充满度的概念，明渠流动状态，明渠非均匀急变流基本概念，明渠非均匀渐变流水面曲线分析。

【重点】掌握明渠均匀流的水力计算。

【难点】明渠非均匀渐变流水面曲线的分析。

6.1 概述

明渠流动(open channel flow)是指具有自由液面(水流的部分周界与大气接触)的流动。水流的表面压强为大气压，相对压强为零，因此明渠流动也称为无压流动(free surface flow)。

明渠流动通常发生在天然河道、开敞的人工渠道以及水流未充满全断面的封闭渠道或管道中。将发生明渠流动的这些过水通道统称为明渠(open channel)。

明渠常见于建筑、道路桥梁、港口航道等工程中，例如道路工程中，为使路基经常处于干燥、坚固和良好的稳定状态，必须修筑相应的截水沟、边沟、排水沟、急流槽等地表水排水沟渠以及深水暗沟、盲沟等各类地下排水设施；山区河流坡陡流急的地方，为保护路基、桥梁不致被水流冲毁，必须修建急流槽、跌水和其他消能设施；公路跨越河流、沟渠，需要修建桥梁涵洞；另外如无压输水隧洞、航道等都是典型的明渠。这些构筑物设计计算都有赖于明渠水力计算。

6.1.1 明渠的几何形态

6.1.1.1 明渠的底坡

沿明渠中心线所作的铅垂面与渠底的交线称为渠底线(也叫底线、底坡线、河底线)，该铅垂面与水面的交线则称为水面线。人工明渠的渠底线在纵剖面图上通常是一段直线或互相衔接的几段直线，如图 6-1(a)所示。天然河道的河底起伏不平，渠底线是一条起伏不平的曲线，如图 6-1(b)所示。

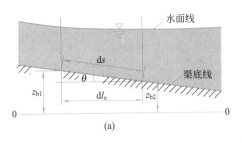
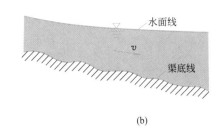

(a)　　　　　　　　　　　　　　　　(b)

图 6-1　明渠的底坡
(a)人工渠道；(b)天然河道

渠底线沿流动方向单位距离的降低值称为底坡或纵坡（slope of channel bed），以符号 i 表示，如图 6-1(a)所示：

$$i = \frac{z_{b1} - z_{b2}}{ds} = -\frac{dz_b}{ds} = \sin\theta \tag{6-1}$$

在实际工程中，明渠的底坡通常很小，即渠道底线与水平线的夹角 θ 很小。此时为便于量测和计算，可近似以水平距离 dl_x 代替流程长度 ds 计算渠道底坡，则

$$i \approx -\frac{dz_b}{dl_x} = \tan\theta \tag{6-2}$$

根据渠底高程沿水流方向的升降情况，将渠道底坡分为三种类型，如图 6-2 所示。渠底线沿程降低($i > 0$)的渠道称为正坡或顺坡渠道（downhill slope），渠底线高程沿程不变($i = 0$)的渠道称为平坡渠道（horizontal bed），渠底线高程沿程升高($i < 0$)的渠道称为反坡或逆坡渠道（adverse slope）。

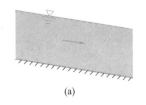
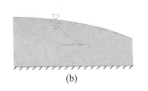
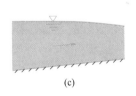

(a)　　　　　　　　　　(b)　　　　　　　　　　(c)

图 6-2　明渠底坡类型
(a)顺坡($i > 0$)；(b)平坡($i = 0$)；(c)逆坡($i < 0$)

天然河道中底坡 i 沿流程是变化的，通常可在一段河道内取底坡的平均值作为计算值。

6.1.1.2　明渠的断面形式

垂直于渠道中心线的铅垂面与渠底及渠壁的交线构成明渠的横断面。如图 6-3 所示，人工渠道横断面均为规则形状，例如，绝大多数土渠的横断面为梯形断面；而涵管、隧洞则多为圆形断面或马蹄形、蛋形断面；混凝土渠和渡槽的断面则多为矩形和半圆形断面。天然河道的横断面多为不规则形状。

过流断面是指流场中与流线正交的截面，明渠水流的过流断面由渠道轮廓和水面轮廓构成。严格来说，过流断面与渠底垂直，与铅垂面的夹角等于明渠渠底线与水平面的夹角 θ。在实际工程中，当底坡 i 很小时，为便于量测

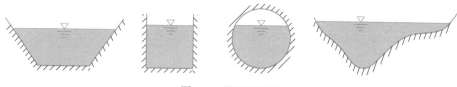

图 6-3 明渠横断面

和计算，可近似以铅垂断面作为明渠的过流断面，以铅垂水深 h 代替实际水深 h' 近似作为过流断面水深，如图 6-4 所示。

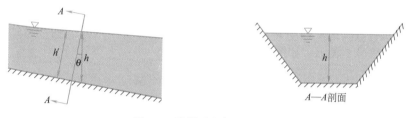

图 6-4 明渠过流断面及水深

根据明渠横断面是否沿水流方向变化将明渠分为棱柱体明渠和非棱柱体明渠两类。横断面形状及尺寸沿水流方向不变、底坡为常数的明渠称为棱柱体明渠。不符合这两个条件的称为非棱柱体明渠，如图 6-5 所示。

对于棱柱体明渠，过流断面面积只随水深改变，即

$$A = f(h) \tag{6-3}$$

对于非棱柱体明渠，过流断面面积既随水深改变，又随断面位置改变，即

$$A = f(h, s) \tag{6-4}$$

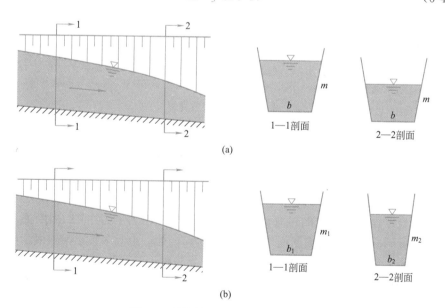

图 6-5 棱柱体明渠与非棱柱体明渠
(a)棱柱体明渠；(b)非棱柱体明渠

人工渠道大多为棱柱体明渠，两种断面形状不同的明渠之间的过渡段则是典型的非棱柱体明渠。天然河道一般均为非棱柱体明渠，实际工程中，对于断面变化不大又比较平顺的天然河段，可近似当作棱柱体明渠。

6.1.2 明渠水流运动特点及流动分类

6.1.2.1 明渠流动特点

与有压管流相比，明渠流动具有以下特征：

① 明渠流动具有自由液面，沿程各断面的液面压强都是大气压，重力对流动起主导作用；

② 明渠底坡的改变对断面的流速和水深有直接影响，如图 6-6 所示，底坡 $i_1 \neq i_2$，则断面平均流速 $v_1 \neq v_2$，水深 $h_1 \neq h_2$，而有压管流，只要管道的形状、断面尺寸一定，管线坡度对流速和过流断面无影响；

③ 明渠局部边界的变化，如设有控制设备、改变渠道形状和断面尺寸、改变底坡等，都会引起水深在很长的流程上发生变化，形成明渠非均匀流，如图 6-7 所示。而在有压管道均匀流中，局部边界变化影响的范围相对较小，只需计入局部水头损失，仍按均匀流计算。

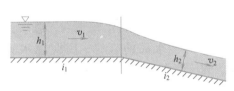

图 6-6 底坡对流动的影响

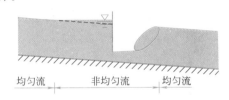

图 6-7 局部边界变化的影响范围

如上所述，重力作用、底坡影响以及水深可变是明渠流动有别于有压管流的特点。

6.1.2.2 明渠流动分类

明渠流动根据水力要素是否随时间变化可分为明渠恒定流与明渠非恒定流。明渠恒定流是各水力要素（如点流速的大小及方向、水深等）不随时间变化的水流，其水力要素仅为空间坐标的函数；反之，则为明渠非恒定流。

明渠流动根据水力要素是否沿流程变化可分为明渠均匀流和明渠非均匀流，明渠均匀流的水力要素沿程不发生变化，水流沿程作等深等速流动，流线为相互平行的直线；明渠非均匀流水力要素沿程变化，表现为流速和水深沿程发生变化，流线相互不平行。

明渠非均匀流又进一步根据水力要素沿流程变化的缓急程度分为明渠非均匀渐变流和明渠非均匀急变流。水力要素沿程变化缓慢的称为明渠非均匀渐变流，流线弯曲程度不大，流线之间近似平行；反之称为明渠非均匀急变流，流线弯曲明显，流线之间不平行。

本章所涉及的内容均为恒定条件下的明渠流动问题，包括明渠恒定均匀流水力计算、明渠恒定非均匀急变流（水跃与水跌）的简单分析、明渠恒定非均匀渐变流水面曲线定性分析及定量计算等。

6.2　明渠均匀流

明渠均匀流是明渠流动中最简单的流动形式，明渠均匀流理论既是明渠水力设计的基本依据，也是分析明渠非均匀流问题的基础。

6.2.1　明渠均匀流的流动特征

各运动要素，如水深、流速分布沿程不变，因此明渠均匀流是一种等深等速流动，流线为平行直线。其水深称为正常水深，通常用 h_N 表示。相应地，断面平均流速 v、动能修正系数 α、动量修正系数 β 以及流速水头 $\dfrac{\alpha v^2}{2g}$ 均沿程不变。

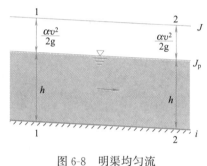

图 6-8　明渠均匀流

由于流线为平行直线，所以过流断面上的压强满足静水压强分布规律，水面线就是测压管水头线。

由于流线为平行直线，水面线平行于底坡线；流速水头沿程不变，总水头线为平行于水面的直线。因此总水头线、测压管水头线(水面线)、底坡线三者平行，如图 6-8 所示，总水头线坡度 J、测压管水头线坡度 J_p、渠底坡度 i 三者相等

$$J = J_p = i \tag{6-5}$$

这是明渠均匀流的一个重要性质，如图 6-8 所示。

从能量观点看，明渠均匀流的动能沿程不变，势能则沿程减少，表现为水面沿程不断下降，其降落值恰好等于水头损失。

6.2.2　明渠均匀流的形成条件

在明渠均匀流中取过流断面 1、2 间的水体为隔离体，如图 6-9 所示，分析明渠均匀流的形成条件。

沿流动方向的作用力包括：两个断面上的动水压力 F_{P1} 和 F_{P2}，重力 F_G 沿流动方向的分力 $F_G\sin\theta$，渠道壁面对水流的摩擦阻力 F_V。因为均匀流是等速直线运动，水流加速度为 0，则作用在隔离体上的力必须平衡

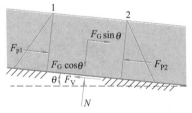

图 6-9　明渠均匀流受力分析

$$F_{P1} + F_G\sin\theta - F_{P2} - F_V = 0 \tag{6-6}$$

均匀流过流断面压强符合静压强分布规律，水深又沿程不变，故 F_{P1} 和

F_{P2} 大小相等，方向相反，互相抵消，因此

$$F_G \sin\theta = F_V \tag{6-7}$$

上式表明明渠均匀流的受力特征是重力沿水流方向的分力和流动阻力相平衡，重力沿程做功造成的势能减少量等于沿程克服流动阻力做功消耗掉的机械能而水流的动能维持不变。

上述分析表明，形成明渠均匀流需要满足下述条件：

① 明渠中的水流必须是恒定的；

② 明渠中流量沿程不变即沿程无分流、汇流；

③ 必须为正坡明渠，并且底坡沿程不变，因为只有在正坡明渠中，才有可能使重力沿水流方向的分力 $F_G \sin\theta$ 与流动阻力 F_V 相平衡，在平坡和负坡中都不可能形成这种力学条件，所以在平坡和负坡明渠中不可能形成均匀流；

④ 必须为棱柱体明渠，过流断面形状尺寸及渠壁粗糙程度沿程不变，才能保持水流受到的摩擦阻力沿程不变，这样才能保持重力沿流向的分力 $F_G \sin\theta$ 与流动阻力 F_V 始终平衡；

⑤ 明渠必须充分长直，渠道中没有建筑物的局部干扰。明渠中的障碍物，例如闸、坝及桥墩等建筑物阻碍水流，将导致非均匀流的产生。

综上所述，明渠均匀流只能出现在底坡、断面形状及尺寸、渠壁粗糙程度都不变的长直的棱柱体正坡明渠中。严格来说，在实际工程中完全符合上述条件的明渠是很少见的，因此真正的明渠均匀流在工程中是极为少见的，若人工渠道及天然河道的某些流段中的水流大致符合上述条件，可近似看作为明渠均匀流。

6.2.3 明渠均匀流水力计算基本公式

在第 4 章已给出均匀流动水头损失的计算公式——谢才公式，即

$$v = C\sqrt{RJ}$$

式中　v——断面平均流速（m/s）；

　　　R——水力半径（m）；

　　　J——水力坡度；

　　　C——谢才系数（$m^{0.5}/s$），可按曼宁公式（4-53）或巴普洛夫斯基公式（4-54）计算，详见本书 4.5.1.5 节。

谢才公式是均匀流的普适公式，既适用于有压管道均匀流，也适用于明渠均匀流。由于明渠均匀流水力坡度 J 与渠道底坡 i 相等，$J=i$，故

$$v = C\sqrt{Ri} \tag{6-8}$$

或

$$Q = Av = AC\sqrt{Ri} = K\sqrt{i} \tag{6-9}$$

式(6-8)和式(6-9)为明渠均匀流的基本公式。

式中　K——流量模数，$K = AC\sqrt{R}$（m^3/s）。

流量模数综合反映渠道断面形状、尺寸和壁面粗糙程度对明渠输水能力的影响，当渠壁粗糙系数 n 一定时，K 仅与明渠的断面形状、尺寸及水深

137

有关。

6.2.4 梯形断面明渠均匀流水力计算

梯形断面是人工渠道中采用得最多的一种断面形式，常用于人工土渠和混凝土渠道，混凝土渠和渡槽中常用的矩形断面是梯形断面的一种特例情况。

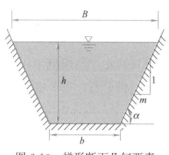

图 6-10 梯形断面几何要素

6.2.4.1 梯形断面几何要素

梯形断面几何要素可分为基本量和导出量两部分，如图 6-10 所示。

基本量包括梯形断面的渠底宽度 b、过流断面上水面到渠底最低点的距离（近似为水深 h）和边坡系数 m。其中边坡系数定义为渠道边坡倾角 α 的余切，反映渠道边坡倾斜程度，即

$$m = \frac{a}{h} = \cot\alpha \tag{6-10}$$

渠道设计时边坡系数 m 的选择取决于渠道的材料性质，各种材料渠道的边坡系数可参考表 6-1。

明渠边坡系数（无铺砌） 表 6-1

地质条件	边坡系数 m
粉砂（细粒砂土）	3.0～3.5
松散的细砂、中砂和粗砂（砂壤土或松散壤土）	2.0～2.5
密实的细砂、中砂、粗砂或黏质粉土（密实砂壤土和轻黏壤土）	1.5～2.0
粉质黏土或黏土或黏土砾石或卵石，密实黄土	1.25～1.5
半岩性土	0.5～1.0
风化岩石	0.25～0.5
未风化的岩石	0.1～0.25

注：用砖石或混凝土铺砌的明渠，边坡系数可采用 0.75～1。

导出量是在基本量的基础上得到的可直接用于明渠水力计算的量，常用的导出量有水面宽度 B、过流断面面积 A、湿周 P 以及水力半径 R。

$$B = b + 2mh \tag{6-11}$$

$$A = (b + mh)h \tag{6-12}$$

$$P = b + 2h\sqrt{1 + m^2} \tag{6-13}$$

$$R = \frac{A}{P} = \frac{(b + mh)h}{b + 2h\sqrt{1 + m^2}} \tag{6-14}$$

6.2.4.2 梯形断面明渠均匀流水力计算基本问题

根据谢才公式（6-9）、曼宁公式（4-53）以及梯形断面的几何要素计算式（6-11）、式（6-12）、式（6-14），可写出梯形断面明渠均匀流水力计算式为

$$Q = \frac{\sqrt{i}}{n} \frac{[h(h + mh)]^{5/3}}{(b + 2h\sqrt{1 + m^2})^{2/3}} \tag{6-15}$$

上式中包含有流量 Q、底坡 i、壁面粗糙系数 n、断面几何要素 b、h、m 六个变量，梯形断面明渠均匀流水力计算就是给定这六个变量中的部分变量，再求解待求变量。在实际工程中，梯形断面明渠均匀流的水力计算通常可分为下述三类基本问题。

第一类是验算渠道的输水能力，即计算流量 Q。鉴于渠道已经建成，表征过流断面的形状和尺寸的底宽 b、水深 h 和边坡系数 m 以及表征渠道的壁面材料的粗糙系数 n、底坡 i 均为已知，只需由式(6-11)、式(6-12)、式(6-14)和式(4-53)算出 A、R 和 C 值，代入明渠均匀流基本公式(6-9)，便可求出通过的流量 Q。或者直接根据式(6-15)计算流量。

第二类是求解渠道底坡。此时底宽 b、水深 h、边坡系数 m、粗糙系数 n 及流量 Q 均为已知，由式(6-11)、式(6-12)、式(6-14)和式(4-53)算出 A、R 和 C 值，代入明渠均匀流基本公式(6-9)，便可直接求出渠道底坡 i。或者直接根据式(6-15)将 i 的表达式写成显式表达式

$$i = \frac{n^2 Q^2 (b + 2h\sqrt{1+m^2})^{4/3}}{[h(h+mh)]^{10/3}} \tag{6-16}$$

第三类是设计渠道断面。渠道边坡系数 m 通常是根据土质或衬砌材料性质预先确定，因此渠道断面设计问题是在已知通过流量 Q、渠道底坡 i、边坡系数 m 以及粗糙系数 n 的条件下，确定底宽 b 和水深 h，可细分为以下四种情况：

① 根据通航或施工限定条件等预先确定水深 h，再根据明渠均匀流基本计算公式确定相应的底宽 b。也可直接根据式(6-15)解高次方程得到相应的底宽 b，由于此时方程为非线性隐式方程，不便直接求解，可利用计算机编程采用迭代的方法进行求解，根据式(6-15)可写出求解底宽 b 的迭代公式

$$b_{j+1} = \frac{1}{h}\left[\left(\frac{nQ}{\sqrt{i}}\right)^{0.6}(b_j + 2h\sqrt{1+m^2})^{0.4}\right] - mh \quad (j=0, 1, 2, \cdots) \tag{6-17}$$

式中 j——迭代循环次数，$j=0$ 时的 $h_{(0)}$ 为预估迭代初值。

② 根据施工机械的开挖作业宽度等限定条件预先确定底宽 b，再根据明渠均匀流基本计算公式确定相应的水深 h。同样，也可直接根据式(6-15)求解高次方程得到相应的水深 h，利用计算机编程采用迭代法求解时，水深 h 的迭代公式为

$$h_{j+1} = \left(\frac{nQ}{\sqrt{i}}\right)^{0.6} \frac{(b + 2h_j\sqrt{1+m^2})^{0.4}}{b + mh_j} \quad (j=0, 1, 2, \cdots) \tag{6-18}$$

③ 给定宽深比 $\beta = b/h$，与明渠均匀流基本公式联立求解相应的底宽 b 和水深 h。小型渠道的宽深比 β 可按水力最优条件给出；大型渠道的宽深比 β 由综合技术经济比较给出，具体参见 6.2.4.3 节相关内容。

将 $b = h\beta$ 代入式(6-15)，整理后可得计算水深 h 和 b 的显式表达式

$$\left.\begin{array}{l} h = \left(\dfrac{nQ}{\sqrt{i}}\right)^{0.375} \dfrac{(\beta + 2\sqrt{1+m^2})^{0.25}}{(\beta + m)^{0.625}} \\[2mm] b = \beta h \end{array}\right\} \tag{6-19}$$

④ 根据拟定的设计流速，确定相应的过流断面面积 A、水力半径 R、湿周 P，再利用梯形明渠过流断面各水力要素的几何关系式求解相应的底宽 b 和水深 h，计算方法如下：

$$A = \frac{Q}{v_{max}}$$

$$R = \left[\frac{n v_{max}}{i^{1/2}} \right]^{3/2}$$

再由几何关系

$$A = (b + mh)h$$

$$R = \frac{(b + mh)h}{b + 2h\sqrt{1+m^2}}$$

联立求解可解得底宽 b 和水深 h

$$h = \frac{P \pm \sqrt{P^2 - 4A(2\sqrt{1+m^2} - m)}}{2(2\sqrt{1+m^2} - m)} \tag{6-20}$$

$$b = P - 2h\sqrt{1+m^2} \tag{6-21}$$

6.2.4.3　水力最优断面与允许流速

根据谢才公式(6-9)和曼宁公式(4-53)可得

$$Q = CA\sqrt{Ri} = \frac{1}{n}R^{1/6}A\sqrt{Ri} = \frac{1}{n}\frac{A^{5/3}}{P^{2/3}}i^{1/2} \tag{6-22}$$

由上式知，明渠均匀流的过流能力(即流量 Q)与渠道底坡 i、壁面粗糙系数 n 以及断面形状和尺寸有关。在设计渠道时，底坡 i 一般随地形条件或其他技术上的要求而定，壁面粗糙系数 n 则主要取决于渠壁的材料。于是，在底坡和壁面粗糙系数一定的情况下，渠道的过流能力只取决于断面的形状和尺寸。

水力最优断面是指当底坡 i、壁面粗糙系数 n 及过流断面面积 A 大小一定时，使渠道所通过的流量最大的那种断面形状。由式(6-22)可知，当 i，n，A 一定时，则湿周 P 最小或者水力半径 R 最大的断面是水力最优断面。

对于梯形断面土渠，边坡系数 m 取决于土体稳定和施工条件，于是渠道过流断面的形状只由宽深比 b/h 决定。由梯形过流断面的几何关系

$$A = (b + mh)h$$

$$P = b + 2h\sqrt{1+m^2}$$

解得 $b = \dfrac{A}{h} - mh$，代入湿周的关系式中得

$$P = \frac{A}{h} - mh + 2h\sqrt{1+m^2} \tag{6-23}$$

根据水力最优断面的定义对上式求极值，得

$$\frac{dP}{dh} = -\frac{A}{h^2} - m + 2\sqrt{1+m^2} = 0 \tag{6-24}$$

由于二阶导数 $\dfrac{d^2P}{dh^2} = 2\dfrac{A}{h^3} > 0$，故该极值为极小值 P_{min}。因此水力最优梯形断

面的宽深比为

$$\beta_h = \left(\frac{b}{h}\right)_h = 2\left(\sqrt{1+m^2}-m\right) \tag{6-25}$$

这就是梯形水力最优断面宽深比 β_h 应满足的条件，它表明 β_h 仅与边坡系数 m 有关，不同的 m 值就有不同的 β_h 值。显然，对于矩形断面，即 $m=0$，矩形水力最优断面底宽为水深的 2 倍。

将式(6-25)代入式(6-14)，得到梯形最优水力断面的水力半径为

$$R_h = \frac{h}{2} \tag{6-26}$$

水力最优断面的优点是通过要求的流量时使过流断面面积最小，可以减少工程挖方量。缺点是断面大多窄而深，造成施工不便，养护困难，有时也难以满足通航等要求，经济上反而不利。因此水力最优断面的概念只是按渠道壁面对流动的影响最小提出的，"水力最优"不同于"技术经济最优"。对于中小型渠道，挖方量不大，工程造价基本上由土方及衬砌工程量决定，则水力最优断面接近于技术经济最优断面。而对于大型渠道，按水力最优断面设计，往往挖方过深，一般来说并不经济，同时也增加了施工、养护的难度，因此大型渠道设计时需由工程量、施工技术、运行管理等各方面因素综合比较，方能定出经济合理的断面。

在渠道设计中，除了考虑上述水力最优条件及经济因素外，还应考虑避免或减少由于水流的冲刷或淤积作用引起的渠道断面的变化，保证渠道长期稳定地通水。为此，必须把渠道的设计流速控制在一定的范围之内。此外，根据渠道的任务(如通航)，在技术经济上也要求渠道设计流速满足一定的条件。渠道设计时需要满足一定要求的流速称为允许流速。

渠道中的最大允许流速应不致引起渠道冲刷，称为允许不冲流速，用 v_{max} 表示，最小允许流速 v_{min} 应不致使水中悬砂淤积，并应避免渠道中杂草滋生，对于北方寒冷地区还应防止冬季渠水结冰，设计合理的渠道中的流速应满足

$$v_{min} < v < v_{max} \tag{6-27}$$

渠道中的允许不冲流速与渠道土质情况和壁面衬砌材料有关，由实验确定，可参考表 6-2 选取。

对于最小允许流速，为防止泥砂淤积，v_{min} 一般不小于 0.5m/s，具体可采用下述经验公式计算

$$v_{min} = a\sqrt{R} \tag{6-28}$$

式中　v_{min}——最小允许流速(不淤流速)(m/s)；

　　　R——水力半径(m)；

　　　a——泥砂系数，其值与水中所含泥砂有关，粗砂 $a=0.65\sim0.77$，中砂 $a=0.58\sim0.64$，细砂 $a=0.41\sim0.45$。

为防止杂草滋生，最小允许流速应不小于 0.5m/s，北方寒冷地区为防止

冬季渠水结冰的最小允许流速应不小于 0.6m/s。

对于有其他功能要求的渠道，其允许流速除满足上述一般要求外，还应参照有关的规范要求。

明渠的最大允许不冲流速　　　　　　　表 6-2

一、坚硬岩石和人工护面渠道			
岩石或护面种类	最大允许不冲流速(m/s)		
	流量小于 1m³/s	流量介于 1~10m³/s	流量大于 10m³/s
软质水成岩(泥灰岩、页岩、软砾岩)	2.5	3.0	3.5
中等硬质水成岩(致密砾岩、多孔石灰岩、层状石灰岩、白云石灰岩、灰质砂岩)	3.5	4.25	5
硬质水成岩	5.0	6.0	7.0
结晶岩、火成岩	8.0	9.0	10.0
单层块石铺砌	2.5	3.5	4.0
双层块石铺砌	3.5	4.5	5.0
混凝土护面(水流中不含砂和砾石)	6.0	8.0	10.0

二、均质黏性土质渠道			
土质	最大允许不冲流速(m/s)	土质	最大允许不冲流速(m/s)
轻壤土	0.6~0.8	重粉质黏土	0.75~1.0
中壤土	0.65~0.85	黏土	0.75~0.95

三、均质无黏性土质渠道					
土质	粒径(mm)	最大允许不冲流速(m/s)	土质	粒径(mm)	最大允许不冲流速(m/s)
极细砂	0.05~0.1	0.35~0.45	中砾石	5.0~10.0	0.90~1.10
细砂和中砂	0.25~0.5	0.45~0.60	粗砾石	10.0~20.0	1.10~1.30
粗砂	0.5~2.0	0.60~0.75	小卵石	20.0~40.0	1.30~1.80
细砾石	2.0~5.0	0.75~0.90	中卵石	40.0~60.0	1.80~2.20

注意，渠道断面设计问题在计算出断面尺寸后，均应验证渠道中的流速是否在允许流速范围内，若不满足允许流速的限制条件，应重新对断面进行设计。

【例题 6-1】 输水渠道经过密实粉土地段，断面为梯形，边坡系数 $m=1.5$，粗糙系数 $n=0.025$，根据地形底坡采用 $i=0.0003$，设计流量 $Q=9.68\text{m}^3/\text{s}$，选定底宽 $b=7\text{m}$。试确定断面深度 h(断面深度指正常水深 h_N 加允许超高，超高与渠道的级别和流量有关，本题取 0.25m)。

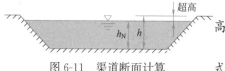

图 6-11　渠道断面计算

【解】 断面深度等于正常水深加超高，如图 6-11 所示。

将已知条件代入明渠均匀流基本公式，并根据梯形渠道断面的几何关系得：

$$\frac{Q}{\sqrt{i}}=AC\sqrt{R}=\frac{1}{n}AR^{2/3}=\frac{1}{n}\frac{A^{5/3}}{P^{2/3}}$$

代入数值：

$$\frac{9.68}{\sqrt{0.0003}}=\frac{1}{0.025}\frac{[(7+1.5h_N)h_N]^{5/3}}{(7+2h_N\sqrt{1+1.5^2})^{2/3}}$$

$$[(7+1.5h_N)h_N]^{5/2}-188h_N-365=0$$

试算得正常水深为 $h_N=1.45$m。于是渠道断面深度为

$$h=h_N+0.25=1.70\text{m}$$

【例题 6-2】 有一梯形渠道，在土层中开挖，边坡系数 $m=1.5$，底坡 $i=0.0005$，粗糙系数 $n=0.025$，设计流量 $Q=1.5\text{m}^3/\text{s}$。试按水力最优条件设计渠道断面。

【解】 水力最优梯形断面宽深比为

$$\frac{b}{h}=2(\sqrt{1+m^2}-m)=2(\sqrt{1+1.5^2}-1.5)=0.606$$

即

$$b=0.606h$$

$$A=(b+mh)h=(0.606h+1.5h)=2.106h^2$$

水力最优梯形断面的水力半径

$$R=0.5h$$

将 A、R 代入明渠均匀流基本公式

$$Q=AC\sqrt{Ri}=\frac{A}{n}R^{2/3}i^{1/2}=1.187h^{8/3}$$

解得

$$h=\left(\frac{1.5}{1.187}\right)^{3/8}=1.092\text{m}$$

$$b=0.606\times1.092=0.66\text{m}$$

6.2.5 无压圆管均匀流水力计算

无压圆管是指圆形断面非满流的长管道，常见于涵洞、渡槽以及排水管道。

6.2.5.1 无压圆管过流断面几何要素

对于圆形断面，当水深 h 小于直径 D 时，其过流断面几何要素如图 6-12 所示。

基本量有直径 D、水深 h、充满度 α 或充满角 θ。

其中充满度定义为

$$\alpha=\frac{h}{D} \tag{6-29}$$

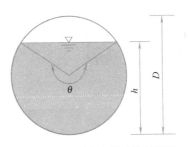

图 6-12 无压圆管断面几何要素

充满度与充满角的关系为

$$\alpha=\sin^2\frac{\theta}{4} \tag{6-30}$$

导出量则分别为过流断面面积 A、湿周 P 和水力半径 R、水面宽度 B，即

$$A=\frac{D^2}{8}(\theta-\sin\theta) \tag{6-31}$$

$$P = \frac{D}{2}\theta \qquad (6\text{-}32)$$

$$R = \frac{D}{4}\left(1 - \frac{\sin\theta}{\theta}\right) \qquad (6\text{-}33)$$

$$B = D \cdot \sin(\theta/2) \qquad (6\text{-}34)$$

不同充满度的圆管过流断面的几何要素见表6-3。

无压圆管过流断面的几何要素

表 6-3

充满度 α	过流断面面积 A (m²)	水力半径 R (m)	充满度 α	过流断面面积 A (m²)	水力半径 R (m)
0.05	$0.0147D^2$	$0.0326D$	0.55	$0.4426D^2$	$0.2649D$
0.10	$0.0400D^2$	$0.0635D$	0.60	$0.4920D^2$	$0.2776D$
0.15	$0.0739D^2$	$0.0929D$	0.65	$0.5404D^2$	$0.2881D$
0.20	$0.1118D^2$	$0.1206D$	0.70	$0.5872D^2$	$0.2962D$
0.25	$0.1535D^2$	$0.1466D$	0.75	$0.6319D^2$	$0.3017D$
0.30	$0.1982D^2$	$0.1709D$	0.80	$0.6736D^2$	$0.3042D$
0.35	$0.2450D^2$	$0.1935D$	0.85	$0.7115D^2$	$0.3033D$
0.40	$0.2934D^2$	$0.2142D$	0.90	$0.7445D^2$	$0.2980D$
0.45	$0.3428D^2$	$0.2331D$	0.95	$0.7707D^2$	$0.2865D$
0.50	$0.3927D^2$	$0.2500D$	1.00	$0.7854D^2$	$0.2500D$

6.2.5.2 无压圆管均匀流水力计算基本问题

无压圆管均匀流的水力计算问题就是在其他各量均已知的条件下，求解流量 Q、管径 D 或底坡 i 中的任一个，实际工程中无压圆管的水力计算问题可分为三类。

第一类是验算输水能力。因为管道已经建成，管道直径 D、管壁粗糙系数 n 及管道坡度 i 都已知，充满度 α 可参照相关设计规范选定。只需按已知 D、α，根据表6-4求得相应的 A、R，并算出谢才系数 C，代入基本公式便可算出通过流量。

第二类是确定管道坡度。管道直径 D、充满度 α、管壁粗糙系数 n 以及通过流量 Q 已知，只需按已知 D、α，根据表6-4求得相应的 A、R，计算出谢才系数 C，代入基本公式便可算出管道坡度 i。也可直接由式(6-36)写出底坡 i 的显式表达式

$$i = \frac{Q^2 n^2 \left[\dfrac{D}{2}\theta\right]^{4/3}}{\left[\dfrac{D^2}{8}(\theta - \sin\theta)\right]^{10/3}} \qquad (6\text{-}35)$$

第三类是设计管道直径。通过流量 Q、管道坡度 i、管壁粗糙系数 n 为已知，充满度 α 可按相关设计规范确定。按所设定的充满度 α，由表6-3查得 A、R 与直径 D 的关系，代入基本公式便可解出管道直径 D。也可直接写出计算直径 D 的迭代公式

$$D_{j+1} = \frac{i^{3/4}}{n^{3/2}} \cdot \frac{\left[\dfrac{D_j^2}{8}(\theta - \sin\theta)\right]^{5/2}}{Q^{2/3}\theta} \qquad (6\text{-}36)$$

6.2.5.3　最优充满度与允许设计流速

对于直径 D、粗糙系数 n、底坡 i 都一定的无压圆管，水力计算基本公式也可表示为

$$Q = CA\sqrt{Ri} = \frac{1}{n}AR^{2/3}i^{1/2} = \frac{1}{n}\frac{A^{5/3}}{R^{2/3}}i^{1/2} \tag{6-37}$$

无压圆管的水深与过流断面的变化关系与梯形断面有所不同。在水深很小时，随着水深的增加，水面增宽，过流断面面积增加很快，在接近管中心处增加最快。当水深超过半管后，随着水深的增加，水面宽减小，过流断面积增加减慢，在满流前增加最慢。湿周随水深的增加与过流断面面积不同，接近管中心处增加最慢，在满流前增加最快。故无压圆管均匀流在满流前，输水流量 Q 达最大值，相应的充满度称为输水性能最优充满度。

将无压圆管过流断面的几何要素关系式

$$A = \frac{D^2}{8}(\theta - \sin\theta)$$

$$P = \frac{D}{2}\theta$$

代入基本公式(6-37)，得

$$Q = \frac{i^{1/2}}{n}\frac{\left[\frac{D^2}{8}(\theta - \sin\theta)\right]^{5/3}}{\left[\frac{D}{2}\theta\right]^{2/3}} \tag{6-38}$$

对上式求导，并令 $\dfrac{\mathrm{d}Q}{\mathrm{d}\theta} = 0$，解得输水性能最优充满角为

$$\theta_h = 308° \tag{6-39}$$

再由式(6-30)，得输水性能最优充满度为

$$\alpha_h = \frac{h}{D} = \sin^2\frac{\theta_h}{4} = 0.95 \tag{6-40}$$

同理，断面平均流速的基本计算公式可表示为

$$v = \frac{1}{n}R^{2/3}i^{1/2} = \frac{i^{1/2}}{n}\left[\frac{D}{4}\left(1 - \frac{\sin\theta}{\theta}\right)\right]^{2/3} \tag{6-41}$$

当过流速度达到最大值时相应的充满度称为过流速度最优充满度，令 $\dfrac{\mathrm{d}v}{\mathrm{d}\theta} = 0$，解得过流速度最优的充满角和充满度分别为 $\theta_h = 257.5°$ 和 $\alpha_h = 0.81$。

由以上分析可知，无压圆管均匀流在水深 $h = 0.95D$，即充满度 $\alpha_h = 0.95$ 时，输水能力最大；在水深 $h = 0.81D$，即充满度 $\alpha_h = 0.81$ 时，过流速度最大。

无压圆管均匀流的流量和流速随水深的变化规律可用无量纲参数图表示，如图 6-13 所示。

$$\frac{Q}{Q_0} = \frac{AC\sqrt{Ri}}{A_0C_0\sqrt{R_0i}} = \frac{A}{A_0}\left(\frac{R}{R_0}\right)^{2/3} = f_Q\left(\frac{h}{D}\right)$$

$$\frac{v}{v_0} = \frac{C\sqrt{Ri}}{C_0\sqrt{Ri}} = \left(\frac{R}{R_0}\right)^{2/3} = f_v\left(\frac{h}{D}\right)$$

式中 Q_0、v_0—— 满流时的流量和流速；

Q、v—— 非满流时的流量和流速。

如图 6-13 所示，$\frac{h}{D}=0.95$ 时，$\frac{Q}{Q_0}$ 达最大值，$\left(\frac{Q}{Q_0}\right)_{max}=1.087$，此时管中通过的流量 Q_{max} 超过管内满管时流量的 8.7%；当 $\frac{h}{D}=0.81$ 时，$\frac{v}{v_0}$ 达最大值，$\left(\frac{v}{v_0}\right)_{max}=1.16$，此时管中流速超过满流时流速的 16%。

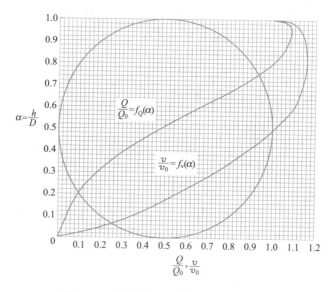

图 6-13　无压圆管水力特征无量纲参数图

当无压圆管均匀流的充满度接近 1 时，均匀流不易稳定，一旦受外界干扰，则易形成有压流和无压流的交替流动，且不易恢复至稳定的无压均匀流的流态。因此工程上进行无压圆管断面设计时，其设计充满度并不能取到输水性能最优充满度或是过流速度最优充满度，而应根据有关规范的规定，不允许超过最大设计充满度 α_{max}。如 $D=150\sim300$mm 时，$\alpha_{max}=0.6$；$D=500\sim900$mm 时，$\alpha_{max}=0.75$。

除设计充满度外，无压圆管中的设计流速也应在允许设计流速范围内，为防止管道发生冲刷和淤积，排水管道的最大允许流速为：金属管 $v_{max}=10.0$m/s，非金属管 $v_{max}=5.0$m/s；污水管道在设计充满度下最小允许流速为 $v_{min}=0.6$m/s，雨水管道和合流管道最小允许流速为 $v_{min}=0.75$m/s。

另外，不同功能要求的无压管道，其最小管径和最小设计坡度也应满足相应规范要求，参见表 6-4。

【例题 6-3】 钢筋混凝土圆形污水管，管径 $D=1000$mm，管壁粗糙系数 $n=0.014$，管道坡度 $i=0.002$。求最大设计充满度时的流速和流量。

管道类别	最小管径(mm)	相应最小设计坡度
污水管	300	塑料管 0.002，其他管 0.003
雨水和合流管	300	0.65
雨水口连接管	200	0.01

【解】 由排水设计规范查得管径为 1000mm 的污水管最大设计充满度为 $\alpha=\dfrac{h}{D}=0.75$，再由表 6-3 查得 $\alpha=0.75$ 时过流断面的几何要素为

$$A=0.6319D^2=0.6319m^2$$
$$R=0.3017D=0.3017m$$

谢才系数　　　$C=\dfrac{1}{n}R^{1/6}=\dfrac{1}{0.014}(0.3017)^{1/6}=58.5m^{0.5}/s$

流速　　　$v=C\sqrt{Ri}=58.5\sqrt{0.3017\times0.002}=1.44m/s$

流量　　　$Q=vA=1.44\times0.6319=0.91m^3/s$

在实际工程中，还需验算流速是否在允许流速范围之内。本题为钢筋混凝土管，最大允许流速 v_{max} 为 5m/s，最小允许流速 v_{min} 为 0.6m/s，满足 $v_{max}>v>v_{min}$。

6.3　明渠流动状态

明渠流动有三种不同的流动状态，分别是缓流、急流和临界流，表现出不同的流动现象和流动规律。

6.3.1　明渠流态的运动学分析

6.3.1.1　波与波速

波的广义定义是干扰在介质中的传播。流体力学中，在外力作用下，具有自由液面的液体质点偏离其平衡位置发生的有规律振动就是波的现象。若波动的振幅相对于波长是微小量，则这种波称为微幅干扰波。

如图 6-14(a)所示平坡棱柱形渠道，渠内水体静止，水深为 h，水面宽为 B，断面积为 A。如用直立薄板 N-N 向左轻轻拨动一下，使水面产生一个微幅干扰波，以速度 c 从右向左传播，波高为 Δh，波形所到之处，引起水面波动，渠内形成非恒定流。

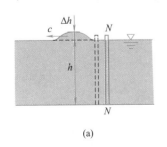
(a)

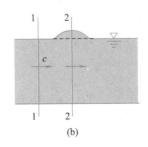
(b)

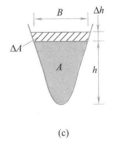
(c)

图 6-14　微幅干扰波波速公式推导

147

如图 6-14(b)所示将动坐标系取在波峰上，该动坐标系随波峰作匀速直线运动，仍为惯性坐标系。对于该动坐标系而言，波是静止的，而渠道中的水则以波速 c 由左向右运动，在该动坐标系下渠内水流为恒定流。

以渠底线为基准面，取相距很近的 1-1 和 2-2 断面，断面 1-1 在波峰左边未受波影响的地方，断面 2-2 选在波峰上，选择水面上的点作为计算点列伯努利方程，由于两断面间距很近，可不计水头损失

$$h + \frac{\alpha_1 v_1^2}{2g} = (h + \Delta h) + \frac{\alpha_2 v_2^2}{2g}$$

其中 $v_1 = c$，由连续性方程得 $v_2 = \dfrac{cA}{A + \Delta A}$，取动能修正系数 $\alpha_1 = \alpha_2 = 1$ 则

$$h + \frac{c^2}{2g} = h + \Delta h + \frac{c^2}{2g}\left(\frac{A}{A + \Delta A}\right)^2$$

由图 6-14(c)可知 $\Delta h \approx \Delta A / B$，代入上式整理得

$$c = \pm \sqrt{2g \, \frac{A}{B} \frac{\left(1 + \dfrac{\Delta A}{A}\right)^2}{\left(2 + \dfrac{\Delta A}{A}\right)}}$$

对于微幅干扰波，可以认为波高远小于水深，$\dfrac{\Delta A}{A}$ 可忽略不计，因此：

$$c = \pm \sqrt{g \, \frac{A}{B}} \tag{6-42}$$

式中 A—— 过流断面面积(m^2)；

       B—— 水面宽度(m)。

对于矩形断面渠道有 $A = Bh$，则有

$$c = \pm \sqrt{gh} \tag{6-43}$$

式(6-43)为微幅干扰波在静水中的波速公式，对于非矩形断面的棱柱体渠道，式(6-43)可写为

$$c = \pm \sqrt{g \, \frac{A}{B}} = \pm \sqrt{g\bar{h}} \tag{6-44}$$

式中 $\bar{h} = A / B$ 称为断面平均水深，相当于把过流断面概化作宽为 B 的矩形时的水深。

在实际的明渠中，水通常是流动的，若水流流速为 v，此时令微幅干扰波相对于地球坐标系的速度为 c'，称为绝对波速。根据运动叠加原理可知，绝对波速 c' 应是静水中的波速 c 与水流速度 v 两者向量之和：

$$c' = v + c = v \pm \sqrt{gh} \tag{6-45}$$

式中微波顺水流方向传播取 "+" 号，逆水流方向传播取 "-" 号。

6.3.1.2 波的传播特性与明渠流态判别

根据微幅干扰波波速公式，可以进一步讨论微幅干扰波在水流中的传播情况。为便于理解，假想将一块石子投入静水中，水面上产生的波形是以投入点为中心

的一系列同心圆，如图 6-15(a)所示。波以速度 c 离开中心向四周传播。若将石子投入流动的水中，波形将随着水流向上下游移动，此时会出现下述三种可能：

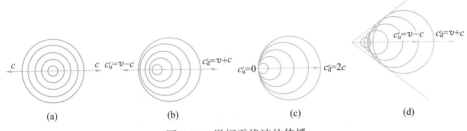

图 6-15　微幅干扰波的传播
(a)静水；(b)缓流；(c)临界流；(d)急流

① 如图 6-15（b）所示，当明渠中流速 v 较小，而断面平均水深 $\bar{h}$ 又相对较大时，$v<c$，绝对波速 c' 有一正一负两个值，其中一个为 $c'_u=v-c<0$，表示微幅波逆水流方向向上游传播；另一个为 $c'_d=v+c>0$，表示微幅波顺水流方向向下游传播，此时的流态是缓流。

② 如图 6-15（c）所示，当明渠中流速等于干扰波传播速度时，$v=c$，绝对波速 $c'_u=v-c=0$，干扰波逆水流向上游传播的速度为零，说明水流速度恰好与静水中的波速相互抵消，向上游传播的波停止不前；绝对波速的另一个值 $c'_d=v+c>0$，表示波顺水流向下游传播，此时的流态是临界流。

③ 如图 6-15（d）所示，当明渠中流速 v 较大，断面平均水深 $\bar{h}$ 相对较小时，$v>c$，绝对波速 c' 有两个值且均为正，即 $c'_u=v-c>0$ 和 $c'_d=v+c>0$，表明干扰波都顺水流向下游传播，不能向上游传播。这是因为水流速度大于静水中的波速，把波冲向下游，此时的流态是急流。

将发生临界流时的明渠水流速度称为临界流速，以 v_c 表示，则

$$v_c=\sqrt{g\,\frac{A}{B}}=\sqrt{g\bar{h}} \tag{6-46}$$

对于矩形断面渠道有

$$v_c=\sqrt{gh} \tag{6-47}$$

临界流速 v_c 可用来判别明渠水流的流动状态，当明渠中断面平均流速 $v<v_c$ 时，流态为缓流，波既可以向上游传播也可以向下游传播；$v>v_c$ 时流态为急流，干扰波只能向下游传播；$v=v_c$ 时流态为临界流，临界流是缓流和急流的分界点。

6.3.2　明渠流态的动力学分析

6.3.2.1　断面单位能量

如图 6-16 所示的明渠非均匀渐变流，某断面受单位重力作用的液体相对于基准面 0-0 的机械能为

$$E=z+\frac{p}{\rho g}+\frac{\alpha v^2}{2g}$$

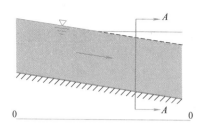 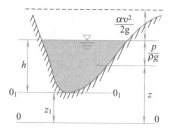

图 6-16　断面单位能量

若将该断面基准面提高 z_1，使其通过该断面的最低点，受单位重力作用的液体相对于新基准面 0_1-0_1 的机械能则为：

$$e = E - z_1 = h + \frac{\alpha v^2}{2g} \tag{6-48}$$

式中　e——断面单位能量（specific energy），或断面比能，是相对于通过该断面最低点基准面的受单位重力作用的液体具有的机械能；

　　　h——该断面的水深；

　　　$\dfrac{\alpha v^2}{2g}$——流速水头。

断面单位能量 e 和受单位重力作用的液体的机械能 E 是不同的概念，其区别在于：

① 两者的计算基准面不同。计算受单位重力作用的液体的机械能 E 时，沿程水流均相对于同一基准面；计算断面单位能量 e 时，按通过各自断面最低点的基准面计算。

② 两者的物理意义不同。受单位重力作用的液体的机械能 E 反映了各断面上受单位重力作用的液体所具有的总的机械能，而单位断面能量 e 只反映水流运动状态的那一部分能量，两者相差一个渠底高程。

③ 两者的沿程变化规律不同。由于有能量损失，受单位重力作用的液体的机械能 E 总是沿程减小的，而断面单位能量 e 沿程可能增加，可能减少，也可能沿程不变，例如在明渠均匀流中，水深及流速沿程不变，其断面单位能量 e 沿程不变。

明渠非均匀流水深是沿程变化的，同样的流量，可能以不同的水深通过某一过流断面，对应着不同的断面单位能量 e。对于棱柱形明渠，流量一定时，断面单位能量则随水深的变化而变化，即

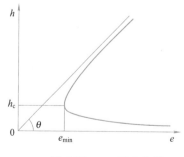

图 6-17　$e = f(h)$ 曲线

$$e = h + \frac{\alpha v^2}{2g} = h + \frac{\alpha Q^2}{2gA^2} = f(h) \tag{6-49}$$

以水深 h 为纵坐标轴，断面单位能量 e 为横坐标轴，作 $e = f(h)$ 曲线，如图 6-17 所示，分析断面单位能量随水深的变化关系：

当 $h \to 0$ 时，$A \to 0$，则 $e = \dfrac{\alpha Q^2}{2gA^2} \to \infty$，曲线以 e 轴为渐近线；

当 $h \rightarrow \infty$ 时，$A \rightarrow \infty$，$\dfrac{\alpha Q^2}{2gA^2} \rightarrow 0$，则 $e = h \rightarrow \infty$，曲线以通过坐标原点与横轴呈 45° 的直线为渐近线。

如图 6-17 所示，在水深 h 从 0 到 ∞ 的变化过程中，e 值相应地从 ∞ 逐渐变小，到达某一极小值 $e_{\min}$，然后又逐渐增大。

以断面单位能量极小值 $e_{\min}$ 为分界点将 $e = f(h)$ 曲线分为上下两支：上半支曲线上，断面单位能量 e 随水深 h 增加而增加，即 $\dfrac{\mathrm{d}e}{\mathrm{d}h} > 0$；下半支曲线上，断面单位能量 e 随水深 h 增加而减小，即 $\dfrac{\mathrm{d}e}{\mathrm{d}h} < 0$。

6.3.2.2 临界水深 h_{c}

如图 6-17 所示，渠道断面形状尺寸和流量一定的条件下，断面单位能量为极小值 $e_{\min}$ 时的水深称为临界水深（critical depth），以 h_{c} 表示。根据高等数学可知，当 $\dfrac{\mathrm{d}e}{\mathrm{d}h} = 0$ 时，$e = e_{\min}$。

$$\frac{\mathrm{d}e}{\mathrm{d}h} = 1 - \frac{\alpha Q^2}{gA^3}\frac{\mathrm{d}A}{\mathrm{d}h}$$

式中 $\dfrac{\mathrm{d}A}{\mathrm{d}h}$ 的意义：设原水深为 h，过流断面面积为 A，水面宽度为 B，如图 6-18 所示。若水深增加 $\mathrm{d}h$，则面积 A 相应地增加 $\mathrm{d}A$。忽略两岸边坡的影响，可以把微分面积 $\mathrm{d}A$ 近似当作矩形，因此 $\mathrm{d}A = B\mathrm{d}h$，故 $\dfrac{\mathrm{d}A}{\mathrm{d}h} = B$。则

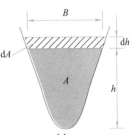

$$\frac{\mathrm{d}e}{\mathrm{d}h} = 1 - \frac{\alpha Q^2}{gA^3}B \tag{6-50}$$

图 6-18　$\dfrac{\mathrm{d}A}{\mathrm{d}h}$ 的物理意义

令 $\dfrac{\mathrm{d}e}{\mathrm{d}h} = 0$ 求解得

$$\frac{\alpha Q^2}{g} = \frac{A_{\mathrm{c}}^3}{B_{\mathrm{c}}} \tag{6-51}$$

式 (6-51) 是临界水深 h_{c} 的隐函数式，A_{c} 和 B_{c} 分别表示用临界水深计算的过流断面面积和水面宽。根据不同形状的断面几何特征，可利用式 (6-51) 求解临界水深。

对于矩形断面，水面宽与底宽相等，根据式 (6-51) 可得

$$\frac{\alpha Q^2}{g} = \frac{(bh_{\mathrm{c}})^3}{b} = b^2 h_{\mathrm{c}}^3$$

于是矩形断面渠道的临界水深为

$$h_{\mathrm{c}} = \sqrt[3]{\frac{\alpha Q^2}{gb^2}} = \sqrt[3]{\frac{\alpha q^2}{g}} \tag{6-52}$$

式中　q——单宽流量（m^2/s）。

对于梯形断面，将

$$A_c = h_c(b + mh_c)$$
$$B_c = b + 2mh_c$$

代入式(6-51)可得

$$\frac{[h_c(b + mh_c)]^3}{b + 2mh_c} = \frac{\alpha Q^2}{g} \tag{6-53}$$

上式为求解 h_c 的高次隐式方程，需用试算法求解。可写成迭代解的形式利用计算机编程求解

$$h_{c(j+1)} = \left[\frac{\alpha Q^2}{g}\frac{(b + 2mh_{c(j)})}{(b + mh_{c(j)})^3}\right]^{1/3} \tag{6-54}$$

对于圆形断面，将

$$A_c = \frac{D^2}{8}(\theta_c - \sin\theta_c)$$
$$B_c = D\sin(\theta_c/2)$$

代入式(6-51)可得

$$\frac{\left[\frac{D^2}{8}(\theta_c - \sin\theta_c)\right]^3}{D\sin(\theta_c/2)} = \frac{\alpha Q^2}{g} \tag{6-55}$$

上式为求解 θ_c 的高次隐式方程，需用试算法求解。可写成迭代解的形式利用计算机编程求解

$$\theta_{c(j+1)} = \left[8\left(\frac{\alpha Q^2}{gD^5}\sin\frac{\theta_{c(j)}}{2}\right)\right]^{\frac{1}{3}} + \sin\theta_{c(j)} \tag{6-56}$$

求出 θ_c 后，可求得临界水深

$$h_c = D\sin^2(\theta_c/4)$$

由式(6-50)进一步可得

$$\frac{de}{dh} = 1 - \frac{\alpha Q^2}{gA^3}B = 1 - \frac{\alpha v^2}{g\bar{h}} = 1 - Fr^2 = 0 \tag{6-57}$$

式中 $\bar{h}$ —— 断面平均水深，$\bar{h} = A/B$，B 为水面宽；

Fr —— 以断面平均水深 $\bar{h}$ 为特征长度计算的弗劳德数，$F_r = \frac{v}{\sqrt{g\bar{h}}}$。

以上分析表明：断面单位能量随水深的变化规律与水流流态有关：

$e = f(h)$ 曲线上半支，水深 $h > h_c$，$\frac{de}{dh} > 0$，$Fr < 1$，$v < v_c$，流态为缓流；

$e = f(h)$ 曲线下半支，水深 $h < h_c$，$\frac{de}{dh} < 0$，$Fr > 1$，$v > v_c$，流态为急流；

$e = f(h)$ 曲线上半支与下半支的分界点，水深 $h = h_c$，$\frac{de}{dh} = 0$，$Fr = 1$，$v = v_c$。流态为临界流。

6.3.2.3 临界底坡 i_c

根据明渠均匀流的基本公式，在断面形状与尺寸、壁面粗糙程度、流量

一定的棱柱体正坡渠道中，正常水深 h_N 的大小取决于渠道的底坡 i，不同的底坡 i 对应不同的正常水深 h_N，i 越大 h_N 越小，反之亦然。根据临界水深计算公式 (6-51)，当断面形状与尺寸一定时，临界水深 h_C 则只是流量的函数，即流量一定时，临界水深不变，与底坡无关。于是当流量一定时，改变底坡的大小，可以改变正常水深 h_N 与临界水深 h_C 的大小关系，如图 6-19 所示。

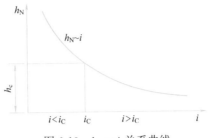

图 6-19　$h_N \sim i$ 关系曲线

当正常水深等于临界水深，即 $h_N = h_C$ 时的底坡为称为临界底坡（critical slope），用 i_C 表示，此时的均匀流为临界流。

按以上定义，临界底坡明渠中的水深同时满足均匀流基本公式和临界水深公式，即

$$Q = A_C C_C \sqrt{R_C i_C}$$

$$\frac{\alpha Q^2}{g} = \frac{A_C^3}{B_C}$$

联立解得临界底坡为

$$i_C = \frac{Q^2}{A_C^2 C_C^2 R_C} = \frac{g A_C}{\alpha C_C^2 R_C B_C} = \frac{g P_C}{\alpha C_C^2 B_C} \tag{6-58}$$

对于宽浅渠道，湿周与水面宽可认为近似相等，即 $P_C \approx B_C$，于是相应的临界底坡为

$$i_C = \frac{g}{\alpha C_C^2} \tag{6-59}$$

式中　C_C、P_C、和 B_C　　分别表示临界水深 h_C 所对应的谢才系数、湿周和水面宽度。

注意，临界底坡 i_C 是为了计算或分析的方便而引入的一个假想的底坡，其值与流量、断面形式与尺寸以及渠道的壁面粗糙系数有关，而与渠道的实际底坡 i 无关。

将渠道的实际底坡 i 与相同流量下的临界底坡 i_C 相比，可将正坡渠道底坡分成三种类型：$i < i_C$ 为缓坡（mild slope）；$i > i_C$ 为陡坡（steep slope）；$i = i_C$ 为临界坡（critical slope）。此分类仅针对正坡渠道而言，对于平坡和负坡，由于不能形成明渠均匀流，不存在正常水深。

另外需要注意的是，在渠道断面形式和壁面粗糙系数一定的情况下，由于临界底坡是与流量相对应的，因此即使对于同一个渠道底坡 i，在不同的流量下有可能是缓坡，也有可能是陡坡或者临界坡。

在缓坡、陡坡和临界坡上水流都可以作均匀流动，也可以作非均匀流动。如果发生均匀流动，则底坡、水深与流态之间有如下关系：

① $i < i_C$，缓坡，正常水深大于临界水深（$h_N > h_C$），均匀流流态为缓流；

② $i > i_C$，陡坡，正常水深小于临界水深（$h_N < h_C$），均匀流流态为急流；

153

③ $i=i_C$，临界坡，正常水深等于临界水深（$h_N=h_C$），均匀流流态为临界流。

上述关系仅适用于发生明渠均匀流时，如作非均匀流动，则每一种底坡上均有可能发生三种不同的明渠流态。

【例题 6-4】 梯形断面渠道，底宽 $b=5\mathrm{m}$，边坡系数 $m=1.0$，通过流量 $Q=8\mathrm{m^3/s}$。试求临界水深 h_C。

【解】 由式（6-51）

$$\frac{\alpha Q^2}{g}=\frac{A_C^3}{B_C}$$

可求得

$$\frac{\alpha Q^2}{g}=\frac{1.0\times 8^2}{9.8}=6.53\mathrm{m^5}$$

代入梯形断面几何要素

$$A_C=(b+mh_C)h_C=5h_C+h_C^2$$
$$B_C=b+2mh_C=5+2h_C$$

简化为

$$(5h_C+h_C^2)^3-13.06h_C-32.65=0$$

试算得临界水深 $h_C=0.61\mathrm{m}$。

【例题 6-5】 长直的矩形断面渠道，底宽 $b=1\mathrm{m}$，粗糙系数 $n=0.014$，底坡 $i=0.0004$，渠内均匀流正常水深 $h_N=0.6\mathrm{m}$。试判别水流的流动状态。

【解】 由谢才公式，断面平均流速

$$v=C\sqrt{Ri}$$

其中

$$R=\frac{bh_N}{b+2h_N}=\frac{1\times 0.6}{1+2\times 0.6}=0.273\mathrm{m}$$

$$C=\frac{1}{n}R^{1/6}=\frac{1}{0.014}\times 0.273^{1/6}=57.5\mathrm{m^{0.5}/s}$$

于是得

$$v=57.5\times\sqrt{0.273\times 0.0004}=0.6\mathrm{m/s}$$

① 用弗劳德数判别

$$Fr=\frac{v}{\sqrt{gh_N}}=\frac{0.6}{\sqrt{9.8\times 0.6}}=0.25<1,\ 流动为缓流$$

② 用临界水深判别

矩形断面的临界水深为

$$h_C=\sqrt[3]{\frac{\alpha q^2}{g}}$$

其中

$$q=vh_N=0.36\mathrm{m^2/s}$$

所以

$$h_C=\sqrt[3]{\frac{1\times 0.36^2}{9.8}}=0.24\mathrm{m}<h_N=0.6\mathrm{m},\ 流动为缓流$$

③ 用临界流速判别

计算临界流速得

$$v_C=\sqrt{gh_N}=2.42\mathrm{m/s}>v=0.6\mathrm{m/s},\ 流动为缓流$$

④ 用临界底坡判别

由于流动是均匀流，还可用临界底坡来判别水流状态。临界水深 $h_C=0.24\text{m}$，计算相应量得

$$B_C=b=1\text{m}$$

$$P_C=b+2h_C=1+2\times0.24=1.48\text{m}$$

$$R_C=\frac{bh_C}{P_C}=\frac{1\times0.24}{1.48}=0.16\text{m}$$

$$C_C=\frac{1}{n}R_C^{1/6}=\frac{1}{0.014}\times0.16^{1/6}=52.7\text{m}^{0.5}/\text{s}$$

临界底坡由式(6-58)算得

$$i_C=\frac{g}{\alpha C_C^2}\frac{P_C}{B_C}=\frac{9.8\times1.48}{52.7^2\times1}=0.0052>i=0.0004$$

此渠道为缓坡，明渠均匀流流态为缓流。

6.4 明渠非均匀流

6.4.1 明渠非均匀流概述

明渠均匀流是等深、等速流动，只能发生在断面形状、尺寸、底坡和壁面粗糙系数均沿程不变的棱柱体正坡渠道中，并且要求渠道中没有修建任何其他水工建筑物。而很多情况下，人工渠道或天然河道并不能满足上述条件，明渠横断面的几何形状、尺寸、底坡或壁面粗糙系数常沿流程发生改变，或者在明渠中修建有其他水工建筑物，例如坝、桥墩、桥台等。这些边界条件的变化使水流的受力平衡条件发生变化，改变了原本均匀流的正常水深和流速，形成明渠非均匀流。

明渠非均匀流可以发生在任何形状的渠道中，其流动特点是：水深和流速沿程变化，各过流断面面积不相等，各过流断面上的流速大小、方向及速度分布均可能不同，流线不再是平行直线，水面线一般为曲线，总水头线、水面线、底坡线三者一般不平行，即 $J\neq J_p\neq i$。

明渠非均匀流根据水力要素沿流程变化的缓急程度可进一步分为明渠非均匀渐变流和明渠非均匀急变流。过流断面和流速等水力要素沿程变化缓慢的称为明渠非均匀渐变流，其流线弯曲程度不大，流线之间近似平行；反之称为明渠非均匀急变流，过流断面和流速等水力要素沿程急剧变化，流线弯曲明显，流线之间不平行。

明渠均匀流一定是恒定流，但明渠非均匀流则可能为恒定流也可能为非恒定流，本节将分别介绍明渠恒定非均匀急变流和明渠恒定非均匀渐变流，对非恒定流问题不作讨论。

6.4.2 明渠恒定非均匀急变流

在明渠流动边界突然变化(例如，边墙突然扩张或突然收缩、渠线显著弯

曲)、渠中设置建筑物(如堰、闸、跌坎)或流态发生转换(由急流向缓流或由缓流向急流过渡)的流段内,水流流线发生急剧弯曲,过流断面、流速及压强沿程产生明显变化,形成急变流,流动具有下述特点:

① 流线曲率明显,过流断面上压强不符合静水压强分布规律;

② 明渠急变流一般发生在相对短的流段内,沿程阻力对水流的影响较小,通常可以略去;

③ 流动变化规律主要取决于边界变化情况和水流流态,即使在相同边界条件下,水流在缓流或急流流态下也将分别形成不同的流动变化规律;

④ 明渠急变流流段,紊动剧烈,各断面流速分布差异较大,动能修正系数 α 和动量修正系数 β 与明渠均匀流时相差甚远,一般不能假定为1。

明渠非均匀急变流流动规律极为复杂,流动类型很多,本节只讨论明渠流态转换时出现的两种典型的急变流现象——水跃和水跌。

6.4.2.1 水跃

水跃(hydraulic jump)是明渠水流从急流过渡到缓流时,水面骤然升高的局部水力现象,是典型的明渠急变流。在闸坝及陡槽等泄水建筑物下游,常有水跃发生。由于泄水建筑物下泄的水流到达河底时流速较大、水深较小,水流的弗劳德数很大,流态一般为急流,而距离闸门较远的下游渠道中的水流一般为缓流,下泄水流从闸门附近的急流流态过渡成下游渠道中的缓流,水面突然升高,发生水跃,如图6-20所示。

发生水跃时的水流纵剖面如图6-21所示,水跃流动特征是水深在很短的流程内由小于临界水深增加到大于临界水深,水面不连续,并有反向旋滚,致使水面剧烈波动。水跃区水流包括两部分,上部是急流冲入缓流所激起的表面旋流,称为"表面水滚";下部是主流区,是一个水深越来越大的扩散体,在某一位置穿越临界水深。

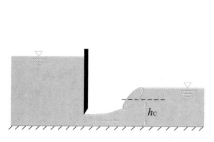

图6-20 闸下出流水跃示意图

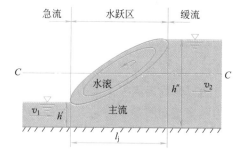

图6-21 水跃纵剖面示意

描述水跃的几何要素包括跃前水深 h'、跃后水深 h''、水跃高度 a 和水跃长度 l_j。如图6-21所示,跃前水深 h' 指跃前断面(即表面水滚起点所在过流断面)的水深;跃后水深 h'' 指跃后断面(即表面水滚终点所在过流断面)的水深;水跃高度 a 指跃后水深与 h'' 跃前水深 h' 之差;水跃长度 l_j 则是指跃前断面与跃后断面之间的距离。

水跃的形式主要与跃前断面的弗劳德数 Fr_1 有关,根据实验研究结果,在已知断面形状、尺寸的棱柱体渠道中，当跃前断面的弗劳德数 Fr_1 较大时，水跃共轭水深相差比较显著($h''>2h'$)，水流有明显的表面旋滚和主流区，这种水跃称为完整水跃，如图 6-21 所示。发生完整水跃过程时，表面水滚大量掺气，水体剧烈旋转、掺混和高度紊动，水流质点间摩擦加剧，集中消耗大量的机械能。实验表明，跃前断面的总机械能经水跃后可减少 $60\%\sim70\%$，因此水跃常作为一种消能方式以削减水流的机械能，减小对下游河床的冲刷。

当跃前断面的弗劳德数 Fr_1 较小时，水跃共轭水深相差不明显($h''\leqslant 2h'$)，此时水跃已无明显表面旋滚区，水流表面呈现逐渐衰减的波浪状态，这种水跃称为波状水跃，如图 6-22 所示。

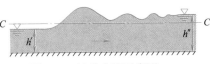

图 6-22　波状水跃示意图

为简化起见，以棱柱体平坡明渠中的恒定流为例推导水跃的基本方程。

设棱柱体平坡渠道，通过流量为 Q 时发生水跃，如图 6-23 所示。跃前断面水深 h'，断面平均流速 v_1；跃后断面水深 h''，断面平均流速 v_2。

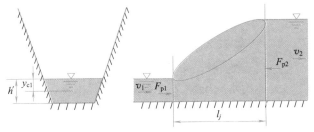

图 6-23　水跃方程推导示意图

现用动量方程推导水跃基本方程，推导过程中作如下假设：

① 水跃长度较小，水跃区内渠道边壁摩擦阻力忽略不计；

② 跃前、跃后断面为渐变流断面，断面上动水压强按静水压强的规律分布；

③ 跃前、跃后断面的动量校正系数 $\beta_1=\beta_2=1$。

取跃前断面 1-1 和跃后断面 2-2 之间的水跃区为控制体，列流动方向总流的动量方程

$$\sum F=\rho Q(\beta_2 v_2 - \beta_1 v_1)$$

因平坡渠道重力与流动方向正交，边壁摩擦阻力忽略不计，故作用在控制体上的力只有过流断面上的动水压力 F_{P1} 和 F_{P2}，即

$$F_{P1}=\rho g y_{c1} A_1 \qquad F_{P2}=\rho g y_{c2} A_2$$

式中　y_{c1}、y_{c2}——分别为跃前、跃后断面形心点的水深；

　　　A_1、A_2——分别为跃前、跃后断面的面积。将动水压力代入动量方程后得

$$\rho g y_{c1} A_1 - \rho g y_{c2} A_2 = \rho Q\left(\frac{Q}{A_2}-\frac{Q}{A_1}\right)$$

$$\frac{Q^2}{gA_1}+y_{c1} A_1 = \frac{Q^2}{gA_2}+y_{c2} A_2 \tag{6-60}$$

157

式(6-60)为平坡棱柱体明渠中水跃的基本方程，该式表明水跃区单位时间内流入跃前断面的动量与该断面动水总压力之和等于单位时间流出跃后断面的动量与该断面动水总压力之和。

在水跃基本方程式(6-60)中，A 和 y_c 都是水深的函数，其余量均为常量，所以可写出

$$\frac{Q^2}{gA} + y_c A = J(h) \tag{6-61}$$

于是水跃基本方程可表示为

$$J(h') = J(h'') \tag{6-62}$$

$J(h)$ 称为水跃函数。类似于断面单位能量随水深的变化曲线，可以画出水跃函数曲线，如图 6-24 所示。

可以证明，曲线上对应水跃函数最小值的水深，也是该流量下明渠中的临界水深 h_C，即 $J_{\min} = J(h_C)$。

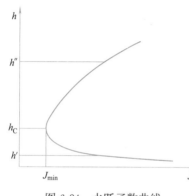

图 6-24　水跃函数曲线

当 $h > h_C$ 时，$J(h)$ 随水深增大而增大；当 $h < h_C$ 时，$J(h)$ 则随水深增大而减小。式(6-62)表明，尽管跃前水深 h' 和跃后水深 h'' 不相等，但它们对应的水跃函数值却是相等的，所以又把这一对具有相同水跃函数的水深称为共轭水深，跃前水深 h' 称作第一共轭水深，跃后水深 h'' 称作第二共轭水深。图 6-24 表明，跃前水深越小，对应的跃后水深越大；反之，跃前水深越大，对应的跃后水深越小。

已知流量、明渠断面形状和尺寸以及共轭水深中的一个，可求另一个共轭水深。

根据已知的一个共轭水深，算出于其相应的水跃函数 $J(h')$ 或 $J(h'')$，再根据式(6-60)可求解另一个共轭水深，一般要采用试算法求解。

对于矩形断面明渠，$A_1 = bh'$，$A_2 = bh''$，$y_{c1} = \frac{h'}{2}$，$y_{c2} = \frac{h''}{2}$，$q = \frac{Q}{b}$ 代入式(6-60)得

$$\frac{q^2}{gh'} + \frac{h'^2}{2} = \frac{q^2}{gh''} + \frac{h''^2}{2}$$

经过整理得

$$h'h''(h'+h'') = \frac{2q^2}{g} \tag{6-63}$$

分别以跃后水深 h'' 或跃前水深 h' 为未知量，解上式得

$$h' = \frac{h''}{2}\left[\sqrt{1+\frac{8q^2}{gh''^3}}-1\right] \tag{6-64}$$

$$h'' = \frac{h'}{2}\left[\sqrt{1+\frac{8q^2}{gh'^3}}-1\right] \tag{6-65}$$

式中
$$\frac{q^2}{gh'^3}=\frac{v_1^2}{gh'}=Fr_1^2$$

$$\frac{q^2}{gh''^3}=\frac{v_2^2}{gh''}=Fr_2^2$$

上两式又可写为

$$h''=\frac{h'}{2}\left(\sqrt{1+8Fr_1^2}-1\right) \qquad (6\text{-}66)$$

$$h'=\frac{h''}{2}\left(\sqrt{1+8Fr_2^2}-1\right) \qquad (6\text{-}67)$$

式中 Fr_1、Fr_2——分别为跃前断面和跃后断面水流的弗劳德数。

在水跃段，由于水流紊动剧烈，底部流速很大，在水跃段以及跃后段的一定范围内应对渠道底部进行抗冲保护（铺设护坦、海漫等），防止渠底被冲刷破坏。水跃长度的计算是消能建筑物尺寸设计的重要依据之一。由于水跃现象的复杂性，目前理论研究尚不成熟，水跃长度的确定仍以实验研究为主。实验得到的水跃长度经验公式很多，平底矩形断面明渠中水跃长度可选用下述经验公式计算：

① 以跃后水深 h'' 表示的公式

$$l_j=6.1h'' \qquad (6\text{-}68)$$

适用范围为 $4.5<Fr_1<10$。

② 以水跃高度 a 表示的公式

$$l_j=6.9a=6.9(h''-h') \qquad (6\text{-}69)$$

水跃中的能量损失主要是由于旋滚区（水跃区域的上部）和主流区（水跃区域的下部）的交界处流速梯度很大，脉动混掺强烈造成的，实验表明，跃前断面的总机械能经水跃后可减少 $60\%\sim70\%$，能量损失最大可达跃前能量的 85%，因此工程上常利用水跃形式消减水流的多余能量，减少对下游建筑物的破坏作用。

跃前断面与跃后断面受单位重力作用的液体机械能之差即水跃消除的能量，以 ΔE_j 表示。对于平底坡矩形渠道有

$$\Delta E_j=\left(h'+\frac{\alpha_1 v_1^2}{2g}\right)-\left(h''+\frac{\alpha_2 v_2^2}{2g}\right) \qquad (6\text{-}70)$$

根据式(6-63)得

$$\frac{\alpha_1 v_1^2}{2g}=\frac{q}{2gh'^2}=\frac{1}{4}\frac{h''}{h'}(h'+h'')$$

$$\frac{\alpha_2 v_2^2}{2g}=\frac{q^2}{2gh''^2}=\frac{1}{4}\frac{h'}{h''}(h'+h'')$$

代入式(6-70)，化简得

$$\Delta E_j=\frac{(h''-h')^3}{4h'h''}=\frac{a^3}{4h'h''} \qquad (6\text{-}71)$$

160

式(6-71)说明在给定流量下，水跃高度 a（即跃前与跃后水深的差值）愈大，水跃消除的能量值愈大。

【例题 6-6】 某建筑物下游渠道，单宽泄流量 $q=15\text{m}^2/\text{s}$。产生水跃，跃前水深 $h'=0.8\text{m}$。试求：①跃后水深 h''；②水跃长度 l_j；③水跃消能率 $\dfrac{\Delta E_j}{E_1}$。

【解】 ① 跃后水深 h''

$$Fr_1^2 = \frac{q^2}{gh'^3} = \frac{15^2}{9.8 \times 0.8^3} = 44.84$$

$$h'' = \frac{h'}{2}\left(\sqrt{1+8Fr_1^2}-1\right) = 7.19\text{m}$$

② 水跃长度 l_j

$$l_j = 6.1h'' = 6.1 \times 7.19 = 43.84\text{m}$$

$$\text{或 } l_j = 6.9(h''-h') = 6.9 \times 6.39 = 44.09\text{m}$$

③ 水跃消能率 $\dfrac{\Delta E_j}{E_1}$

$$\Delta E_j = \frac{(h''-h')^3}{4h'h''} = \frac{(7.19-0.8)^3}{4 \times 0.8 \times 7.19} = 11.34\text{m}$$

$$\frac{\Delta E_j}{E_1} = \frac{\Delta E_j}{h' + \dfrac{q^2}{2gh'^2}} = 61\%$$

6.4.2.2 水跌

水跌（hydraulic drop）是明渠水流从缓流过渡到急流，水面急剧降落的局部水力现象，是典型的明渠急变流。水跌现象常见于渠道底坡由缓坡突然变为陡坡或下游渠道断面突然扩大处。

以平坡明渠末端为跌坎的水流为例，如图 6-25 所示，在跌坎处，明渠对水流的阻力突然消失，水流在重力作用下自由跌落，跌坎上水流势能转化为动能，造成水面急剧降低，水流加速运动，形成明渠急变流。

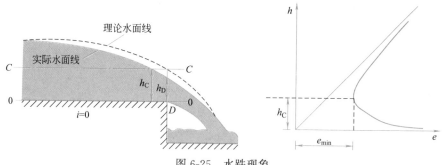

图 6-25 水跌现象

该明渠中的水面的降落，应符合单位重量流体机械能沿程减小，即跌坎位置的单位重量流体机械能 $E=E_{\min}$，以渠底为基准面，则单位重量流体机械能 E 等于断面单位能量 e。

$$E=h+\frac{\alpha v^2}{2g}=e$$

根据断面单位能量与水深的关系曲线（$e\sim h$ 关系曲线）知，在缓流状态下，水深减小，断面单位能量减小，坎端断面水深降至临界水深 h_C，断面单位能量达最小值 $e_{\min}$，单位重量流体机械能达最小值 $E_{\min}$，符合机械能沿程减小的规律。明渠中的水面线理论上如图 6-25 中虚线所示。

需要指出的是，上述断面单位能量和临界水深的分析，都是在渐变流的前提下进行的，而实际上，坎端断面附近，水面急剧下降，流线显著弯曲，水流为急变流。由实验得出，实际坎端水深 h_D 略小于按渐变流计算的临界水深 h_C，$h_D\approx 0.7h_C$，而临界水深 h_C 发生在上游距坎端断面约 $(3\sim 4)h_C$ 的位置，实际水面线如图 6-25 中的实线所示。但一般的水面分析和计算，为简单起见，仍取坎端断面的水深为临界水深 h_C。

从以上分析可知，水流状态为缓流的明渠，底坡突然从缓坡变成陡坡时，水流水面在底坡突变的断面附近急剧降落，以临界水深通过底坡突变的断面，过渡到急流状态，这是水跌现象的最基本特征。

6.4.3　明渠非均匀渐变流

由于明渠非均匀流水深沿程变化，水面和渠底不再平行，水深沿程变化的情况，直接关系到河渠的淹没范围与堤防的高度等诸多工程问题。因此，水深沿程变化的规律，即水面线（water surface profiles）的形状，是明渠非均匀流研究的主要内容。

明渠非均匀渐变流流线曲率影响可以略去，过流断面上压强分布可近似按静水压强分布规律计算，本节将着重研究明渠恒定非均匀渐变流的水面线变化规律。

6.4.3.1　棱柱体明渠非均匀渐变流微分方程

如图 6-26 所示，设明渠恒定非均匀渐变流微元流段，过流断面 1-1 和 2-2 相距 $\mathrm{d}s$。列 1-1 和 2-2 断面伯努利方程

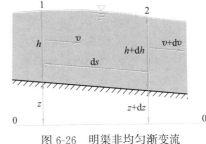

图 6-26　明渠非均匀渐变流

$$(z+h)+\frac{\alpha v^2}{2g}=(z+\mathrm{d}z+h+\mathrm{d}h)+\frac{\alpha(v+\mathrm{d}v)^2}{2g}+\mathrm{d}h_l$$

展开 $(v+\mathrm{d}v)^2$ 并忽略 $(\mathrm{d}v)^2$，整理得

$$\mathrm{d}z+\mathrm{d}h+\mathrm{d}\left(\frac{\alpha v^2}{2g}\right)+\mathrm{d}h_l=0$$

渐变流流段不计局部水头损失，$\mathrm{d}h_l=\mathrm{d}h_f$，并以 $\mathrm{d}s$ 除上式得：

$$\frac{\mathrm{d}z}{\mathrm{d}s}+\frac{\mathrm{d}h}{\mathrm{d}s}+\frac{\mathrm{d}}{\mathrm{d}s}\left(\frac{\alpha v^2}{2g}\right)+\frac{\mathrm{d}h_l}{\mathrm{d}s}=0$$

式中　① $\dfrac{\mathrm{d}z}{\mathrm{d}s}=\dfrac{z_2-z_1}{\mathrm{d}s}=-\dfrac{z_1-z_2}{\mathrm{d}s}=-i$

② $\dfrac{\mathrm{d}}{\mathrm{d}s}\left(\dfrac{\alpha v^2}{2g}\right)=\dfrac{\mathrm{d}}{\mathrm{d}s}\left(\dfrac{\alpha Q^2}{2gA^2}\right)=-\dfrac{\alpha Q^2}{gA^3}\dfrac{\mathrm{d}A}{\mathrm{d}s}$，棱柱形渠道过流断面面积只随水

深变化，即

$$A = f(h)$$

则

$$\frac{\mathrm{d}A}{\mathrm{d}s} = \frac{\mathrm{d}A}{\mathrm{d}h}\frac{\mathrm{d}h}{\mathrm{d}s} = B\frac{\mathrm{d}h}{\mathrm{d}s}$$

于是

$$\frac{\mathrm{d}}{\mathrm{d}s}\left(\frac{\alpha v^2}{2g}\right) = -\frac{\alpha Q^2}{gA^3}B\frac{\mathrm{d}h}{\mathrm{d}s}$$

③ $\dfrac{\mathrm{d}h_f}{\mathrm{d}s} = J$，由于不计局部水头损失，可近似按均匀流计算，即

$$J = \frac{Q^2}{A^2 C^2 R} = \frac{Q^2}{K^2}$$

将①、②与③的结果代入上式得

$$-i + \frac{\mathrm{d}h}{\mathrm{d}s} - \frac{\alpha Q^2}{gA^3}B\frac{\mathrm{d}h}{\mathrm{d}s} + J = 0$$

$$\frac{\mathrm{d}h}{\mathrm{d}s} = \frac{i-J}{1 - \dfrac{\alpha Q^2}{gA^3}B} = \frac{i-J}{1-Fr^2} \tag{6-72}$$

式(6-72)即棱柱体明渠恒定非均匀渐变流微分方程式。

6.4.3.2 棱柱体明渠非均匀渐变流水面线定性分析

明渠非均匀渐变流有减速和加速之分，相应的水面线也有壅水和降水之别。由于明渠中流量不同、底坡不同、进出流边界条件的差异以及明渠中水工建筑物的影响不同，明渠非均匀渐变流可形成各种不同形式的水面线。

棱柱体明渠恒定非均匀渐变流水面线的变化规律，取决于式(6-72)各项之间的关系。实际水深等于正常水深 $h = h_N$ 时，$J = i$，分子等于零，水面线没有变化；实际水深等于临界水深 $h = h_C$ 时，$Fr = 1$，分母等于零。所以分析水面线的变化，需借助正常水深 h_N 的连线，即 $N\text{-}N$ 线和临界水深 h_C 的连线，即 $C\text{-}C$ 线将流动空间进行分区。

根据不同底坡及相应的正常水深线 $N\text{-}N$、临界水深线 $C\text{-}C$，可以把水面线发生的区域划分为 12 个区，如图 6-27 所示。

为了区别不同分区的水面线，将各区采用不同符号表示。对于不同底坡：

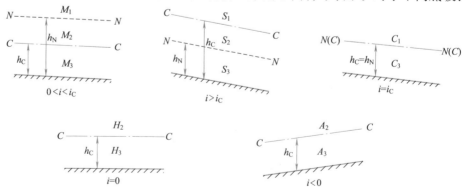

图 6-27　流动空间分区

缓坡用 M 表示，陡坡用 S 表示，临界坡用 C 表示，平坡用 H 表示，负坡用 A 表示。对于不同的水深变化范围：实际水深 h 大于正常水深 h_N 和 h_C，即 $N\text{-}N$ 线和 $C\text{-}C$ 线以上的区域，称为 1 区，采用下标 1 标记；实际水深 h 介于正常水深 h_N 和 h_C 之间，$N\text{-}N$ 线和 $C\text{-}C$ 线之间的区域，称为 2 区，采用下标 2 标记；实际水深 h 小于正常水深 h_N 和 h_C，即 $N\text{-}N$ 线和 $C\text{-}C$ 线以下的区域，称为 3 区，采用下标 3 标记。由此将流动空间分为 M_1、M_2、M_3、S_1、S_2、S_3、C_1、C_3、H_2、H_3、A_2、A_3 共 12 个区，如图 6-27 所示。

下面根据棱柱体明渠恒定非均匀渐变流微分方程式(6-72)对不同底坡上各区域水面线形状进行定性分析。

1. 正坡明渠($i>0$)

正坡明渠分为缓坡、陡坡和临界坡三种，均可由微分方程式(6-72)分析水面曲线。

(1) 缓坡明渠 M($0<i<i_C$)

缓坡明渠中正常水深 h_N 大于临界水深 h_C，由 $N\text{-}N$ 线和 $C\text{-}C$ 线将流动空间分为 M_1、M_2 和 M_3 三个区域，如图 6-28 所示。

① M_1 区($h>h_N>h_C$)

水深 h 大于正常水深 h_N，也大于临界水深 h_C，流动为缓流。在式(6-72)中，分子 $h>h_N$，$J<i$，$i-J>0$；分母 $h>h_C$，$Fr<1$，$1-Fr^2>0$，所以 $\dfrac{\mathrm{d}h}{\mathrm{d}s}>0$，水深沿程增加，水面线称为 M_1 型壅水曲线。

在该区的上游 $h\to h_N$，$J\to i$，$i-J\to0$；$h>h_C$，$Fr<1$，$1-Fr^2>0$，所以 $\dfrac{\mathrm{d}h}{\mathrm{d}s}\to0$，水深沿程不变，水面线以 $N\text{-}N$ 线为渐近线。下游 $h\to\infty$，$J\to0$，$i-J\to i$；$h\to\infty$，$Fr\to0$，$1-Fr^2\to1$，所以 $\dfrac{\mathrm{d}h}{\mathrm{d}s}\to i$，单位距离水深的增加等于渠底高程的降低，水面线以水平线为渐近线。

由以上分析得出 M_1 型水面线是上游端以 $N\text{-}N$ 线为渐近线，下游为水平线，形状下凹的壅水曲线，如图 6-28 所示。

例如，在缓坡渠道上修建挡水建筑物(如闸、坝挡水)，如挡水建筑物前水深被抬高至正常水深以上，则挡水建筑物上游将出现 M_1 型水面线，如图 6-29 所示。

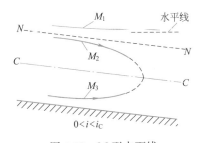

图 6-28　M 型水面线

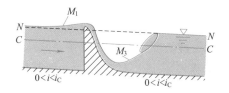

图 6-29　M_1、M_3 型水面线工程实例

② M_2 区($h_N>h>h_C$)

水深 h 小于正常水深 h_N，但大于临界水深 h_C，流动仍为缓流。在式(6-72)

中，分子 $h<h_N$，$J>i$，$i-J<0$；分母 $h>h_C$，$Fr<1$，$1-Fr^2>0$，所以 $\dfrac{\mathrm{d}h}{\mathrm{d}s}<0$，水深沿程减小，水面线称为 M_2 型降水曲线。

在该区的上游 $h\to h_N$，与 M_1 型水面线相似，$\dfrac{\mathrm{d}h}{\mathrm{d}s}\to0$，水深沿程不变，水面曲线以 $N\text{-}N$ 线为渐近线。下游 $h\to h_C<h_N$，$J>i$，$i-J<0$；$h\to h_C$，$Fr\to1$，$1-Fr^2\to0$，所以 $\dfrac{\mathrm{d}h}{\mathrm{d}s}\to-\infty$，水面曲线与 $C\text{-}C$ 线正交，说明此处水深急剧降低，已不再是渐变流，而发生水跌现象。

由以上分析得出 M_2 型水面线是以上游 $N\text{-}N$ 线为渐近线、下游发生水跌、形状上凸的降水曲线，如图 6-28 所示。

例如，缓坡明渠渠底突然跌落处水流由于重力作用而加速，出现 M_2 型水面线，跌坎断面通过临界水深，形成水跌，如图 6-30 所示。

③ M_3 区（$h<h_C<h_N$）

水深 h 小于正常水深 h_N，也小于临界水深 h_C，流动为急流。在式（6-72）中，分子 $h<h_N$，$J>i$，$i-J<0$；分母 $h<h_C$，$Fr>1$，$1-Fr^2<0$，所以 $\dfrac{\mathrm{d}h}{\mathrm{d}s}>0$，水深沿程增加，水面线称为 M_3 型壅水线。

该区上游水深由出流条件控制，下游 $h\to h_C$，$Fr\to1$，$1-Fr^2\to0$，所以 $\dfrac{\mathrm{d}h}{\mathrm{d}s}\to\infty$，发生水跃。

由以上分析得出，M_3 型水面线是上游由出流条件控制，下游接近临界水深处发生水跃，形状下凹的壅水曲线，如图 6-28 所示。

例如，在缓坡渠道上修建挡水建筑物，下泄水流的收缩水深小于临界水深，所形成的急流，由于阻力作用，流速沿程减小，水深增加，形成 M_3 型水面线，如图 6-29 所示。

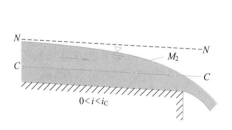

图 6-30　M_2 型水面线工程实例

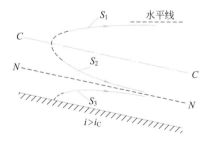

图 6-31　S 型水面线

（2）陡坡明渠 $S(i>i_C)$

陡坡明渠中正常水深 h_N 小于临界水深 h_C，由 $N\text{-}N$ 线和 $C\text{-}C$ 线将流动空间分为 S_1、S_2、S_3 三个区域，如图 6-31 所示。

① S_1 区（$h>h_C>h_N$）

水深 h 大于正常水深 h_N，也大于临界水深 h_C。用类似前面分析缓坡渠道的方法，由式（6-72），可得 $\dfrac{\mathrm{d}h}{\mathrm{d}s}>0$，水深沿程增加，水面曲线为 S_1 型壅水曲线。上游 $h \rightarrow h_{C}$，$\dfrac{dh}{ds} \rightarrow \infty$ 时，将发生水跃；下游 $h \rightarrow \infty$，$\dfrac{dh}{ds} \rightarrow i$，水面曲线趋于水平，$S_1$ 型壅水曲线如图 6-31 所示。

例如，在陡坡明渠中修建挡水建筑物，上游形成 S_1 型水面线，如图 6-32 所示。

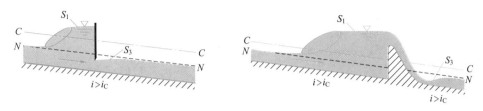

图 6-32　S_1、S_3 型水面线工程实例

② S_2 区 $(h_{C} > h > h_{N})$

水深 h 大于正常水深 h_{N}，但小于临界水深 h_{C}。由式（6-72），可得 $\dfrac{dh}{ds} < 0$，水深沿程减小，水面线称为 S_2 型降水曲线。上游 $h \rightarrow h_{C}$，$\dfrac{dh}{ds} \rightarrow \infty$，此处为水跃。下游 $h \rightarrow h_{N}$，$\dfrac{dh}{ds} \rightarrow 0$，水深沿程不变，水面曲线以 N-N 线为渐近线，S_2 型降水曲线如图 6-31 所示。

例如，水流由缓坡渠道流入陡坡渠道，在缓坡渠道中形成 M_2 型水面线，而在陡坡渠道中形成 S_2 型水面线，变坡断面通过临界水深，形成水跃，如图 6-33 所示。

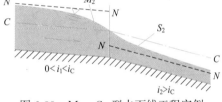

图 6-33　M_2、S_2 型水面线工程实例

③ S_3 区 $(h_{C} > h_{N} > h)$

水深 h 小于临界水深 h_{C}，也小于正常水深 h_{N}。由式（6-72），可得 $\dfrac{dh}{ds} > 0$，水深沿程增加，水面线称为 S_3 型壅水曲线。上游水深由出游条件控制，下游 $h \rightarrow h_{N}$，$\dfrac{dh}{ds} \rightarrow 0$，水深沿程不变，水面线以 N-N 线为渐近线，S_3 型壅水曲线如图 6-31 所示。

例如，在陡坡渠道中修建挡水建筑物，下泄水流的收缩水深小于正常水深，下游形成 S_3 型水面线，如图 6-32 所示。

（3）临界坡明渠 $C(i = i_{C})$

临界坡渠道中，正常水深 h_{N} 等于临界水深 h_{C}。N-N 线与 C-C 线重合，流动空间分为 C_1、C_3 两个区域，不存在 2 区。水面曲线分别称为 C_1 型水面线和 C_3 型水面线，都是壅水曲线，且在接近 N-N（C-C）线时都近于水平，如图 6-34 所示。

例如，在临界坡渠道中，泄水闸门上、下游将成 C_1、C_3 型水面曲线，如图 6-35 所示。

166

图 6-34 C 型水面线

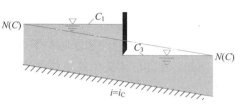

图 6-35 C_1、C_3 型水面线工程实例

2. 平坡明渠 $H(i=0)$

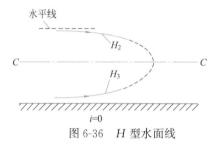

图 6-36 H 型水面线

平坡渠道中不能形成均匀流,没有 N-N 线,只有 C-C 线,流动空间分为 H_2、H_3 两个区域。H_2 区 $\dfrac{\mathrm{d}h}{\mathrm{d}s}<0$,水面线是降水曲线,称为 H_2 型水面线;H_3 区 $\dfrac{\mathrm{d}h}{\mathrm{d}s}>0$,水面曲线是壅水曲线,称为 H_3 型水面线,如图 6-36 所示。

例如,在平坡渠道末端跌坎上游将形成 H_2 型水面曲线,平坡渠道中泄水闸门开启高度小于临界水深,闸门下游将形成 H_3 型水面线,如图 6-37 所示。

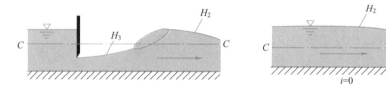

图 6-37 H_2、H_3 型水面线工程实例

3. 逆坡明渠 $A(i<0)$

逆坡明渠中,不能形成均匀流,无 N-N 线,只有 C-C 线,流动空间分为 A_2、A_3 两个区域。与平坡明渠相类似,A_2 区 $\dfrac{\mathrm{d}h}{\mathrm{d}s}<0$,水面线是降水曲线,称为 A_2 型水面线;A_3 区 $\dfrac{\mathrm{d}h}{\mathrm{d}s}>0$,水面线是壅水曲线,称为 A_3 型水面线,如图 6-38 所示。

例如,在逆坡渠道末端跌坎上游将形成 A_2 型水面线,逆坡渠道中泄水闸门开启高度小于临界水深,闸门下游将形成 A_3 型水面线,如图 6-39 所示。

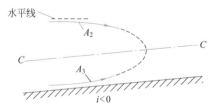

图 6-38 A 型水面线

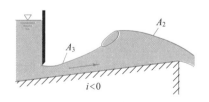

图 6-39 A_2、A_3 型水面线工程实例

4. 水面线分析的总结

本节分析了棱柱体明渠非均匀渐变流可能出现的 12 种水面曲线。工程中最常见的是 M_1、M_2、M_3、S_2 型四种。总结对水面线的分析：

① 棱柱体明渠非均匀渐变流微分方程

$$\frac{\mathrm{d}h}{\mathrm{d}s} = \frac{i - J}{1 - Fr^2}$$

是分析和计算水面线的理论基础。通过分析函数的单调增、减性，便可得到水面线沿程变化的趋势及两端的极限情况。

② 为得出分析结果，由该流量下的正常水深线 N-N 与临界水深线 C-C，将明渠流动空间分区。这里 N-N、C-C 不是渠道中的实际水面线，而是流动空间分区的界线。

③ 棱柱体明渠非均匀渐变流微分方程式(6-72)在每一区域内的解是惟一的，因此，每一区域内水面线也是惟一确定的。如缓坡渠道 M_2 区，只可能发生 M_2 型降水曲线，不可能有其他形式的水面线。

④ 在各区域中，1、3 区的水面线（M_1、M_3、S_1、S_3、C_1、C_3、H_3、A_3 型水面线）是壅水曲线，2 区的水面线（M_2、S_2、H_2、A_2 型水面曲线）是降水曲线。

⑤ 除 C_1、C_3 型外，所有水面曲线在水深趋于正常水深 $h \rightarrow h_N$ 时，以 N-N 线为渐近线。在水深趋于临界水深 $h \rightarrow h_C$ 时，与 C-C 线正交，发生水跃或水跌。

⑥ 因急流的干扰波只能向下游传播，急流状态的水面线（M_3、S_2、S_3、C_3、H_3、A_3 各型）控制水深必在上游。缓流的干扰影响可以上传，缓流状态的水面线（M_1、M_2、S_1、C_1、H_2、A_2 各型）控制水深在下游。

【例题 6-7】 缓坡渠道中设置泄水闸门，闸门上下游均有足够长度，末端为跌坎，如图 6-40 所示。闸门以一定开度泄流，闸前水深大于正常水深 $h > h_N$，闸下收缩水深小于临界水深 $h_{CN} < h_C$。试画出水面线示意图。

【解】 绘出 N-N 线、C-C 线，将流动空间分区。缓坡渠道 $h_N > h_C$，N-N 线在 C-C 线上面。找出闸前水深 H、闸下收缩水深 h_{CN} 及坎端断面临界水深 h_C，为各段水面线的控制水深。

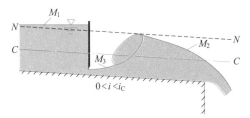

图 6-40　闸下出流水面线示意图

① 闸前段

闸前水深 $h > h_N > h_C$，水流在缓坡渠道 1 区，水面线为 M_1 型壅水曲线，上游端以 N-N 线为渐近线。

② 闸后段

闸下出流收缩水深、$h < h_C < h_N$，水流在缓坡渠道 3 区，水面线为 M_3 型壅水曲线。闸后段足够长，在 $h \rightarrow h_C$ 时发生水跃。

③ 跃后段

跃后水深 $h_N > h > h_C$，水流在缓坡渠道 2 区，水面线为 M_2 型降水曲线，下游在 $h \rightarrow h_C$ 时发生水跃。全程水面线如图 6-40 所示。

6.4.3.3 棱柱体明渠恒定非均匀渐变流水面线计算

实际工程中，除了对水面线作出定性分析以外，有时还需定量计算和绘出水面线。

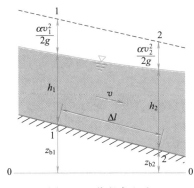

图 6-41 分段求和法

对于棱柱体明渠恒定非均匀渐变流，从数学上讲，只需要对其微分方程式(6-72)进行求解，得出水深 h 与断面位置 s 的函数关系式即可。

鉴于直接求解析解有困难，可考虑采用数值积分方法或者有限差分的方法。此处只介绍以有限差分法为基础的分段求和法。

明渠非均匀渐变流中任取一流段 Δl，如图 6-41 所示，列该流段上下游两端 1-1 与 2-2 断面伯努利方程

$$z_{b1} + h_1 + \frac{\alpha_1 v_1^2}{2g} = z_{b2} + h_2 + \frac{\alpha_2 v_2^2}{2g} + \Delta h_l$$

$$\left(h_2 + \frac{\alpha_2 v_2^2}{2g} \right) - \left(h_1 + \frac{\alpha_1 v_1^2}{2g} \right) = (z_{b1} - z_{b2}) - \Delta h_l$$

式中 $\left(h_2 + \frac{\alpha_2 v_2^2}{2g} \right) = e_2$，$\left(h_1 + \frac{\alpha_1 v_1^2}{2g} \right) = e_1$；

$$z_{b1} - z_{b2} = i \Delta l$$

$\Delta h_l \approx \Delta h_f = \overline{J} \Delta l$，渐变流沿程水头损失可近似按均匀流公式计算，即该流段平均水力坡度可表示为

$$\overline{J} = \frac{\overline{v}^2}{\overline{C}^2 \overline{R}}$$

其中 $\overline{v} = \frac{v_1 + v_2}{2}$，$\overline{R} = \frac{R_1 + R_2}{2}$，$\overline{C} = \frac{C_1 + C_2}{2}$

将各项代入前式，整理得

$$\Delta l = \frac{e_2 - e_1}{i - \overline{J}} = \frac{\Delta e}{i - \overline{J}} \tag{6-73}$$

上式即明渠非均匀渐变流水面线的分段求和法计算式。

采用控制断面的水深作为起始水深，并取相邻水深分别算出 Δe 和 $\overline{J}$，代入式(6-73)求出第一个分段的长度。然后再以第一个分段的末端水深作为下一个分段的起始水深，用同样的方法求出第二个分段的长度。依次计算，直至各分段之和等于渠道总长。根据所求各段长度及相应的水深定量绘制水面线。

由于分段求和法是直接由伯努利方程导出，对棱柱体和非棱柱体明渠都适用。此外，对于棱柱体明渠，还可用棱柱体明渠恒定非均匀渐变流微分方程式(6-72)近似积分计算。

【例题 6-8】 矩形断面排水渠道。已知渠道宽 $b=2$m，粗糙系数 $n=0.02$，底坡 $i=0.0002$，排水流量 $Q=2.0$m^3/s，渠道末端排入河中。试定量绘制水面线。

【解】 ①判断渠道底坡性质及水面线类型

根据谢才公式(6-9)试算得正常水深 $h_N=1.88$m。

根据式(6-52)算得临界水深 $h_C=0.467$m。

按照正常水深与临界水深的计算值，在图中标出 N-N 线和 C-C 线。由于正常水深大于临界水深，渠道为缓坡，末端形成水跌，水深为临界水深，渠内水流在缓坡渠道 M_2 区流动，水面线为 M_2 型降水曲线。

② 水面线计算

由于水流为缓流，故取渠道末端的临界水深作为控制水深。共取 4 段、5 个断面水深。为与计算公式相一致，控制水深作为第五段面水深，向上游推算，如图 6-42 所示。

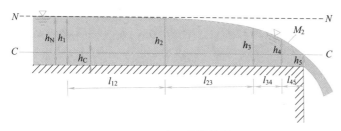

图 6-42 水面曲线计算

水深分别取 $h_5=0.467$m、$h_4=0.8$m、$h_3=1.2$m、$h_2=1.6$m 和 $h_1=1.8$m，根据

$$A=bh，v=\frac{Q}{A}，e=h+\frac{v^2}{2g}，R=\frac{A}{P}，C=\frac{1}{n}R^{1/6}$$

以及

$$\bar{v}=\frac{v_1+v_2}{2}，\bar{R}=\frac{R_1+R_2}{2}，\bar{C}=\frac{C_1+C_2}{2}，\bar{J}=\frac{\bar{v}^2}{\bar{C}^2\bar{R}}，\Delta l=\frac{e_2-e_1}{i-\bar{J}}=\frac{\Delta e}{i-\bar{J}}$$

列表计算，见表 6-5。

水面曲线计算表 表 6-5

断面	h(m)	A(m^2)	v (m/s)	$\bar{v}$ (m/s)	$\frac{v^2}{2g}$	e(m)	Δe(m)	R(m)	$\bar{R}$(m)	C	$\bar{C}$	$\bar{J}$
5	0.467	0.934	2.14		0.234	0.701		0.32		41.35		
4	0.8	1.6	1.25	1.695	0.08	0.88	−0.179	0.44	0.38	43.61	42.48	0.00419
3	1.2	2.4	0.833	1.64	0.035	1.235	−0.355	0.545	0.493	45.19	44.40	0.00276
2	1.6	3.2	0.625	0.729	0.02	1.62	−0.385	0.615	0.58	46.11	45.65	0.00043
1	1.8	3.6	0.556	0.59	0.016	1.816	−0.196	0.643	0.629	46.45	46.28	0.00026

各段长度分别为

$$l_{45}=44.9\text{m}, \quad l_{34}=138.7\text{m}, \quad l_{23}=1673.9\text{m}, \quad l_{12}=3266.7\text{m}$$

根据计算值，可定量绘制水面线。

小结及学习指导

1. 明渠流动是流体力学应用专题之一。本章主要介绍明渠恒定流动中的均匀流和非均匀流。其中明渠均匀流重点掌握流动特征、形成条件及水力计算，明渠非均匀流重点理解水深的沿程变化规律，即水面曲线的分析。明渠流动状态包括急流、缓流和临界流，可以从运动学和动力学两个角度理解三种流态。

2. 明渠均匀流具有自身的特征和形成条件，明渠均匀流水力计算重点掌握梯形断面明渠和无压圆管水力计算，包括三类基本问题。应充分理解梯形断面明渠的水力最优条件、无压圆管的最优充满度等概念。

3. 明渠恒定非均匀流又分为渐变流和急变流两部分。明渠恒定非均匀急变流主要掌握水跃和水跌的基本概念，明渠恒定非均匀渐变流重点掌握流动空间分区和水面曲线分析。不同空间分区的水面曲线代表不同的水深沿程变化规律。不同流动空间分区的水面衔接则是通过急变流的水跃或水跌来实现的。

习题

6-1　梯形断面土渠，底宽 $b=3$m，边坡系数 $m=2$，水深 $h=1.2$m，底坡 $i=0.0002$，渠道受到中等养护，粗糙系数 $n=0.025$。试求通过流量 Q。

6-2　修建混凝土砌面的矩形渠道，要求通过流量 $Q=9.7\text{m}^3/\text{s}$，底坡 $i=0.001$，粗糙系数 $n=0.013$。试按水力最优断面条件设计断面尺寸。

6-3　修建梯形断面渠道，要求通过流量 $Q=1\text{m}^3/\text{s}$，渠道边坡系数 $m=1.0$，底坡 $i=0.0022$，粗糙系数 $n=0.03$。试按不冲流速 $v_{\max}=0.8\text{m/s}$ 设计此断面尺寸。

6-4　钢筋混凝土圆形排水管道，已知污水流量 $Q=0.2\text{m}^3/\text{s}$，底坡 $i=0.005$，粗糙系数 $n=0.014$。试决定此管道的直径。

6-5　钢筋混凝土圆形排水管道，直径 $d=1.0$m，粗糙系数 $n=0.014$，底坡 $i=0.002$。试校核此无压管道的过流量 Q。

6-6　矩形渠道，断面宽度 $b=5$m，通过流量 $Q=17.25\text{m}^3/\text{s}$。求此渠道的临界水深。

6-7　梯形土渠，底宽 $b=12$m，断面边坡系数 $m=1.5$，粗糙系数 $n=0.025$，通过流量 $Q=18\text{m}^3/\text{s}$。求临界水深及临界坡度。

6-8　矩形断面平坡渠道中发生水跃，已知跃前断面的 $Fr_1=\sqrt{3}$，问跃后水深 h'' 是跃前水深 h' 的几倍？

6-9 试分析图 6-43 所示棱柱形渠道中水面线连接的可能形式。

图 6-43 习题 6-9 图

6-10 如图 6-44 所示，棱柱形渠道，各渠段足够长。其中底坡 $0<i_1<i_C$，$i_2>i_3>i_C$，闸门的开度小于临界水深 h_C。试绘出水面线示意图，并标出水面线的类型。

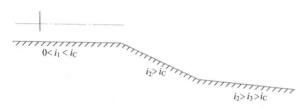

图 6-44 习题 6-10 图

6-11 如图 6-45 所示，用矩形断面长直渠道向低处排水，末端为跌坎，已知渠道底宽 $b=1\text{m}$，底坡 $i=0.0004$，正常水深 $h_N=0.5\text{m}$，粗糙系数 $n=0.014$。试求：(1)渠道中的流量；(2)渠道末端出口断面的水深；(3)绘制渠道中水面线示意图。

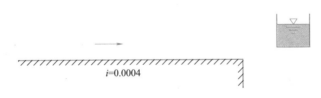

图 6-45 习题 6-11 图

6-12 有一梯形断面小河，底宽 $b=10\text{m}$，边坡系数 $m=1.5$，底坡 $i=0.0003$，粗糙系数 $n=0.020$，流量 $Q=30\text{m}^3/\text{s}$。现下游建造一溢流堰，堰高 $H_1=2.73\text{m}$，堰上水头 $H_2=1.27\text{m}$。试用分段求和法(分成 4 段以上)计算造堰后水位抬高的影响范围(淹没范围)。水位抬高不超过原来水位的 1% 即可认为已无影响。

第7章
堰 流

本章知识点

> 【知识点】堰流的分类，堰流的水力计算，小桥孔径的水力计算，无压涵洞的水力计算。
>
> 【重点】掌握宽顶堰的计算原理。
>
> 【难点】宽顶堰的影响因素及其水力计算。

7.1 堰流的分类

在缓流中设置的顶部溢流的构筑物称为堰，缓流从堰顶下泄的局部水流现象称为堰流。堰流属于无压流动，水流具有自由水面，堰对水流的作用是从底部和侧面约束水流，例如溢流坝等建筑物主要从底面约束水流，桥涵则主要从侧面约束水流。由于堰对水流的约束作用，使堰上游发生壅水，在趋近堰顶时，水流在重力作用下势能转化成动能，流速增大，自由水面明显降落，在短距离内流线急剧弯曲，因此堰流的能量损失以局部损失为主。

堰流在工程上应用十分广泛。交通工程中，小桥孔和无压短涵水力计算是以堰流理论作为基础的；在给水排水工程中，堰是常用的溢流设备和量水设备；在水利工程中，为了考虑防洪、灌溉、发电等综合要求，常兴建溢流坝和水闸以控制和调节流量，当这类建筑物顶部闸门开启较大，闸门下缘脱离水面，水流不受闸门控制而从溢流坝顶部下泄时，就是典型的堰流，如图7-1所示。

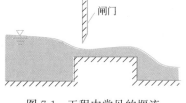

图 7-1 工程中常见的堰流

7.1.1 堰流和堰的几何要素

堰前的水流范围称为上游，堰后的水流范围称为下游。

如图7-2所示，堰的几何要素包括：

b——堰宽，指水流溢过堰顶的宽度；

δ——堰顶厚度，指水流流经堰顶的距离；

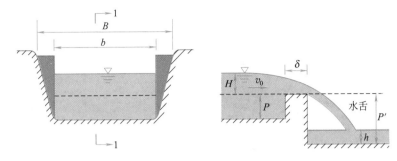

图 7-2　堰流和堰的几何要素

P——上游堰高，上游侧堰顶到渠底的高度；

P'——下游堰高，下游侧堰顶到渠底的高度；

B——渠宽，堰上游渠道水面宽。

水流的几何要素包括：

H——堰上水头，也称堰上几何水头，上游堰顶高程以上的自由水面超高，堰上几何水头一般位于堰上游侧$(3\sim4)H$处量测，以消除堰前水位降落的影响；

v_0——行近流速，堰上游的来流速度；

h——下游水深，水流溢过堰后下游渠道的水深。

7.1.2　堰的分类

堰的形式较多，用途各异，一般根据堰的几何特征和水流特征对堰进行分类。

（1）按堰顶厚度δ与堰上几何水头H的相对大小分类

堰顶溢流的水流状况，与堰顶厚度δ和堰上水头H有关，通常按二者的比值(δ/H)的范围将堰分为薄壁堰、实用堰和宽顶堰三类。

① 薄壁堰$(\delta/H<0.67)$

薄壁堰(thin-plate weirs)堰顶厚度和堰上水头的比值范围为$\delta/H<0.67$。如图 7-3(a)所示，水流流过薄壁堰时，上游来流受到堰壁阻挡，底部水流由于惯性的作用上挑。在重力作用下，过堰后水舌(nappe)回落。直到水舌回落到堰顶高程时，水舌下表面距薄壁堰的上游侧壁面约$0.67H$，只要堰顶厚小于该值，堰和过堰水流就只有一条边线接触，堰顶厚度对水流无影响，故称薄壁堰。薄壁堰主要用于流量测量。

② 实用堰$(0.67\leqslant\delta/H<2.5)$

实用堰(streamlined weirs)堰顶厚度和堰上水头的比值范围为$0.67\leqslant\delta/H<2.5$。如图 7-3(b)、(c)所示，实用堰的堰顶厚度大于薄壁堰，堰顶厚度对水流有影响，但是过堰水流主要还是在重力作用下自由下落，水面呈现一次连续跌落。实用堰的剖面形式有曲线形和折线形两种，分别如图 7-3(b)、(c)所示。水利工程中的大、中型溢流堰一般都采用曲线形实用堰，小型工程常采

173

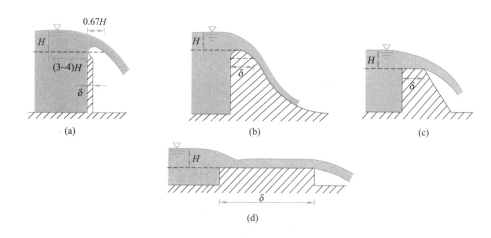

图 7-3 薄壁堰、实用堰与宽顶堰
(a)薄壁堰；(b)实用堰(曲线形)；(c)实用堰（折线形）；(d)宽顶堰

用折线形实用堰。

③ 宽顶堰($2.5 \leqslant \delta/H < 10$)

宽顶堰（broad-crested weirs）堰顶厚度和堰上水头的比值范围为 $2.5 \leqslant \delta/H < 10$。如图 7-3(d)所示，堰顶厚度较大，堰顶厚度对水流的影响显著。典型的宽顶堰水流特征是：过堰水流在堰坎进口水面发生跌落，堰顶水流近似于水平流动，至堰坎出口水面再次跌落并与下游水流衔接。

工程上有许多流动都具有宽顶堰堰流现象。如图 7-1 所示的闸孔出流；桥涵中的小桥孔过流和无压短涵洞过流等虽无堰坎（$P=0$），但由于桥墩和涵洞的约束使流动侧壁收缩，过水断面受约束减小，其流动现象也具有宽顶堰堰流特点。

若堰顶厚度增至堰上水头的 10 倍以上，即 $\delta/H > 10$，沿程水头损失将不能忽略，流动已不属于堰流。

（2）按堰下游水位 h 对堰的影响分类

按下游水位对堰的出流条件的影响程度，将堰分为自由（非淹没）堰和淹没堰。

① 自由堰

下游水位较低，不影响堰的出流条件，即不影响堰过流能力 Q 和堰上水头 H，这种堰称为自由堰，相应的流动称为自由堰流。

② 淹没堰

下游水位较高，影响到堰的出流条件，即影响堰的过流能力 Q 和堰上水头 H，这种堰称为淹没堰，相应的流动称为淹没堰流。

（3）按堰上游渠宽 B 和堰宽 b 的变化分类

按堰上游渠道宽度和堰口宽度的变化，可将堰分为无侧收缩堰和有侧收缩堰。

① 无侧收缩堰

堰上游渠道宽度 B 与堰顶宽度 b 相等，如图 7-4（a）所示。

② 有侧收缩堰

堰上游渠道宽度大于堰顶泄水宽度时（$B > b$），堰顶水流将出现横向收缩，并使水头损失增大，堰的过流能力有所下降，如图 7-4（b）所示。

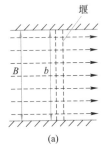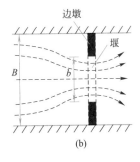

图 7-4　无侧收缩堰与有侧收缩堰

(a)无侧收缩堰；(b)有侧收缩堰

（3）其他分类

按堰孔形状可将堰分为矩形堰、三角形堰、梯形堰、曲线形堰等，如图 7-5 所示。

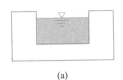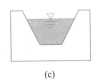

图 7-5　不同堰孔形状

(a)矩形堰；(b)三角形堰；(c)梯形堰；(d)曲线形堰

按堰的平面布置可将堰分为正堰（堰顶前缘与水流方向垂直）和斜堰（堰顶前缘与水流方向斜交）、侧堰（堰顶前缘与水流方向一致）以及多边形堰、曲线形堰、环形堰等，如图 7-6 所示。

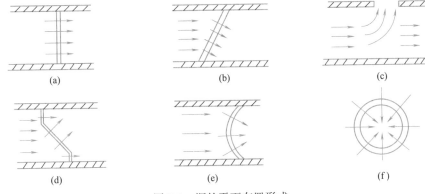

图 7-6　堰的平面布置形式

(a)正堰；(b)斜堰；(c)侧堰；(d)多边形堰；(e)曲线形堰；(f)环形堰

7.2　堰流的水力计算

7.2.1　薄壁堰

薄壁堰具有稳定的水头与流量关系，常用来作为流量量测工具，但由于堰壁较薄，难以承受过大的水压力，堰上水头不宜过大，故一般仅作为实验室和小型渠道量测流量之用。

根据堰孔形状不同，常见的薄壁堰有矩形薄壁堰、三角形薄壁堰和梯形薄壁堰。

7.2.1.1　矩形薄壁堰

最常用到而且研究得最多的是有着垂直壁的矩形薄壁堰。矩形薄壁堰出流时，可能会形成四种不同形式的水舌：

当堰上水头很小时，水舌贴附于堰壁而流动，这种水舌称为附着水舌，如图 7-7(a)所示；

堰上水头稍大，但水舌下侧的空间与大气不相通，则该部分的空气被水舌卷吸抽去，产生真空，水舌在真空作用下被吸附趋向于贴附堰壁，水舌下面的水位被吸高，甚至可能充满整个水舌下面的空间，这种水舌称为压缩水舌，如图 7-7(b)所示；

当下游水位较高时，可能将水舌淹没而形成淹没堰流，如图 7-7(c)所示；

当堰上水头很大时，水舌下面的空间压强等于大气压，并且下游水位较低时出现自由堰流，水舌形式如图 7-7(d)所示。

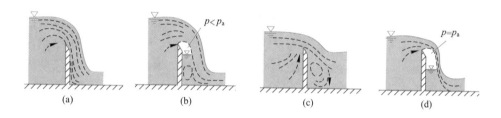

图 7-7　薄壁堰水舌类型

(a)附着水舌；(b)压缩水舌；(c)淹没水舌；(d)自由水舌

（1）矩形薄壁堰自由出流基本公式

实验研究表明，只有在自由出流的情况下(如图 7-7d)，矩形薄壁堰的水流最为稳定，测量精度也较高。

根据实测数据，矩形薄壁堰自由出流的水流形态如图 7-8 所示。水舌下缘先上凸，然后再下降。水舌的水面是逐渐下降的，但在距堰上游侧壁(3～4)H 处只下降了 $0.003H$，实用上可以将这一点水面与堰顶的高差近似作为堰上水头。与堰顶同一高程的水舌断面厚度为 $0.435H$，这一高程的水舌上下表面已接近于平行。

矩形薄壁堰自由出流的基本公式可由能量方程推导得到。如图 7-8 所示，通过堰顶取基准面 0-0，在堰上游(3～4)H 处取渐变流断面 1-1，过基准面与水舌中线的交点取过流断面 2-2，试验表明，断面 2-2 为渐变流断面。将计算点分别取在断面 1-1 的液面上和断面 2-2 的中心位置，对断面 1-1、2-2 列伯努利方程

$$z_1 + \frac{p_1}{\rho g} + \frac{\alpha_1 v_1^2}{2g} = z_2 + \frac{p_2}{\rho g} + \frac{\alpha_2 v_2^2}{2g} + h_m$$

式中，$z_1 + \frac{p_1}{\rho g} = H$ 为堰上水头，$v_1 = v_0$ 为行近流速，$\alpha_1 = \alpha_0$，$z_1 + \frac{p_1}{\rho g} + \frac{\alpha_1 v_1^2}{2g} = H_0$ 为计入行近流速水头的堰上总水头；断面 2-2 的中心点位于基准面上，$z_2 = 0$，水舌上下表面与大气接触，可令 $p_2 = 0$，$\alpha_2 = \alpha$，$v_2 = v$；局部水头损失 $h_m = \zeta \frac{v^2}{2g}$，$\zeta$ 为堰的局部水头损失系数，将上述关系代入伯努利方程得

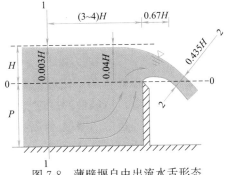

图 7-8　薄壁堰自由出流水舌形态

$$H_0 = \frac{\alpha v^2}{2g} + \zeta \frac{v^2}{2g}$$

整理得

$$v = \frac{1}{\sqrt{\alpha + \zeta}} \sqrt{2gH_0} = \varphi \sqrt{2gH_0}$$

式中，$\varphi = \frac{1}{\sqrt{\alpha + \zeta}}$ 称为流速系数，$\varphi < 1$。

设断面 2-2 的水舌厚度为 kH_0，k 为与水舌垂向收缩情况有关的系数，堰宽为 b，则断面 2-2 的面积为 $A = kH_0 b$，则通过堰的流量为

$$Q = Av = kH_0 bv = \frac{k}{\sqrt{\alpha + \zeta}} b \sqrt{2g} H_0^{\frac{3}{2}}$$

令 $\frac{k}{\sqrt{\alpha + \zeta}} = m$，$m$ 称为流量系数。则

$$Q = mb \sqrt{2g} H_0^{\frac{3}{2}} \tag{7-1}$$

薄壁堰堰壁厚度不影响水舌形状，水头相对不大，且上游渠道形状一般比较规则，为使用方便，常将公式(7-1)中计入行近流速水头的堰上总水头 H_0 用堰上水头 H 代替，而把行近流速的影响并入流量系数中考虑，于是将式(7-1)改写为

$$Q = m_0 b \sqrt{2g} H^{\frac{3}{2}} \tag{7-2}$$

式中　Q——过堰流量；

b——堰宽；

H——堰上几何水头；

m_0——计入行近流速影响的自由堰流流量系数，采用以下经验公式计算。

无侧收缩自由堰流，采用巴赞(H. E. Bazin，法国工程师，1829～1917)公式计算 m_0

$$m_0 = \left(0.405 + \frac{0.0027}{H}\right)\left[1 + 0.55\left(\frac{H}{H + P}\right)^2\right] \tag{7-3}$$

式中，P 为上游堰高；b 为堰宽；H 为堰上几何水头，各几何量单位均以"m"计；适用条件：0.20m$<P<$1.13m，$b<$2m，0.10m$<H<$1.24m。

（2）侧收缩的影响

当矩形薄壁堰存在侧收缩时，堰宽小于上游渠道宽度（$b<B$），水流流线发生弯曲，由于惯性作用，使堰流的实际过流断面宽度小于堰宽，同时也增加了局部水头损失，造成堰的过流能力降低。

对于有侧收缩矩形薄壁堰，通常将侧收缩影响并入流量系数 m_0 中，对巴赞公式(7-3)进行如下修正

$$m_0 = \left(0.405 + \frac{0.0027}{H} - 0.03\frac{B-b}{B}\right)\left[1 + 0.55\left(\frac{H}{H+P}\right)^2\left(\frac{b}{B}\right)^2\right] \quad (7\text{-}4)$$

式中　　B——堰上游渠道宽度；

其余符号意义同前。

（3）淹没的影响

当下游水位影响堰的泄流量时为淹没堰流，发生淹没堰流时，因下游水体对溢流水舌的顶托、阻挡作用，使水流不畅，堰的过流能力下降，如图 7-9 所示。

根据实验结果，下游水位高于堰顶是发生淹没堰流的必要条件，但不是充分条件，薄壁堰发生淹没出流的充分条件是

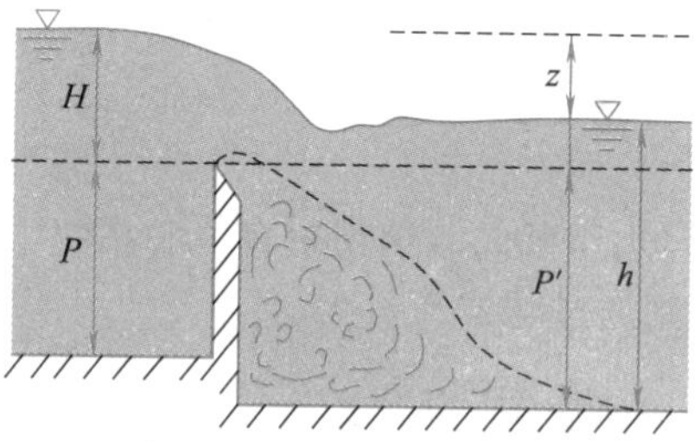

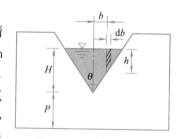

图 7-9　薄壁堰淹没溢流

$$h > P' \quad \text{且} \quad \frac{z}{P'} < 0.7 \quad (7\text{-}5)$$

式中　　z——上下游水位差；

其余符号意义同前。

薄壁堰发生淹没堰流时，需要在自由堰流基本公式的基础上再乘以淹没系数 σ，流量计算公式为

$$Q = \sigma m_0 b\sqrt{2g}H^{\frac{3}{2}} \quad (7\text{-}6)$$

式中　　σ——淹没系数，其数值小于1，可按下式计算

$$\sigma = 1.05\left(1 + 0.2\frac{h - P'}{P'}\right)\left(\frac{z}{H}\right)^{1/3} \quad (7\text{-}7)$$

式中各符号意义同前。

需要说明的是，矩形薄壁堰发生淹没堰流时，水流条件不如自由堰流时稳定，因此作为流量量测设备的矩形薄壁堰，应避免在淹没条件下工作。

7.2.1.2　三角形薄壁堰

当所测流量较小时，矩形薄壁堰的量测精度较低，此时可采用三角形薄壁堰（V-notch weir），如图 7-10 所示。与矩形薄壁堰相比，三角形薄壁堰堰上水头较小时水面宽度小，流量的微小变化将引起较大的水头变化，量测小流量（例如 $Q<0.1\text{m}^3/\text{s}$）时灵敏度较矩形薄壁堰高。

图 7-10　三角形薄壁堰

三角形薄壁堰的堰口夹角 θ 可取不同值，作为量水工具时常做成 $90°$。

三角形薄壁堰自由堰流流量计算公式推导如下。设三角形薄壁堰的夹角为 θ，自顶点算起的堰上水头为 H，将微元宽度 $\mathrm{d}b$ 视为薄壁堰流，$\mathrm{d}b$ 处的水头为 h，于是有

$$\mathrm{d}Q=m_0\sqrt{2g}h^{3/2}\mathrm{d}b$$

由几何关系

$$b=(H-h)\tan\frac{\theta}{2}$$

$$\mathrm{d}b=-\tan\frac{\theta}{2}\mathrm{d}h$$

于是

$$\mathrm{d}Q=-m_0\tan\frac{\theta}{2}\sqrt{2g}h^{3/2}\mathrm{d}h$$

则堰的溢流量为

$$Q=-2m_0\tan\frac{\theta}{2}\sqrt{2g}\int_0^H h^{3/2}\mathrm{d}h=\frac{4}{5}m_0\tan\frac{\theta}{2}\sqrt{2g}H^{5/2} \tag{7-8}$$

为使用方便，通常直接将三角形薄壁堰自由堰流的流量公式写成

$$Q=CH^{5/2} \tag{7-9}$$

ISO 国际标准手册 16《明渠水流测量》（中国标准出版社，1985）中给出了当 θ 在 $20°\sim120°$ 范围内变化时比例系数 C 的计算方法。

当 $\theta=90°$，$H=0.05\sim0.25\mathrm{m}$ 时，由实验得出 $m_0=0.395$，比例系数 C 的近似值为 1.4，可直接采用下式计算流量

$$Q=1.4H^{5/2} \tag{7-10}$$

当 $\theta=90°$，$H=0.25\sim0.50\mathrm{m}$ 时，采用下述经验公式计算流量更为精确

$$Q=1.343H^{2.47} \tag{7-11}$$

三角形薄壁堰也存在淹没出流情况，在作为测流工具时同样应尽量避免。

7.2.1.3 梯形薄壁堰

堰孔形状为梯形的薄壁堰称为梯形薄壁堰，当流量较大，例如量测 $Q>0.1\mathrm{m}^3/\mathrm{s}$ 的流量时，可选用梯形薄壁堰，如图 7-11 所示。

当 $\theta=28°$，$b\geqslant3H$，行近流速 $v_0<0.5\mathrm{m}/\mathrm{s}$ 时，梯形薄壁堰自由堰流的流量可按下述经验公式计算

$$Q=1.86bH^{3/2} \tag{7-12}$$

梯形薄壁堰作为测流工具时也应尽量避免发生淹没出流。

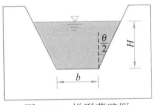
图 7-11 梯形薄壁堰

7.2.2 实用堰

实用堰主要在水利工程和灌溉工程中作为溢流坝，也常见于某些水景观

工程中。其剖面形式较多，大体可分为曲线形和折线形两类。

　　混凝土溢流坝常采用曲线形实用堰，如图 7-3(b) 所示；小型溢流坝为了取材和施工方便，常采用折线形剖面，其中尤以梯形剖面应用最广，如图 7-3(c) 所示；另外，水景观工程中也常采用折线形实用堰。

　　曲线形实用堰又可分为非真空堰和真空堰两大类。如图 7-12(a) 所示，如果堰的剖面曲线与薄壁堰水舌下缘基本吻合，则堰表面压强大于大气压，这种实用堰称为非真空堰；如图 7-12(b) 所示，若堰的剖面曲线低于薄壁堰水舌下表面，则水舌与堰面之间出现真空，水舌被吸向堰面而流动，这种堰称为真空堰。

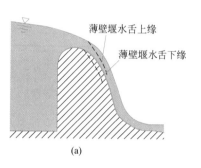
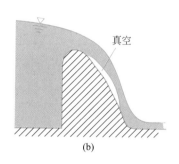

图 7-12　非真空实用堰与真空实用堰
(a)非真空实用堰；(b)真空实用堰

　　在其他条件相同的情况下，真空堰由于堰面真空作用使有效水头增加，增加了堰的过流能力，因此真空堰的流量系数大于非真空堰流量系数。但是由于真空现象经常是不稳定的，堰面上容易产生正负交替的压力，使坝体振动，并且可能产生气蚀破坏，所以实际工程中，采用非真空堰的情况比较多。

　　(1) 实用堰自由出流基本公式

　　无论断面形状如何，无侧收缩的实用堰自由堰流流量公式均可采用下列形式

$$Q = mb\sqrt{2g}\,H_0^{\frac{3}{2}} \tag{7-13}$$

式中流量系数 m 与断面形状、水头大小等有关，变化范围较大，初步估算时，曲线形真空堰可近似取 $m \approx 0.5$，曲线形非真空堰可近似取 $m \approx 0.45$，折线形实用堰可取 $m = 0.35 \sim 0.42$，更为精确的取值可参照相关水力计算手册由经验公式算出，或通过专门的试验求得。

　　(2) 侧收缩的影响

　　若实用堰存在侧收缩，流量需要在自由堰流流量的基础上乘以侧收缩系数 ε

$$Q = \varepsilon mb\sqrt{2g}\,H_0^{\frac{3}{2}} \tag{7-14}$$

式中 ε 为侧收缩系数，与闸墩与边墩的平面形状、溢流孔数、堰上水头、溢流宽度等因素有关，初步估算时常取 $\varepsilon = 0.85 \sim 0.95$，更为准确的计算可按下述经验公式

$$\varepsilon = 1 - 0.2\left[(n-1)\zeta_0 + \zeta_k\right]\frac{H_0}{n_b} \tag{7-15}$$

式中　n——溢流孔数；

　　　　b——每孔宽度；

　　　　ζ_0——闸墩系数，其取值见表 7-1；

　　　　ζ_k——边墩系数，取值见表 7-2。

（3）淹没的影响

如图 7-13 所示，实用堰发生淹没出流的条件为

① $h > P'$

② $\dfrac{z}{P'} < 0.7$

③ $\dfrac{h_s}{H} > 0.4$

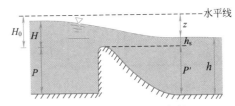

当上述三式同时成立时，实用堰

图 7-13　实用堰淹没条件

发生淹没出流，此时流量公式需在公式(7-14)的基础上进一步乘以淹没系数 σ

$$Q = \sigma \varepsilon m b \sqrt{2g}\, H_0^{\frac{3}{2}} \qquad (7\text{-}16)$$

式中　σ——淹没系数，按表 7-3 选取。

闸墩系数 ζ_0　　　　　　　　　　　　表 7-1

闸墩头部平面形状		$\dfrac{h}{H_0} \leqslant 0.75$	$\dfrac{h}{H_0} = 0.80$	$\dfrac{h}{H_0} = 0.85$	$\dfrac{h}{H_0} = 0.90$	$\dfrac{h}{H_0} = 0.95$
矩形		0.80	0.86	0.92	0.98	1.00
尖角形 半圆形	$\theta = 90°$ $r = \dfrac{d}{2}$	0.45	0.51	0.57	0.63	0.69
尖圆形	$1.21d$ $r = 1.71d$	0.25	0.32	0.39	0.46	0.53

边墩系数 ζ_k　　　　　　　　　　　　表 7-2

地 质 条 件	ζ_k
	1.00
45°	0.70
r	0.70

实用堰的淹没系数 σ 表 7-3

h_s/H	σ	h_s/H	σ	h_s/H	σ	h_s/H	σ
0.40	0.990	0.65	0.940	0.76	0.846	0.88	0.629
0.45	0.986	0.68	0.930	0.78	0.820	0.90	0.575
0.50	0.980	0.68	0.921	0.80	0.790	0.92	0.515
0.55	0.970	0.70	0.906	0.82	0.756	0.94	0.449
0.60	0.960	0.72	0.889	0.84	0.719	0.95	0.412
0.62	0.955	0.74	0.869	0.85	0.699	1.00	0.000
0.63	0.950	0.75	0.858	0.86	0.677		

7.2.3 宽顶堰

宽顶堰堰顶厚度和堰上水头的比值范围为 $2.5 \leqslant \delta/H < 10$，堰顶水流呈渐变流状态，水流流态随堰顶厚度和堰上水头的比值 δ/H 而变化，对于宽顶堰自由出流：

当 $\delta/H = 2.5 \sim 4$ 时，如图 7-14(a) 所示，堰顶上水面连续下降，类似于实用堰堰顶水流形态；

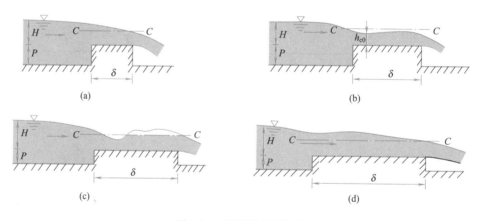

图 7-14 宽顶堰水流流态
(a)$\delta/H = 2.5 \sim 4$；(b)$\delta/H = 4 \sim 10$；(c)$\delta/H = 10 \sim 30$；(d)$\delta/H > 30$

当 $\delta/H = 4 \sim 10$ 时，如图 7-14(b) 所示，在堰进口不远处形成一收缩断面，收缩断面水深略小于临界水深，流速增大，势能转化为动能，堰顶水面发生一次跌落，形成一收缩断面，收缩断面水深记为 h_{c0}，此后水流呈急流状态，在堰顶形成 H_3 型水面曲线，水面逐渐回升，直至距出口约 $(3 \sim 4)h_C$ 处，水面经堰顶末端形成第二次跌落，这是宽顶堰中比较典型的流动形态，称为标准宽顶堰的堰流；

当 $\delta/H = 10 \sim 30$ 时，如图 7-14(c) 所示，堰顶厚度增大，沿程水头损失增大，出现波状水跃，此时沿程水头损失已不能忽略，水流流态向明渠渐变流过渡；

当 $\delta/H > 30$ 时，如图 7-14(d) 所示，堰顶上的沿程水头损失进一步增大，波状水跃位置前移，收缩断面将被淹没，形成 H_2 型水面曲线，堰顶水流全部呈缓流状态，沿程水头损失不能忽略，此时应按明渠渐变流计算。

根据上述分析，一般取 $2.5 \leqslant \delta/H < 10$ 作为宽顶堰堰流的范围，当 $\delta/H > 10$ 时，通常按明渠水流考虑。

（1）宽顶堰自由出流基本公式

如图 7-15 所示，以堰顶为基准面，列上游断面 1-1、收缩断面 2-2 伯努利方程

$$H + \frac{\alpha_0 v_0^2}{2g} = h_{c0} + \frac{\alpha v^2}{2g} + \zeta \frac{v^2}{2g}$$

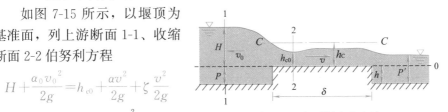

图 7-15　宽顶堰自由出流

令 $H_0 = H + \dfrac{\alpha_0 v_0^2}{2g}$ 为包括

行近流速水头的堰上水头。收缩断面水深 h_{c0} 与 H_0 有关，可表示为 $h_{c0} = kH_0$，其中 k 为与堰口形式和过水断面的变化（用相对堰高 P/H 表示）有关的系数。将 H_0 及 $h_{c0} = kH_0$ 代入上式，得流速

$$v = \frac{1}{\sqrt{\alpha + \zeta}} \sqrt{1 - k} \sqrt{2gH_0} = \varphi \sqrt{1 - k} \sqrt{2gH_0}$$

流量

$$Q = vkH_0 b = \varphi k \sqrt{1 - k}\, b \sqrt{2g}\, H_0^{3/2} = mb \sqrt{2g}\, H_0^{3/2} \tag{7-17}$$

式中　φ——流速系数，$\varphi = \dfrac{1}{\sqrt{\alpha + \zeta}}$，其中局部阻力系数 ζ 与堰口形式有关；

m——流量系数，$m = \varphi k \sqrt{1 - k}$，根据决定系数 k 与 φ 的因素可知，m 取决于堰口形式和相对堰高 P/H，可由经验公式计算。

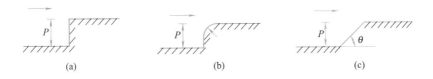

图 7-16　宽顶堰堰口形式

(a) 直角进口；(b) 矩形修圆进口；(c) 上游堰面倾斜

对于矩形直角进口宽顶堰，如图 7-16(a) 所示，有

$$0 \leqslant \frac{P}{H} \leqslant 3.0 \text{ 时}, \quad m = 0.32 + 0.01 \frac{3 - \dfrac{P}{H}}{0.46 + 0.75 \dfrac{P}{H}} \tag{7-18}$$

$$\frac{P}{H} > 3.0 \text{ 时}, \quad m = 0.32 \tag{7-19}$$

对于矩形修圆进口宽顶堰，如图 7-16(b) 所示，有

184

$$0 \leqslant \frac{P}{H} \leqslant 3.0 \ \text{时}, \ m=0.36+0.01 \ \frac{3-\frac{P}{H}}{1.2+1.5\frac{P}{H}} \quad (7\text{-}20)$$

$$\frac{P}{H}>3.0 \ \text{时}, \ m=0.36 \quad (7\text{-}21)$$

当上游堰面倾斜时，如图 7-16(c)所示，其流量系数 m 可根据 $\frac{P}{H}$ 及上游堰面的倾角 θ 由表 7-4 查得。

上游堰面倾斜的宽顶堰的流量系数 m 值　　　　表 7-4

P/H	cotθ				
	0.5	1.0	1.5	2.0	≥2.5
0.0	0.385	0.385	0.385	0.385	0.385
0.2	0.372	0.377	0.380	0.382	0.382
0.4	0.365	0.373	0.377	0.380	0.381
0.6	0.361	0.370	0.376	0.379	0.380
0.8	0.357	0.368	0.375	0.378	0.379
1.0	0.355	0.367	0.374	0.377	0.378
2.0	0.349	0.363	0.371	0.375	0.377
4.0	0.345	0.361	0.370	0.374	0.376
6.0	0.344	0.360	0.369	0.374	0.376
8.0	0.343	0.360	0.369	0.374	0.376

此外，通过平底水闸、桥墩和无压短涵洞的水流具有和宽顶堰水流相同的水力特性，此类建筑的特点是堰高为 $0(P=0)$，称为无坎宽顶堰。无坎宽顶堰的流量公式仍为式(7-17)，其流量系数可按不同的进口形式由表 7-5 查得。

(2) 侧收缩的影响

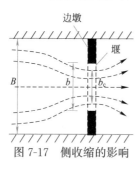

图 7-17　侧收缩的影响

当宽顶堰存在侧收缩时，堰宽小于上游渠道宽 $b<B$，由于水流惯性作用，流线在平面上发生弯曲，在边墩处容易发生脱流，使得堰的实际过流宽度减小，同时也增加了过堰的局部水头损失，造成堰的过流能力降低，如图 7-17 所示。侧收缩的影响用侧收缩系数 ε 反映，发生侧收缩时宽顶堰流量

$$Q=m\varepsilon b\sqrt{2g}\,H_0^{3/2}=mb_c\sqrt{2g}\,H_0^{3/2} \quad (7\text{-}22)$$

式中　$b_c=\varepsilon b$ 称为收缩宽度，侧收缩系数 ε 可按经验公式(7-23)计算

$$\varepsilon=1-\frac{\zeta'\sqrt[4]{\dfrac{b}{B}}\left(1-\dfrac{b}{B}\right)}{\sqrt[3]{0.2+\dfrac{P}{H}}} \quad (7\text{-}23)$$

式中　ζ' —— 墩形系数，矩形边缘 $\zeta'=0.19$，圆形边缘 $\zeta'=0.10$；

　　b、B —— 分别为堰顶宽度和堰上游水面宽度，当 $\dfrac{b}{B}<0.2$ 时，按 $\dfrac{b}{B}=0.2$ 计算。

注意，对于无坎宽顶堰，表 7-5 中所列的流量系数 m 值已包括侧收缩影响在内，不必再单独考虑侧收缩系数 ε。

无坎宽顶堰的流量系数 m 值　　　　　表 7-5

进口形式			b/B*					
			0.00	0.20	0.40	0.60	0.80	1.00
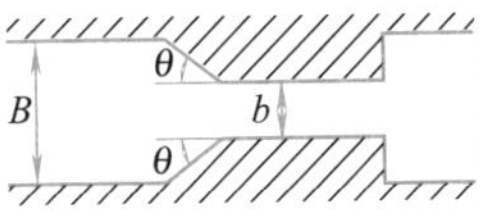	$\cot\theta$	0.00	0.320	0.324	0.330	0.340	0.355	0.385
		1.00	0.350	0.352	0.356	0.361	0.369	0.385
		2.00	0.353	0.355	0.359	0.363	0.370	0.385
		3.00	0.350	0.352	0.356	0.361	0.369	0.385
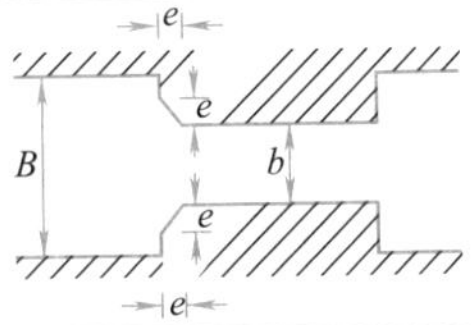	$\dfrac{e}{b}$	0.00	0.320	0.324	0.330	0.340	0.355	0.385
		0.05	0.340	0.343	0.347	0.354	0.364	0.385
		0.10	0.345	0.348	0.351	0.357	0.366	0.385
		$\geqslant 0.20$	0.350	0.352	0.356	0.361	0.369	0.385
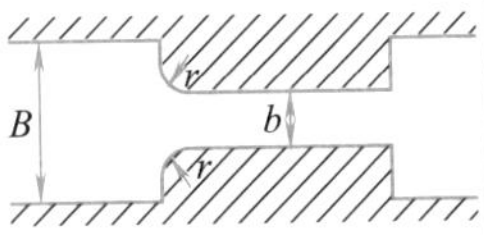	$\dfrac{r}{b}$	0.00	0.320	0.324	0.330	0.340	0.355	0.385
		0.10	0.342	0.345	0.349	0.354	0.365	0.385
		0.30	0.354	0.356	0.359	0.363	0.371	0.385
		$\geqslant 0.50$	0.360	0.362	0.364	0.368	0.373	0.385

* 对于多孔堰，$b=nb_0$（n 为溢流孔数，b_0 为每孔净宽）。

（3）淹没的影响

当宽顶堰下游水位升高时，对堰顶水流有一定的影响，以标准宽顶堰为例进行分析。

在自由出流情况下，由于进口处的流线收缩，收缩断面水深 h_{c0} 略小于临界水深 h_c，堰顶水流呈急流状态，此后水面逐渐回升，并在堰顶上形成近似水平的流段，如图 7-18(a) 所示，当下游水位在临界水深线以下时，对堰顶水流没有影响。

随着下游水位的上升，当下游水位升高超过临界水深线时，在堰的出口附近形成波状水跃，如图 7-18(b) 所示，收缩断面仍为急流，下游水位不会影响堰的泄流量，仍为自由出流。

当下游水位继续升高，水跃逐渐向收缩断面移动，直至将收缩断面淹没，堰顶水深由小于临界水深变为大于临界水深，堰顶水流由急流转变为缓流，下游干扰波向上游传播，形成宽顶堰淹没出流，其流动形态如图 7-18(c) 所示。此时堰顶水面与堰顶基本平行，当水流进入下游明渠时，断面扩大，流速减小，一部分动能消耗于出口损失，另一部分转化为位能，在堰顶末端的下游，水面上升高出堰顶水面 Δh，这种现象称为反弹，Δh 称为恢复水深，Δh 的大小取决于出口水流的扩散程度。宽顶堰发生淹没溢流时，只在进口处

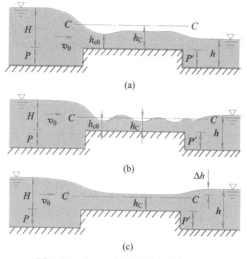

有水面跌落。

　　根据实验结果，宽顶堰发生淹没出流的判别条件为

$$h_s > 0.8H_0 \qquad (7\text{-}24)$$

式中　$h_s = h - P'$；

　　　　h——下游水深；

　　　　P'——下游堰高。

　　宽顶堰发生淹没出流时，由于受下游水位的顶托，堰的过流能力降低。淹没的影响用淹没系数表示，于是淹没宽顶堰的溢流量为

图 7-18　淹没对宽顶堰流态的影响

$$Q = \sigma m b \sqrt{2g}\,H_0^{3/2} \qquad (7\text{-}25)$$

式中　σ——淹没系数，随淹没程度 h_s/H_0 的增大而减小，取值见表 7-6。

宽顶堰的淹没系数 σ　　　　　　　　　　表 7-6

h_s/H_0	0.83	0.84	0.85	0.86	0.87	0.88	0.89	0.90	0.91	0.92	0.93	0.94	0.95	0.96	0.97	0.98
σ	0.98	0.97	0.96	0.95	0.93	0.90	0.87	0.84	0.82	0.78	0.74	0.70	0.65	0.59	0.50	0.40

【例题 7-1】　矩形断面渠道中设置宽顶堰。已知渠宽 $B = 3\text{m}$，堰宽 $b = 2\text{m}$，坎高 $P = P' = 1\text{m}$，堰上水头 $H = 2\text{m}$，堰顶为直角进口，墩头为矩形，下游水深 $h = 2\text{m}$。试求过堰流量。

【解】　① 判别出流形式

$$h_s = h - P' = 1\text{m} < 0.8H_0$$

$$0.8H_0 = 0.8 \times 2 = 1.6\text{m}$$

$$h_s < 0.8H_0，为宽顶堰自由溢流$$

$$b < B，有侧收缩$$

故流动为有侧收缩宽顶堰自由溢流。

② 计算流量系数 m

堰顶为直角进口，$\dfrac{P}{H} = 0.5 < 3$，则

$$m = 0.32 + 0.01\,\frac{3 - \dfrac{P}{H}}{0.46 + 0.75\,\dfrac{P}{H}} = 0.35$$

③ 计算侧收缩系数 ε

$$\varepsilon = 1 - \frac{\alpha\sqrt[4]{\dfrac{b}{B}}\left(1 - \dfrac{b}{B}\right)}{\sqrt[3]{0.2 + \dfrac{P}{H}}} = 0.936$$

④ 计算流量 Q

$$Q = m\varepsilon b \sqrt{2g}\, H_0^{3/2}$$

其中 $H_0 = H + \dfrac{\alpha v_0^2}{2g}$，$v_0 = \dfrac{Q}{b(H+P)}$。

用迭代法求解 Q。第一次近似，取 $H_{0(1)} \approx H$

$$Q_{(1)} = m\varepsilon b \sqrt{2g}\, H_{0(1)}^{3/2} = 0.35 \times 0.936 \times 2\sqrt{2g}\, 2^{3/2} = 2.9 \times 2^{3/2} = 8.2\,\mathrm{m^3/s}$$

$$v_{0(1)} = \frac{Q_{(1)}}{b(H+P)} = \frac{8.2}{6} = 1.37\,\mathrm{m/s}$$

第二次近似，取 $H_{0(2)} = H + \dfrac{\alpha v_{0(1)}^2}{2g} = 2 + \dfrac{1.37^2}{19.6} = 2.096\,\mathrm{m}$

$$Q_{(2)} = 2.9 \times H_{0(2)}^{3/2} = 2.9 \times (2.096)^{3/2} = 8.80\,\mathrm{m^3/s}$$

$$v_{0(2)} = \frac{Q_{(2)}}{6} = \frac{8.8}{6} = 1.47\,\mathrm{m/s}$$

第三次近似，取 $H_{0(3)} = H + \dfrac{\alpha v_{0(2)}^2}{2g} = 2.11\,\mathrm{m}$

$$Q_{(3)} = 2.9 \times H_{0(3)}^{3/2} = 8.89\,\mathrm{m^3/s}$$

$$\frac{Q_{(3)} - Q_{(2)}}{Q_{(3)}} = \frac{8.89 - 8.8}{8.89} = 0.01$$

本题计算误差限值定为 1%，则过堰流量为

$$Q = Q_{(3)} = 8.89\,\mathrm{m^3/s}$$

⑤ 校核堰上游流动状态

$$v_0 = \frac{Q}{b(H+P)} = \frac{8.89}{6} = 1.48\,\mathrm{m/s}$$

$$Fr = \frac{v_0}{\sqrt{g(h+P)}} = \frac{1.48}{\sqrt{9.8 \times 3}} = 0.27 < 1$$

上游来流为缓流，流经障壁形成堰流，上述计算有效。

7.3 小桥孔径的水力计算

铁路、公路在跨越河流、溪谷和渠道等障碍时，常需修建桥梁或涵洞，即所谓"桥渡"。桥渡既可通行车辆，又是跨河的泄水建筑物，设计时需要考虑其泄水能力。其中桥梁孔径设计分为"小桥"和"大中桥"两类。此处所说的小桥是指桥孔比河水水面窄，且河底比较坚固或经过加固不能冲刷的小桥。小桥孔径计算方法适用于桥下不能发生冲刷的河槽，如人工加固或岩石河槽；大中桥孔径计算方法则适用于桥下河槽能够发生冲淤变形的天然河床，其孔径计算和布置与建桥前后桥位河段内水流和泥砂运动的客观规律密切相关。此处讨论小桥孔径的水力计算，堰流理论是小桥水力计算的理论基础。

187

7.3.1 小桥孔过流现象及过流能力计算

无压缓流通过小桥时，由于桥孔压缩河槽，桥墩或边墩从侧向约束过水断面，可看做有侧收缩的无坎宽顶堰流动（堰高 $P=P'=0$），按宽顶堰理论进行水力计算。

按下游河槽水位是否影响小桥过流，分为小桥孔自由出流和小桥孔淹没出流两种。

7.3.1.1 小桥孔自由出流

小桥下游河槽水深 h 不超过桥下河槽临界水深 h_C 的 1.3 倍，即 $h \leqslant 1.3h_C$ 时，下游河槽水位不影响桥孔过流，称为小桥孔自由出流。

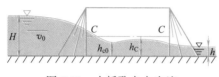

图 7-19 小桥孔自由出流

小桥孔自由出流的水面形态如图 7-19 所示。桥位河段为缓坡，桥上游水面线为 M_1 型水面线，水流进入桥下河段，由于过流宽度突然缩小，水流流速加大，水面跌落，形成收缩断面，收缩断面水深 h_{c0} 略小于桥下河槽的临界水深 h_C，其后水深逐渐增加，接近 h_C，水流保持急流状态，在桥孔出口处水面第二次跌落与下游河槽水位衔接。

设桥前河段最大水深为 H，水流流速为 v_0；桥下河段收缩断面水深为 h_{c0}，水流流速为 v_0，列桥前断面和桥下收缩断面伯努利方程

$$H + \frac{\alpha_0 v_0^2}{2g} = h_{c0} + \frac{\alpha v^2}{2g} + \zeta \frac{v^2}{2g}$$

令 $H_0 = H + \dfrac{\alpha_0 v_0^2}{2g}$，$h_{c0} = \psi h_C$，其中系数 ψ 视小桥进口形状而定，平滑进口 $\psi = 0.80 \sim 0.85$，非平滑进口 $\psi = 0.75 \sim 0.80$。整理得

$$v = \frac{1}{\sqrt{\alpha + \zeta}} \sqrt{2g(H_0 - \psi h_C)} = \varphi \sqrt{2g(H_0 - \psi h_C)}$$

$$Q = vA = \varepsilon b \psi h_C \varphi \sqrt{2g(H_0 - \psi h_C)} \tag{7-26}$$

式中　φ——小桥孔的流速系数，$\varphi = \dfrac{1}{\sqrt{\alpha + \zeta}}$，参见表 7-7 选取；

ε——小桥孔的侧收缩系数，参见表 7-7 选取。

小桥孔侧收缩系数 ε 及流速系数 φ 　　　　　表 7-7

桥台形状	ε	φ
单孔桥、锥体填土（锥体护坡）	0.90	0.90
单孔桥、有八字翼墙	0.85	0.90
多孔桥、无锥体填土、桥台伸出锥坡	0.80	0.85
之外拱脚淹没的拱桥	0.75	0.80

7.3.1.2 小桥孔淹没出流

若下游河槽水深 h 超过桥下河槽临界水深 h_C 的 1.3 倍，即 $h > 1.3h_C$ 时，

下游河槽水位影响桥孔过流，称为小桥孔淹没出流。

上游来流在桥孔进口处水面跌落，桥下河段收缩断面水深 h_{c0} 大于 h_C，其后水深近似恢复至等于下游天然河槽水深 h，与桥下游水面衔接，如图 7-20 所示。

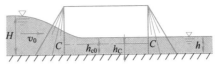

图 7-20　小桥孔淹没出流

设桥前河段最大水深为 H，水流流速为 v_0；桥下河段水深为 h_{c0}，水流流速为 v_0，列桥前断面和桥下断面的伯努利方程

$$H + \frac{\alpha_0 v_0^2}{2g} = h_{c0} + \frac{\alpha v^2}{2g} + \zeta \frac{v^2}{2g}$$

其中　$H_0 = H + \dfrac{\alpha_0 v_0^2}{2g}$，$h_{c0} = h$，整理得

$$v = \frac{1}{\sqrt{\alpha + \zeta}} \sqrt{2g(H_0 - h)} = \varphi \sqrt{2g(H_0 - h)}$$

$$Q = vA = \varepsilon bh\varphi \sqrt{2g(H_0 - h)} \tag{7-27}$$

式中各符号意义同前，流速系数 φ 和侧收缩系数 ε 的经验值可参照表 7-7 选取。

7.3.2　小桥孔径水力计算

小桥孔径水力计算的主要任务是确定小桥孔径、计算桥前壅水高度、校核桥下流速三个方面。小桥的设计流量由水文计算确定，当通过设计流量时，应保证桥下不发生冲刷，即桥下流速不超过河底铺砌材料的最大允许流速；同时，还应保证桥前壅水高度不超过规范允许值，以保证路基和桥梁的安全。

确定小桥孔径一般采用试算法，按以下步骤进行。

7.3.2.1　选择设计流速

根据河床实际情况，初步拟定河床加固类型，选择桥下河床的允许不冲流速 $v_{\max}$ 作为设计流速。

7.3.2.2　计算小桥孔径

根据设计流速(即允许不冲流速 $v_{\max}$)和设计流量 Q(由水文计算确定)计算所需的小桥孔径，具体方法如下。

（1）判别桥下水流流态

根据下游河槽天然水深 h 和桥孔中的临界水深 h_C 判别水流流态。

① 确定小桥下游河槽天然水深 h

小桥下游河槽天然水深 h 一般按未建桥时河流的正常水深计算。可根据已知的设计流量及河槽特征，按明渠均匀流公式，经试算法确定，基本公式如下

$$Q = A_c \sqrt{Ri} = A \frac{1}{n} R^{\frac{2}{3}} i^{\frac{1}{2}} \tag{7-28}$$

计算时可先假定一个水深 h，从河槽断面图上量得过水断面面积 A 和水力半径 R，按谢才公式(7-28)计算相应的流量 Q，若计算所得的流量与设计流

189

量相差不大(一般不超过 10%),则假定的水深可作为所求的下游河槽天然水深,否则需重新假定水深 h 进行计算,直至符合要求为止。

② 确定桥下河槽(桥孔中)的临界水深 h_C

由于小桥墩台对过流产生影响,小桥桥孔中的临界水深一般不等于上下游的临界水深。根据临界水深函数

$$\frac{A_C^3}{B_C} = \frac{\alpha Q^2}{g}$$

式中　Q —— 设计流量,由水文计算确定;

A_C 和 B_C —— 分别表示用临界水深计算的过水断面面积和水面宽。

根据不同形状的断面几何特征,可求解临界水深。

对于矩形断面桥孔,设孔宽为 b,收缩断面水深为 h_{c0},收缩断面的断面平均流速为 v_{c0},则

$$h_C = \sqrt[3]{\frac{\alpha Q^2}{A_C^2 g}}$$

$$Q = \varepsilon b h_{c0} v_{c0} = \varepsilon b \psi h_C v_{c0}$$

$$A_C = \varepsilon b h_C$$

因此

$$h_C = \frac{\alpha \psi^2 v_{c0}^2}{g}$$

桥下收缩断面的平均流速 v_{c0} 最大,为防止冲刷,要求 $v_{c0} \leqslant v_{max}$,v_{max} 为桥下河床的允许不冲流速(根据设计初拟的河床加固铺砌的类型确定),初步设计时可令 $v_{c0} = v_{max}$,则桥下河段临界水深

$$h_C = \frac{\alpha \psi^2 v_{max}^2}{g} \tag{7-29}$$

对于宽浅的梯形断面,可近似看作矩形断面,按上述方法计算;

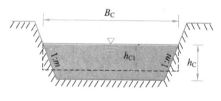

对于窄而深的梯形断面,临界水深可按过流面积相等的关系近似求得,如图 7-21 所示。

$$B_C h_{C1} = (B_C - m h_C) h_C + m h_C^2$$

则

图 7-21　梯形断面临界水深计算图示

$$h_C = \frac{B_C - \sqrt{B_C^2 - 4 m B_C h_{C1}}}{2m} \tag{7-30}$$

式中　m —— 梯形断面边坡系数。

③ 判别桥下水流流态

根据上述计算得到的下游河槽水深 h 和桥下河槽临界水深 h_C,若 $h \leqslant 1.3 h_C$,为小桥孔自由出流;若 $h > 1.3 h_C$,为小桥孔淹没出流。

(2) 计算小桥孔径

① 自由出流($h \leqslant 1.3 h_C$)

桥下河槽收缩断面水深 $h_{c0} = \psi h_C$,$v_{c0} = v_C / \psi$,桥下全河段水深均小于临界水深 h_C,按临界流计算,考虑侧收缩的影响,有

$$\frac{A_C^3}{\varepsilon B_C} = \frac{\alpha Q^2}{g}$$

式中各符号意义同前。

将 $A_C = \dfrac{Q}{v_C}$，代入上式可得：

$$B_C = \frac{gQ}{\alpha \varepsilon v_C^3}$$

其中 $v_C = \psi v_0$，令 $v_{c0} = v_{max}$，则可得桥下过流所需的水面宽度

$$B = \frac{gQ}{\alpha \varepsilon \psi^3 v_{max}^3} \qquad (7\text{-}31)$$

如图 7-22 所示，根据几何关系，可得小桥跨径长度

$$L = B + 2m\Delta h + Nd \qquad (7\text{-}32)$$

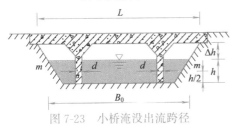

图 7-22 小桥自由出流跨径

式中　B——设计水位对应的水面净宽，对于矩形桥孔，B 即为所需的小桥孔径（净跨径）；

　v_{max}——桥下河床允许不冲流速；

　m——桥台边坡系数，对于矩形桥孔，$m=0$；

　Δh——净空高度，按桥梁设计相关规范选取；

　N——桥墩数；

　d——桥墩宽度。

② 淹没出流（$h > 1.3h_C$）

当发生小桥孔淹没出流时，可认为桥下水深近似等于下游河槽天然水深 h，计算孔径时可先求出桥下过流所需的过水断面平均宽度（将梯形断面概化为矩形断面）

$$A = \varepsilon B_0 h$$

$$B_0 = \frac{A}{\varepsilon h} = \frac{Q}{\varepsilon h v_{max}} \qquad (7\text{-}33)$$

如图 7-23 所示，根据几何关系，可得小桥跨径长度

$$L = B_0 + 2m\left(\frac{1}{2}h + \Delta h\right) + Nd \qquad (7\text{-}34)$$

式中物理量符号意义同前。

若桥孔轴线与河槽主流方向斜交，夹角为 α，则斜交桥跨径为

$$L' = \frac{L}{\cos \alpha} \qquad (7\text{-}35)$$

根据上述计算求得小桥跨径长度后，应参照计算结果选用标准跨径，铁路、公路桥梁工程中标准跨径有 0.75m、1.0m、1.25m、1.5m、2.0m、3.0m、4.0m、5.0m、6.0m、8.0m、10.0m、13.0m、16.0m、20.0m、

25.0m、30.0m、35.0m、40.0m、50.0m、60.0m 等多种。选用标准跨径后的过流净宽长度要大于或至少等于上述计算得到的过流所需的水面宽度 B（或 $\overline{B}$），一般两者相差不超过 10%。

7.3.2.3 校核桥下流速与桥前壅水高度

（1）按采用的标准跨径验算桥下流速

选用标准跨径后，应根据净跨径长度重新计算桥下河槽的临界水深 h_c，判断桥孔出流形式有无变化，并重新计算桥下河槽的实际流速 v

自由出流（$h \leqslant 1.3 h_c$）　　　　$v = \sqrt[3]{\dfrac{gQ}{\alpha \varepsilon B \psi^3}}$

淹没出流（$h > 1.3 h_c$）　　　　$v = \dfrac{Q}{\varepsilon B h}$

若计算所得的桥下河槽实际流速小于允许不冲流速，即 $v < v_{max}$，可以保证桥下河槽不发生冲刷，满足设计要求；反之，应重新选择跨径，直至满足要求为止。

（2）校核桥前壅水高度

桥前壅水水深是小桥上游水面线的控制水深，决定桥梁壅水的影响范围。就桥梁本身而言，过高的壅水，会部分或全部地淹没桥梁上部结构，使桥孔过流变为有压流，并使主梁受水平推力和浮力作用，影响桥梁上部结构安全，因此，桥梁壅水水深要控制在规范允许的范围内。

① 自由出流（$h \leqslant 1.3 h_c$）

根据式（7-26）可得

$$H_0 = \psi h_c + \frac{v^2}{2g\varphi^2}$$

则桥前壅水水深

$$H = H_0 - \frac{\alpha_0 v_0^2}{2g} = \psi h_c + \frac{v^2}{2g\varphi^2} - \frac{\alpha_0 Q^2}{2g A_0^2} \tag{7-36}$$

式中　　v——桥下河槽实际流速；

　　A_0——桥上游行近流速对应的过流断面面积；

　　其他符号意义同前。

在实际计算中，为简便计，可忽略行近流速水头，近似取 $H \approx H_0$。

② 淹没出流（$h > 1.3 h_c$）

根据式（7-27）可得

$$H_0 = h + \frac{v^2}{2g\varphi^2}$$

则桥前壅水水深

$$H = H_0 - \frac{\alpha_0 v_0^2}{2g} = h + \frac{v^2}{2g\varphi^2} - \frac{\alpha_0 Q^2}{2g A_0^2} \tag{7-37}$$

式中各符号意义同前。在实际计算中，为简便计，可忽略行近流速水头，近似取 $H \approx H_0$。

根据上述计算结果，校核桥前雍水水深是否满足规范要求，若 $H < H'$（H' 为桥梁允许雍水水深），则设计满足要求，否则应重新选择桥梁跨径以降低桥前雍水水深，直至满足要求为止。

【例题 7-2】 由水文计算知某小桥设计流量 $Q = 19\text{m}^3/\text{s}$，根据下游河段流量水位关系曲线，求得该流量时下游水深 $h = 0.90\text{m}$，桥头路堤允许雍水水深 $H' = 1.50\text{m}$，桥下铺砌的最大允许流速为 $v_{max} = 3.5\text{m/s}$，拟采用矩形单孔桥，进口有八字翼墙且较为平滑，试确定此小桥孔径。

【解】 ① 确定桥下河槽（桥孔中）的临界水深 h_c

对于进口有八字翼墙的单孔桥，查表 7-7 知，侧收缩系数 $\varepsilon = 0.85$，流速系数 $\varphi = 0.90$，对于平滑进口，取 $\psi = 0.80$，根据式(7-29)

$$h_c = \frac{\alpha \psi^2 v_{max}^2}{g} = \frac{1 \times 0.8^2 \times 3.5^2}{9.8} = 0.80\text{m}$$

② 判别桥下水流流态

根据已知条件，下游河槽水深 $h = 0.90\text{m}$，故 $h < 1.3 h_c = 1.3 \times 0.8 = 1.04\text{m}$，为自由出流。

③ 计算小桥孔径

$$B = \frac{gQ}{\alpha \varepsilon \psi^3 v_{max}^3} = \frac{9.8 \times 19}{1 \times 0.85 \times 0.8^3 \times 3.5^3} = 9.98\text{m}$$

根据上述孔径计算值，参照有关梁及桥台标准图，初拟采用标准跨径 $L = 13.0\text{m}$，并由有关梁及桥台标准图知，采用标准跨径后小桥的净跨径（实际孔径）$B = 11.9\text{m}$。

④ 验算桥孔过流情况

根据实际孔径 $B = 11.9\text{m}$，校核水流流态并验算流速。

计算桥下河槽的临界水深

$$h_c = \sqrt[3]{\frac{\alpha Q^2}{(\varepsilon B)^2 g}} = \sqrt[3]{\frac{1 \times 19^2}{(0.85 \times 11.9)^2 \times 9.8}} = 0.71\text{m}$$

$h < 1.3 h_c = 1.3 \times 0.71 = 0.92\text{m}$，流态仍为自由出流，满足设计要求。

计算桥下河槽实际流速

$$v = \sqrt[3]{\frac{gQ}{\alpha \varepsilon B \psi^3}} = \sqrt[3]{\frac{9.8 \times 19}{1 \times 0.85 \times 11.9 \times 0.8^3}} = 3.30\text{m/s} < v_{max} = 3.5\text{m/s}$$

满足防冲要求。

⑤ 校核桥前雍水水深 H

$$H \approx H_0 = \psi h_c + \frac{v^2}{2g\varphi^2} = 0.8 \times 0.71 + \frac{3.30^2}{2 \times 9.8 \times 0.90^2} = 1.25\text{m} < H' = 1.5\text{m}$$

故桥前雍水也满足设计要求。

因此，采用标准跨径 $L = 13.0\text{m}$（净跨径 $B = 11.9\text{m}$）可满足设计要求。

7.4 无压涵洞的水力计算

涵洞与桥孔的区别在于涵洞的孔径通常较小，洞身相对较长，河底往往具有较大的纵坡,涵前水深可以高于涵洞高度,洞内水流可呈有压流和无压流。

7.4.1 概述

按涵洞进水口建筑形式不同与涵前水头的高低,水流通过涵洞时可分为无压力流、半压力流和压力流三种状态,相应地将涵洞分为无压涵洞、半压力涵洞与全压力涵洞。

当涵洞上下游水位都不是很高时,如图 7-24(a)所示,涵洞上下游和涵洞内部的水面连续不断,水流在涵洞全长内均保持自由水面,称为无压涵洞,无压涵洞具有出口流速小、对路基影响小以及便于维护的优点,故在铁路、公路工程中被广泛采用。

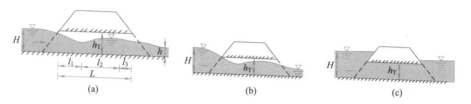

图 7-24 无压、半压式、全压式涵洞示意图
(a)无压涵洞;(b)半压式涵洞;(c)全压式涵洞

当涵前水深较大,下游水位不是很高(下游洞口不被淹没)时,仅涵洞进口被水流淹没,如图 7-24(b)所示,水流进入涵洞时,水面从洞顶脱离并急剧降落,洞内水流保持自由水面,称为半压式涵洞,这类涵洞的水力条件不稳定,在工程中一般尽量避免采用。

若上下游水位均很高,淹没涵洞进出口,洞内整个断面都充满水,呈压力流状态,这类涵洞称为全压式涵洞,如图 7-24(c)所示。常用的倒虹吸管即属于此类,此时可按短管进行水力计算。有压涵洞洞内及出口流速大,洞内压力高,洞身构造段之间的防渗要求高,涵前积水深,对涵洞及路基不利,除特殊情况外一般很少采用。

工程中应用最为广泛的是无压涵洞,设涵前水深为 H,下游水深为 h,涵洞洞身净高为 h_T,如图 7-24(a)所示。实验得知,要保证为无压涵洞,需满足以下水力条件:

① 下游水深小于涵洞净高,即 $h < h_T$;

② 涵洞的进水口建筑为普通型(端墙式、八字式、不抬高式),涵前水深 $H \leqslant 1.2 h_T$(h_T 为洞身净高);进水口建筑为流线型(喇叭形、抬高式),涵前水深 $H \leqslant 1.4 h_T$。

7.4.2 无压涵洞水力现象分析

无压涵洞的孔径一般比涵洞上下游河道的水面宽度要窄得多,涵洞进口处,过流断面受到压缩,过流断面束窄,水面发生跌落,在进口以后不远处形成一收缩断面,收缩断面以前的水流现象与无坎宽顶堰相同。但是,由于涵洞底坡及长度不同，收缩断面以后的水流会形成不同流态。

无压涵洞底坡一般为正坡($i>0$)，平坡涵洞($i=0$)使用中易在涵洞内积水，影响路基稳定性，工程中一般尽量避免采用。对于正坡无压涵洞，根据底坡大小和长度不同，分以下三种情况对水力现象进行分析。

7.4.2.1　缓坡无压涵洞($i<i_c$)

当涵洞洞身较短时，涵洞内的流态如图 7-25(a)所示。水流进入涵洞后水面急剧跌落，约在进口后 $1.5H$ 处形成一个收缩断面，收缩断面水深约为 $0.9h_c$（h_c 为临界水深），收缩断面后形成 M_3 型壅水曲线，由于洞身较短，壅水曲线延伸到距出口断面 $2h_c\sim5h_c$ 处，受出口影响，水面开始下降，出口处的水深约为 $0.75h_c$，出口后水面继续跌落与下游水面衔接。此时全洞水流为急流，水流流态与宽顶堰类似，洞身长度对过水能力无影响。

涵洞洞身稍长时，洞内水流沿程水头损失增大，水深也随之增大。如图 7-25(b)所示，M_3 型水面曲线沿程壅高，水流向缓流过渡，在收缩断面后形成波状水跃，波状水跃上游与 M_3 型壅水曲线相接，水流到达出口附近，形成一段很短的 M_2 型降水曲线并经临界水深流出洞外，其过流特性仍与宽顶堰类似。

涵洞洞身很长时，水流沿程水头损失进一步加大。如图 7-25(c)所示，水面线进一步升高，波状水跃位置向上游移动，M_3 型壅水曲线消失，收缩断面被淹没，此时全洞水流呈缓流状态，洞内水面曲线为 M_2 型降水曲线并经临界水深流出洞外。如果涵洞有足够的长度，洞内还可以出现一段均匀流，此时，洞身长度对过水能力有影响，洞内水流为明渠流动，与宽顶堰不同。

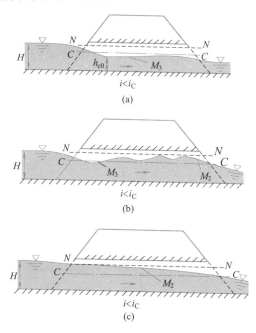

图 7-25　无压涵洞缓坡水力图示
(a)洞身较短；(b)洞身稍长；(c)洞身很长

7.4.2.2 临界坡涵洞($i = i_C$)

如图 7-26 所示，水流进入洞口后发生跌落，在进口以后不远处形成一收缩断面，收缩断面水深 h_{c0} 小于临界水深 h_C，收缩断面处水流为急流，收缩断面以后形成 C_3 型雍水曲线。若涵洞洞身较短，如图 7-26（a）所示，则雍水曲线末端的水深可小于临界水深 h_C，出口前水面开始下降，直至出口后与下游水面衔接，收缩断面之后，全洞均为急流，洞身长度对过水能力无影响，过流特性与宽顶堰类似；若涵洞洞身较长，如图 7-26（b）所示，涵洞中部可形成一段均匀流，水深等于临界水深 h_C，至出口处水面下降与下游水面衔接。

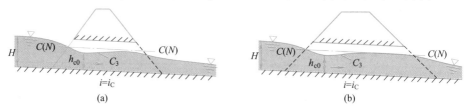

图 7-26 无压涵洞临界坡水力图示
(a)洞身较短；(b)洞身较长

7.4.2.3 陡坡无压涵洞($i > i_C$)

涵洞底坡 $i > i_C$，临界水深线高于正常水深线。水流进入洞口后发生跌落，在进口以后不远处形成一收缩断面，可能出现以下两种情况：

如图 7-27 所示，当涵洞底坡仅略大于临界底坡时，收缩断面水深小于正常水深，即 $h_{c0} < h_N$，收缩断面后形成 S_3 型雍水曲线。若洞身较短，如图 7-27（a）所示，雍水曲线可延伸至出口附近，水深接近于正常水深 h_N，而后水面略有降低与下游水面衔接，收缩断面之后，全洞水流为急流，洞身长度对过水能力无影响，过流特性与宽顶堰类似；若洞身较长，如图 7-27（b）所示，则涵洞中部可出现一段均匀流，水深等于正常水深 h_N，至出口处水面略有降低与下游水面衔接。

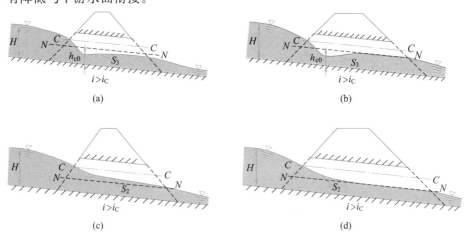

图 7-27 无压涵洞陡坡水力图示
(a)收缩断面水深小于正常水深(洞身较短)；(b)收缩断面水深小于正常水深(洞身较长)；
(c)收缩断面水深大于正常水深(洞身较短)；(d)收缩断面水深大于正常水深(洞身较长)

当涵洞坡度较大时，收缩断面水深大于正常水深，即 $h_N < h_{c0} < h_C$，则收缩断面后形成 S_2 型降水曲线。洞身较短时，如图 7-27(c) 所示，出口水深略小于正常水深 h_N，而后水面略有降低与下游水面衔接，流态与宽顶堰淹没泄流相似，收缩断面之后，全洞水流为急流，洞身长度对过水能力无影响，过流特性与宽顶堰类似；若洞身较长，如图 7-27(d) 所示，涵洞中部可出现一段均匀流，水深等于正常水深 h_N，至出口处水面略有降低与下游水面衔接。

7.4.3 无压短涵水力计算

根据上述无压涵洞过流水力现象分析可知，涵洞洞身长度对水流流态和过流能力有一定影响。工程中，将洞身长度不影响过水能力的涵洞称为"短涵"，洞身长度对过水能力有影响的称为"长涵"。短涵的过流能力可按宽顶堰计算，长涵的过流能力按明渠水流计算。

实际工程中无压短涵过流时，应尽量保证收缩断面不被淹没，因为这种情况下涵洞的孔径和涵前水深都比较小，且不受涵洞内部水流变化的影响，如图 7-25(a)、图 7-26(a) 和图 7-27(a) 所示，此时流态与宽顶堰自由泄流流态相同。若收缩断面发生淹没，涵前和涵洞内的水深都随之增大，要求涵洞的高度增加，或者孔径增大，相应的工程造价也增加。当涵洞坡度过小时，容易致使收缩断面淹没，为了避免这种情况，工程上通常将涵洞底坡增大到等于或略大于临界坡来解决，坡度过小的缓坡涵洞则尽量少采用。

在收缩断面不被淹没的情况下，无压短涵的水力计算方法与有侧收缩的宽顶堰自由泄流的计算方法相同，如图 7-27(a) 所示，设涵前水深为 H，涵前流速为 v_0，收缩断面水深和流速分别为 h_{c0} 和 v_{c0}，列涵前断面和收缩断面的能量方程（忽略渠底高差）

$$H + \frac{\alpha_0 v_0^2}{2g} = h_{c0} + \frac{\alpha v_{c0}^2}{2g} + \zeta \frac{v_{c0}^2}{2g}$$

令 H_0 为包含行近流速水头在内的涵前总水头，即 $H_0 = H + \frac{\alpha_0 v_0^2}{2g}$，整理得

$$v_{c0} = \frac{1}{\sqrt{\alpha + \zeta}} \sqrt{2g(H_0 - h_{c0})} = \varphi \sqrt{2g(H_0 - h_{c0})} \qquad (7-38)$$

式中　φ——流速系数，可参照表 7-7 选取。

则通过涵洞的流量为

$$Q = \varepsilon A_{c0} v_{c0} = \varepsilon A_{c0} \varphi \sqrt{2g(H_0 - h_{c0})} \qquad (7-39)$$

式中　ε——考虑涵洞进口对水流的影响的压缩系数，无压涵洞可取 $\varepsilon = 1$；
　　　A_{c0}——收缩断面面积。

若假定收缩断面水深 h_{c0} 与 H_0 有关，令 $h_{c0} = kH_0$，则流量公式可写成

$$Q = \varepsilon A_{c0} \varphi \sqrt{1-k} \sqrt{2gH_0}$$

对于矩形断面，流量计算公式可进一步写成

$$Q = \varepsilon b k H_0 \varphi \sqrt{1-k} \sqrt{2gH_0} = mb \sqrt{2g} H_0^{3/2} \qquad (7-40)$$

式中　m——涵洞流量系数，其经验值为 $m = 0.32 \sim 0.36$；

b——矩形断面涵洞洞宽，当为非矩形断面时，$b=B_c$；

B_c——相应于以临界水深计算涵洞过流断面面积时的平均宽度，即

$$B_c = \frac{A_c}{h_c};$$

h_c 和 A_c——涵洞进口附近临界断面的水深和过流断面面积。

根据已知条件情况，利用式(7-40)可计算涵洞的过流能力或涵洞孔径等水力要素。

由式(7-38)可得涵前水深 H 的计算式

$$H = H_0 - \frac{\alpha_0 v_0^2}{2g} = h_{c0} + \frac{v_{c0}^2}{2g\varphi^2} - \frac{\alpha_0 v_0^2}{2g}$$

式中各符号意义同前，当涵前行近流速 $v_0 \leqslant 1.0\text{m/s}$ 时，流速水头 $\frac{\alpha_0 v_0^2}{2g}$ 可忽略不计。

收缩断面水深和收缩断面流速可近似按下式计算

$$h_{c0} = \psi h_c \tag{7-41}$$

$$v_{c0} = \frac{v_c}{\psi} \tag{7-42}$$

式中　ψ——与进口形状有关的系数，$\psi \approx 0.9$；

h_c——涵洞内的临界水深；

v_c——相应的临界流速。

h_c 可根据临界水深函数计算或按防冲刷条件计算。

对于矩形涵洞，根据临界水深函数，并结合式(7-41)和式(7-42)可得

$$h_c = \sqrt[3]{\frac{\alpha Q^2}{\varepsilon^2 b^2 g}} = \frac{2\alpha\varphi^2\psi^2}{1+2\alpha\varphi^2\psi^3} H_0$$

也可按防冲刷条件计算(具体推导过程与小桥桥孔中临界水深计算方法类似)

$$h_c = \frac{\alpha\psi^2 v_{max}^2}{g} \tag{7-43}$$

式中　v_{max}——涵洞底部允许不冲流速(m/s)。

【例题 7-3】　涵洞长 $L=10\text{m}$，断面为圆形，孔径 $d=2\text{m}$，底坡 $i=0.003$，进口处洞底高程为 34m，涵洞上游水位为 35.8m，下游水位为 34.5m，涵前水深 $H=1.8\text{m}$，该处的渠道过流断面面积 $A_0=10.8\text{m}^2$，涵洞流量系数 $m=0.364$ 求通过涵洞的流量。

【解】　① 判别涵洞泄流类型

因为涵前水位为 35.8m，而涵洞进口处洞顶高程等于 $34+2=36\text{m}$，大于涵前水位；涵洞出口洞顶高程 $=35.8-0.003\times10=34.77\text{m}$，涵洞下游水位低于出口洞顶高程。故该涵洞为无压涵洞。

② 计算通过涵洞的流量

涵洞断面为非矩形断面，流量计算公式为

$$Q = mB_c\sqrt{2g}H_0^{3/2}$$

因 B_c 与 Q 有关，H_0 与 v_0 有关，故需进行试算。

设 $H_{01} = H = 1.80\text{m}$，$B_{C1} = 1.60\text{m}$，则

$$Q_1 = mB_{C1}\sqrt{2g}H_{01}^{3/2} = 0.364 \times 1.6 \times \sqrt{2 \times 9.8} \times 1.8^{\frac{3}{2}} = 6.23\text{m}^3/\text{s}$$

$$v_{01} = \frac{Q_1}{A_0} = \frac{6.23}{10.8} = 0.577\text{m/s}$$

$$H_{02} = H + \frac{\alpha v_{01}^2}{2g} = 1.8 + \frac{1 \times 0.577^2}{2 \times 9.8} = 1.82\text{m}$$

$$Q_2 = mB_{C1}\sqrt{2g}H_{01}^{3/2} = 0.364 \times 1.6 \times \sqrt{2 \times 9.8} \times 1.82^{\frac{3}{2}} = 6.33\text{m}^3/\text{s}$$

进一步根据 Q_2 重新计算涵洞内的临界水深（具体计算过程略）。当 $Q_2 = 6.33\text{m}^3/\text{s}$ 时，计算得到洞内的临界水深 $h_C = 1.22\text{m}$，相应于临界水深的过流断面面积 $A_C = 2.01\text{m}^2$，则相应的过流断面平均宽度 $B_{C2} = \dfrac{A_C}{h_C} = \dfrac{2.01}{1.22} = 1.65\text{m}$，与初步计算时假设的 $B_{C1} = 1.60\text{m}$ 接近，且 $Q_2 \approx Q_1$，表明计算所得的 Q_2 精度满足要求，否则应重复迭代计算直至两次迭代结果相差不大为止。

综上，该涵洞过流能力 $Q = 6.33\text{m}^3/\text{s}$。

小结及学习指导

1. 作为应用流体力学的另一部分内容，堰流代表了一类特定的无压局部流动。三种不同的类型具有不同的流动规律和应用范围。

2. 宽顶堰水力计算是本章的重点，也是诸多流动的代表，小桥孔径的水力计算和无压涵洞的水力计算均以其为理论基础。

习题

7-1 自由溢流矩形薄壁堰，水槽宽 $B = 2\text{m}$，堰宽 $b = 1.2\text{m}$，堰高 $P = P' = 0.5\text{m}$。试求堰上水头 $H = 0.25\text{m}$ 时的流量。

7-2 用直角三角形薄壁堰测量流量。如测量水头有 1% 的误差，试问所造成的流量计算误差是多少？

7-3 有一宽顶堰，堰顶厚度 $\delta = 16\text{m}$，堰上水头 $H = 2\text{m}$，如上下游水位及堰高均不变，问当堰顶厚度 δ 分别减小至 8m 及 4m 时，是否还属于宽顶堰？

7-4 一直角进口无侧收缩宽顶堰。堰宽 $b = 4.0\text{m}$，堰高 $P = P' = 0.6\text{m}$，堰上水头 $H = 1.2\text{m}$，试求当堰下游水深为 $h = 0.8\text{m}$ 时，通过该堰的流量。

7-5 若上题中堰下游水深为 $h = 1.7\text{m}$ 时，试求通过该堰的流量。

7-6 一圆角进口无侧收缩宽顶堰。堰宽 $b = 1.8\text{m}$，堰高 $P = P' = 0.8\text{m}$，通过流量 $Q = 12.0\text{m}^3/\text{s}$，堰下游水深 $h = 1.73\text{m}$。试求堰上水头。

7-7 设无侧收缩宽顶堰自由出流流量 $Q = 22.0\text{m}^3/\text{s}$，堰高 $P = P' = 3.4\text{m}$，堰上水头 $H = 0.86\text{m}$，进口修圆，求堰宽 b；若要保持为自由出流，

下游水深最大可为多少？

7-8 矩形断面渠道宽 $b=2.5\mathrm{m}$，流量 $Q=1.5\mathrm{m^3/s}$，水深 $h=0.9\mathrm{m}$，为使水面抬高 $\Delta h=0.15\mathrm{m}$，在渠道中设置低堰，已知堰的流量系数 $m=0.39$，试求堰的高度 P。

7-9 某梯形渠道上拟建一座矩形单孔小桥，渠道底宽 $b=7.0\mathrm{m}$，边坡系数 $m=1.5$，渠底防冲刷最大允许流速 $v_{\max}=3.5\mathrm{m/s}$，桥台形状为单孔有锥体护坡，流量 $Q=24.8\mathrm{m^3/s}$，桥下游渠道水深 $h=1.9\mathrm{m}$，设桥前雍高水位要求不超过 $\Delta z=0.2\mathrm{m}$，求桥孔净宽 B。（取 $\psi=0.8$）

7-10 某梯形断面渠道，渠道底宽 $B=7.0\mathrm{m}$，边坡系数 $m=2.0$，流量 $Q=16\mathrm{m^3/s}$，设渠中建一矩形单孔桥，桥台有八字形翼墙，桥孔净跨 $L_0=4.25\mathrm{m}$，桥下游水深 $h=1.3\mathrm{m}$，试求桥前水深。（取 $\psi=0.8$）

7-11 有一无压涵洞，下游水位对涵洞的泄流无影响，涵洞长为 12m，洞身断面为矩形，洞身高度为 2m，宽 1.5m，底坡 $i=0.0025$，洞前水深 $H=1.8\mathrm{m}$，该处渠道过流断面面积 $A_0=10\mathrm{m^2}$，涵洞的流量系数为 0.35，求此涵洞要保持无压泄流状态时需要满足的水力条件及无压泄流时的泄流能力。

第8章
渗 流

本章知识点

【知识点】渗流模型，渗流基本定律，渐变渗流，井与井群。
【重点】掌握渗流模型的概念，掌握渗流基本定律的应用。
【难点】渗流模型的理解。

8.1 概述

液体在孔隙介质中的流动称为渗流（seepage flow）。水在土壤孔隙中的流动即地下水流动，是自然界最常见的渗流现象。渗流理论在水利、石油、采矿、化工、环境、给水排水以及结构工程等领域有着广泛的应用。

8.1.1 水在土壤中的状态

土壤中的水可分为气态水、附着水、薄膜水、毛细水和重力水等不同存在状态。气态水以蒸汽状态散逸于土壤孔隙中，存量极少，不需考虑。附着水以极薄的分子层吸附在土壤颗粒表面，呈现固态水的性质；薄膜水则以厚度不超过分子作用半径的薄层包围土壤颗粒，性质和液态水近似，二者的量均很少，在渗流运动中可不考虑。毛细水因毛细管作用保持在土壤孔隙中，除特殊情况外，一般也可忽略。当土壤含水量很大时，除少许结合水和毛细水外，大部分水受重力作用在土壤孔隙中运动，即重力水。重力水是渗流理论主要的研究对象之一。

8.1.2 渗流模型

由于土壤孔隙的形状、大小及分布情况非常复杂，要详细地确定渗流在土壤孔隙通道中的流动情况极其困难，也无此必要。工程中需要了解的是渗流的宏观平均效果，而不是孔隙内的流动细节。为简化研究，引入渗流模型来代替实际的渗流运动。

渗流模型是渗流区域的边界条件保持不变，略去全部土壤颗粒，假想渗流区域充满液体，而流量、压强和渗流阻力与实际渗流相同的替代流场。

按渗流模型的定义，渗流模型中某一过流断面面积 ΔA（包括土壤颗粒所

占面积和孔隙面积)通过的实际流量为 ΔQ，则渗流模型的平均速度，简称渗流速度为

$$v = \frac{\Delta Q}{\Delta A} \tag{8-1}$$

水在孔隙中的实际平均速度为

$$v' = \frac{\Delta Q}{\Delta A'} = \frac{v \Delta A}{\Delta A'} = \frac{1}{n} v > v$$

式中　$\Delta A'$——ΔA 中孔隙面积；

　　　n——土壤的孔隙度，$n = \frac{\Delta A'}{\Delta A} < 1$。

显然，渗流速度小于土壤孔隙中的实际速度。

渗流模型将渗流作为连续空间内连续介质的运动，使得前面基于连续介质建立起来的描述流体运动的方法和概念，可以直接应用于渗流中，为在理论上研究渗流问题提供可能。

采用渗流模型后，渗流也可用欧拉法分类。

渗流的速度很小，流速水头 $\frac{\alpha v^2}{2g}$ 则更小而忽略不计。于是，过流断面的总水头等于测压管水头。或者说，渗流的测压管水头等于总水头，测压管水头差就是水头损失，测压管水头线的坡度就是水力坡度。

8.2　渗流的达西定律

达西于 1852 年通过实验研究，总结出渗流能量损失与渗流速度之间的基本关系。达西渗流实验装置如图 8-1 所示。该装置为上端开口的直立圆筒，筒内充填均匀砂层，筒壁上、下两断面装有测压管，圆筒下部距筒底不远处装有滤板。

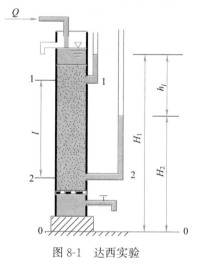

图 8-1　达西实验

水由上端注入圆筒，通过溢流管使水位保持恒定。水在渗流流动中可测量出测压管水头，同时透过砂层的水经排水管流入渗流量计量容器中。

由于渗流不计流速水头，实测的测压管水头差即两断面间的水头损失

$$h_l = H_1 - H_2$$

水力坡度

$$J = \frac{h_l}{l} = \frac{H_1 - H_2}{l}$$

实验得出，圆筒内的渗流量 Q 与过流断面面积(圆筒截面积)A 及水力坡

度 J 成正比，和土壤的透水性能有关，即

$$Q = kAJ \qquad (8\text{-}2)$$

或

$$v = \frac{Q}{A} = kJ \qquad (8\text{-}3)$$

式中　v——渗流断面平均流速，即渗流速度（m/s）；

　　　k——反映土壤性质和流体性质综合影响渗流的系数，称为渗透系数（m/s）。

　　达西实验是在等直径圆筒内均质砂质中进行的，属于均匀渗流，可以认为各点的流动状况相同，各点的速度等于断面平均流速，于是式(8-3)可写为

$$u = kJ \qquad (8\text{-}4)$$

式中　u——点流速（m）；

　　　J——该点的水力坡度。

　　式(8-4)称为达西定律，该定律表明渗流的水力坡度，即单位距离的水头损失与渗流速度的一次方成正比，又称渗流线性定律。

　　渗透系数是反映土壤性质和流体性质综合影响渗流的系数，是分析计算渗流问题最重要的参数。由于该系数取决于土壤颗粒大小、形状、分布情况及地下水的物理化学性质等多种因素，要准确地确定其数值相当困难。确定渗透系数的方法，大致分为三类：

　　（1）实验室测定法

　　由渗流实验设备，实测水头损失 h_l 和流量 Q，按式(8-2)求得渗透系数

$$k = \frac{Ql}{Ah_l}$$

该法简单可靠，但土样受到扰动后和实际土壤会产生一定误差。

　　（2）现场测定法

　　在现场钻井或挖测试坑，做抽水或注水试验，再根据相应的理论公式，反算渗透系数。

　　（3）经验方法

　　在有关的手册或规范资料中，给出各种土壤的渗透系数值或计算公式，可作为初步估算用。

　　各类土壤的渗透系数列于表 8-1。

土壤的渗透系数 表 8-1

土壤名称	渗透系数 k		土壤名称	渗透系数 k	
	m/d	cm/s		m/d	cm/s
黏　　土	<0.005	$<6 \times 10^{-6}$	黏质粉土	$0.1 \sim 0.5$	$1 \times 10^{-4} \sim 6 \times 10^{-4}$
粉质黏土	$0.005 \sim 0.1$	$6 \times 10^{-5} \sim 1 \times 10^{-4}$	黄　　土	$0.25 \sim 0.5$	$3 \times 10^{-4} \sim 6 \times 10^{-4}$

203

土壤名称	渗透系数 k		土壤名称	渗透系数 k	
	m/d	cm/s		m/d	cm/s
粉 砂	0.5～1.0	6×10^{-4}～1×10^{-3}	圆 砾	50～100	6×10^{-2}～1×10^{-2}
细 砂	1.0～5.0	1×10^{-3}～6×10^{-3}	卵 石	100～500	1×10^{-1}～6×10^{-1}
中 砂	5.0～20.0	6×10^{-3}～2×10^{-3}	无填充物卵石	500～1000	6×10^{-1}～1×10
均质中砂	35～50	4×10^{-2}～6×10^{-2}	裂隙多的岩石	60>	$>7\times10^{-2}$
粗 砂	20～50	2×10^{-2}～6×10^{-2}	稍有裂隙岩石	20～60	2×10^{-2}～7×10^{-2}
均质粗砂	60～75	7×10^{-2}～8×10^{-2}			

8.3 地下水的渐变渗流

在透水地层中的地下水流动，很多情况是具有自由液面的无压渗流。无压渗流相当于透水地层中的明渠流动，水面称为浸润面(phreatic surface)。与明渠流动的分类相似，无压渗流也可能有流线是平行直线、等深、等速的均匀渗流，均匀渗流的水深称为渗流正常水深，以 h_N 表示。但由于受自然水文地质条件的影响，无压渗流更多的是运动要素沿程缓慢变化的非均匀渐变渗流。

因渗流区地层宽阔，无压渗流一般可按一元流动处理，并将渗流的过水断面简化为宽阔的矩形断面计算。

8.3.1 杜比公式

设非均匀渐变渗流，如图 8-2 所示，取相距为 ds 的过水断面 1-1 和 2-2，根据渐变流的性质，过水断面近于平面，面上各点的测压管水头或总水头近似相等。所以，1-1 与 2-2 断面之间任一流线上的水头损失也相同，即

$$H_1 - H_2 = -dH$$

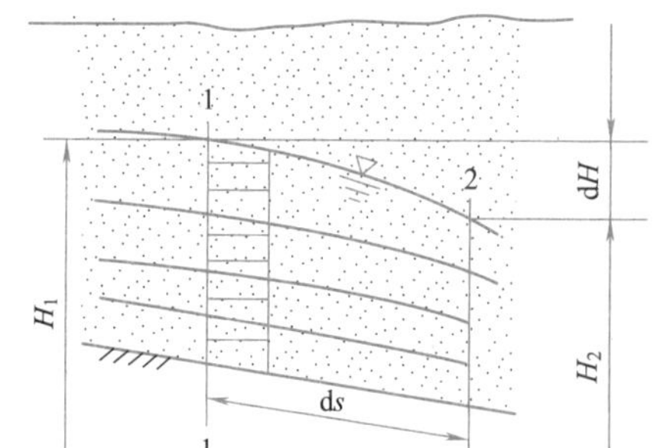

图 8-2 渐变渗流

因为渐变流的流线近于平行直线，1-1 与 2-2 断面间各流线的长度近于 ds，则过流断面上各点的水力坡度相等

$$J = -\frac{dH}{ds}$$

根据达西定律(式 8-4)，过流断面上各点的流速相等，因而断面平均流速也等于各点流速

$$v = u = kJ = -k\frac{dH}{ds} \tag{8-5}$$

上式称杜比公式，它是杜比(A. J. E. J. Dupuit，法国工程师、水力学家与经济学家，1804—1866)在 1857 年首先提出的。公式形式虽然和达西定律相同，但含义已是渐变渗流过水断面上平均速度与水力坡度的关系。

8.3.2 渐变渗流基本方程

设无压非均匀渐变渗流，不透水地层坡度为 i，取过水断面 1-1 和 2-2，相距 ds，水深和测压管水头的变化分别为 dh 和 dH，如图 8-3 所示。

1-1 断面的水力坡度

$$J = -\frac{dH}{ds} = -\left(\frac{dz}{ds} + \frac{dh}{ds}\right) = i - \frac{dh}{ds}$$

将 J 代入式(8-5)，得 1-1 断面的平均渗流速度

$$v = k\left(i - \frac{dh}{ds}\right) \qquad (8\text{-}6)$$

渗流量

$$Q = kA\left(i - \frac{dh}{ds}\right) \qquad (8\text{-}7)$$

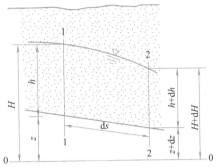

图 8-3　渐变渗流断面

上式是无压恒定渐变渗流的基本方程，是分析和绘制渐变渗流浸润曲线的理论依据。

8.3.3 渐变渗流浸润曲面的分析

同明渠非均匀渐变流水面曲线的变化相比较，因渗流速度很小，流速水头忽略不计，所以浸润曲面或浸润线既是测压管水头线，又是总水头线。由于存在水头损失，总水头线沿程下降，因此，浸润线也只能沿程下降。

渗流区不透水基底的坡度分为顺坡($i > 0$)、平坡($i = 0$)和逆坡($i < 0$)三种。只有顺坡渗流存在均匀流，有正常水深。渗流无临界水深及缓流、急流的概念，因此浸润线的类型大为简化。

8.3.3.1 顺坡渗流

对顺坡渗流，以均匀流正常水深 N-N 线，将渗流区分为 1 和 2 上下两个区域，如图 8-4 所示。

将渐变渗流基本方程 式(8-7)中的流量用均匀流计算式代入

$$kA_N i = kA\left(i - \frac{dh}{ds}\right)$$

$$\frac{dh}{ds} = i\left(1 - \frac{A_N}{A}\right) \qquad (8\text{-}8)$$

上式即顺坡渗流浸润线微分方程。

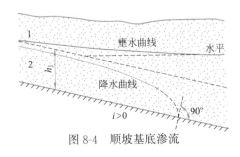

图 8-4　顺坡基底渗流

205

式中 A_N——均匀流时的过水断面面积(m^2);

A——实际渗流的过水断面面积(m^2)。

在 1 区中，实际水深大于正常水深。根据式(8-8)，$h > h_N$，$A > A_N$，$\dfrac{dh}{ds} > 0$，浸润线是沿程渐升的壅水曲线。其上游端 $h \to h_N$，$A \to A_N$，$\dfrac{dh}{ds} \to 0$，浸润线以 $N\text{-}N$ 线为渐近线；下游端 $h \to \infty$，$A \to \infty$，$\dfrac{dh}{ds} \to i$，浸润线以水平线为渐近线。

在 2 区中，实际水深小于正常水深。根据式(8-8)，$h < h_N$，$A < A_N$，$\dfrac{dh}{ds} < 0$，浸润线是水深沿程渐降的降水曲线。其上游端 $h \to h_N$，$A \to A_N$，$\dfrac{dh}{ds} \to 0$，浸润线以 $N\text{-}N$ 线为渐近线；下游端 $h \to 0$，$A \to 0$，$\dfrac{dh}{ds} \to -\infty$，浸润线与基底正交。此处曲率半径偏小，不再符合渐变流条件，式(8-8)已不适用，实际情况取决于具体的边界条件。

设渗流区的过水断面是宽度为 b 的宽阔矩形，$A = bh$，$A_N = bh_N$，代入式(8-8)整理得

$$\frac{i\,ds}{h_N} = d\eta + \frac{d\eta}{\eta - 1}$$

式中

$$\eta = \frac{h}{h_N}$$

将上式从断面 1-1 到 2-2 进行积分，得

$$\frac{il}{h_N} = \eta_2 - \eta_1 + 2.3\lg\frac{\eta_2 - 1}{\eta_1 - 1} \tag{8-9}$$

式中

$$\eta_1 = \frac{h_1}{h_N},\quad \eta_2 = \frac{h_2}{h_N}$$

此式可用以绘制顺坡渗流的浸润线和进行水力计算。

8.3.3.2 平坡渗流

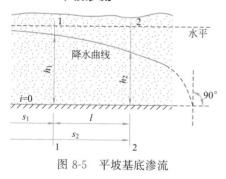

图 8-5 平坡基底渗流

平坡渗流区域如图 8-5 所示。令式(8-7)中底坡 $i = 0$，得平坡渗流浸润线微分方程

$$\frac{dh}{ds} = -\frac{Q}{kA} \tag{8-10}$$

在平坡基底上不能形成均匀流。上式中 Q、k 和 A 皆为正值，故 $\dfrac{dh}{ds} < 0$，只可能有一条浸润线，为沿程渐降的降水曲线。上游 $h \to \infty$，$\dfrac{dh}{ds} \to 0$，以水平线为渐近线；下游 $h \to 0$，$\dfrac{dh}{ds} \to -\infty$，与基底正交，性质和上述顺坡渗流的降水曲线末端类似。

设渗流区的过流断面是宽度为 b 的宽阔矩形，$A=bh$，$\dfrac{Q}{b}=q$。代入式(8-10)，整理得

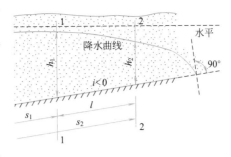

图 8-6 逆坡基底渗流

$$\frac{q}{k}\mathrm{d}s=-h\,\mathrm{d}h$$

将上式从断面 1-1 到 2-2 积分

$$\frac{ql}{k}=\frac{1}{2}(h_1^2-h_2^2) \qquad (8\text{-}11)$$

此式可用于绘制平坡渗流的浸润曲线和进行水力计算。

8.3.3.3 逆坡渗流

在逆坡基底上，也不可能产生均匀渗流。对于逆坡渗流也只可能产生一条浸润线，即沿程渐降的降水曲线，见图 8-6。其微分方程和积分式，这里不再赘述。

8.4 井和井群

井(well)是汲取地下水源的集水构筑物，应用十分广泛。

设置在具有自由水面的潜水层中的井，称为普通井或潜水井。贯穿整个含水层，井底直达不透水层的井称为完整井，井底未达到不透水层者称不完整井。

含水层位于两个不透水层之间，含水层顶面压强大于大气压强，这样的含水层称为承压含水层。汲取承压地下水的井，称为承压井或自流井。

8.4.1 普通完整井

水平不透水层上的普通完整井如图 8-7 所示。井的直径 50～1000mm，井深可达 1000m 以上，这种长径比很大的井又称为管井(drilled well)。

设含水层中地下水的天然水面 A-A，含水层厚度为 H，井的半径为 r_0。抽水时，井内水位下降，四周地下水向井中补给，形成对称于井轴的漏斗形浸润面。如抽水流量不过大且恒定时，经过一段时间，向井内渗流达到恒定状态。井中水深和浸润漏斗面均保持不变。

取距井轴为 r，浸润面高为 z 的圆柱形过水断面，除井周附近区域外，浸润曲线的曲率很小，可看作恒定渐变渗流。

由杜比公式

$$v=kJ=-k\frac{\mathrm{d}H}{\mathrm{d}s}$$

将 $H=z$，$\mathrm{d}s=-\mathrm{d}r$ 代入上式

$$v=k\frac{\mathrm{d}z}{\mathrm{d}r}$$

渗流量

$$Q=Av=2\pi rzk\frac{\mathrm{d}z}{\mathrm{d}r}$$

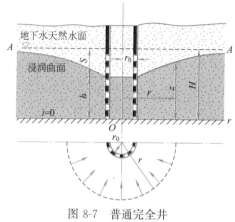

图 8-7 普通完全井

分离变量并积分

$$\int_h^z z\,\mathrm{d}z = \int_{r_0}^r \frac{Q}{2\pi k}\frac{\mathrm{d}r}{r}$$

得到普通完整井浸润线方程

$$z^2 - h^2 = \frac{Q}{\pi k}\ln\frac{r}{r_0} \qquad (8\text{-}12)$$

或 $\qquad z^2 - h^2 = \frac{0.732Q}{k}\lg\frac{r}{r_0} \quad (8\text{-}13)$

理论上，浸润线是以地下水的天然水面线为渐近线。当 $r \to \infty$ 时，$z=H$。但工程上，只需考虑渗流区的影响半径 R，R 以外的地下水位不受影响，即 $r=R$，$z=H$。代入式(8-13)，得

$$Q = 1.336\frac{k(H^2 - h^2)}{\lg\dfrac{R}{r_0}} \qquad (8\text{-}14)$$

以抽水深 S 代替井水深 h，$S=H-h$，式(8-14)整理得

$$Q = 2.732\frac{kHS}{\lg\dfrac{R}{r_0}}\left(1 - \frac{S}{2H}\right) \qquad (8\text{-}15)$$

若 $\dfrac{S}{2H} \ll 1$，式(8-15)可简化为

$$Q = 2.732\frac{kHS}{\lg\dfrac{R}{r_0}} \qquad (8\text{-}16)$$

式中　Q——产水量($\mathrm{m^3/s}$)；

$\quad\quad H$——含水层厚度(m)；

$\quad\quad S$——抽水深度(m)；

$\quad\quad R$——影响半径(m)；

$\quad\quad r_0$——井半径(m)。

影响半径 R 可由现场抽水试验测定。估算时，可根据经验数据选取，细砂 $R=100\sim200\mathrm{m}$，中等粒径砂 $R=250\sim500\mathrm{m}$，粗砂 $R=700\sim1000\mathrm{m}$，或用以下经验公式计算

$$R = 3000S\sqrt{k} \qquad (8\text{-}17)$$

或 $\qquad R = 575S\sqrt{Hk} \qquad (8\text{-}18)$

8.4.2 自流完整井

自流完整井如图 8-8 所示。含水层位于两不透水层之间，设底板与不透水覆盖层底面水平，间距为 t。井穿透覆盖层。未抽水时地下水位上升到 H，为自流含水层的总水头，井中水面高于含水层厚 t，有时甚至高出地表面向外喷涌。

自井中抽水，井中水深由 H 降至 h，井周围测压管水头线形成漏斗形曲面。取距井轴 r 处，测压管水头为 z 的过水断面，由杜比公式

$$v=k\frac{\mathrm{d}z}{\mathrm{d}r}$$

产水量

$$Q=Av=2\pi rtk\frac{\mathrm{d}z}{\mathrm{d}r}$$

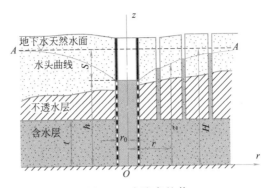

图 8-8　自流完整井

分离变量积分

$$\int_h^z\mathrm{d}z=\frac{Q}{2\pi kt}\int_{r_0}^r\frac{\mathrm{d}r}{r}$$

自流完整井水头线方程为

$$z-h=0.366\frac{Q}{kt}\lg\frac{r}{r_0}$$

同样引入影响半径的概念，当 $r=R$ 时，$z=H$，代入上式，解得自流完整井产水量公式

$$Q=2.732\frac{kt(H-h)}{\lg\dfrac{R}{r_0}}=2.732\frac{ktS}{\lg\dfrac{R}{r_0}} \tag{8-19}$$

8.4.3　大口井

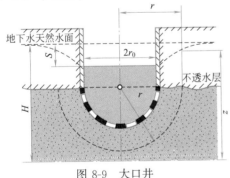

图 8-9　大口井

大口井（dug well）是汲取浅层地下水的一种井，井径较大，2～10m 或更大。大口井一般为不完全井，井底的产水量是总产水量的重要部分。

设一大口井，井壁四周为不透水层。水由井底进入井内，井底为半球形，并位于深度为无穷大的含水层中，如图 8-9 所示。

由于半球形底大口井的渗流流线是径向的，过水断面为与井底同心的半球面，于是有

$$Q=Av=2\pi r^2k\frac{\mathrm{d}z}{\mathrm{d}r}$$

分离变量积分

$$Q\int_{r_0}^r\frac{\mathrm{d}r}{r^2}=2\pi k\int_{H-S}^z\mathrm{d}z$$

注意到 $r=R$，$z=H$，且 $R\gg r_0$，则有半球形底大口井的产水量公式为

$$Q = 2\pi k r_0 S \tag{8-20}$$

8.4.4 渗渠

设一长为 l 的渗渠(infiltration gallery)，横断面为矩形，渠底位于水平不透水层上，如图 8-10 所示。由渐变渗流基本方程式(8-7)得

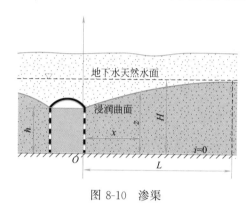

图 8-10 渗渠

$$Q = klh\left(0 - \frac{\mathrm{d}h}{\mathrm{d}s}\right)$$

设 q 为渗渠单位长度一侧渗入的单宽流量，于是上式为

$$q\,\mathrm{d}s = -hk\,\mathrm{d}h$$

从渠边 $(0, h)$ 至 (x, z) 积分，得浸润线方程

$$z^2 - h^2 = \frac{2q}{k}x \tag{8-21}$$

考虑到渗渠的影响范围，即 $x = L$ 时，$z = H$，则渠道一侧单位长度的产水量为

$$q = \frac{k(H^2 - h^2)}{2L} \tag{8-22}$$

8.4.5 井群

在工程中为了大量汲取地下水源，常需在一定范围内开凿多口井共同工作，这些井统称为井群(battery of wells)。井群中各单井都处于其他井的影响半径之内。各井的相互影响使得渗流区内地下水浸润面形状更加复杂，总的产水量也不等于按单井计算产水量的总和。

设由 n 个普通完整井组成的井群，如图 8-11 所示。各井的半径、产水量和至某点 A 的水平距离分别为 r_{01}，$r_{02} \cdots\cdots r_{0n}$、$Q_1$，$Q_2 \cdots\cdots Q_n$ 及 r_1，$r_2 \cdots\cdots r_n$。若各井单独工作时，它们的井水深分别为 h_1，$h_2 \cdots\cdots h_n$，在 A 点的渗流深度分别为 z_1，$z_2 \cdots\cdots z_n$，由式(8-13)知各单井的浸润线方程为

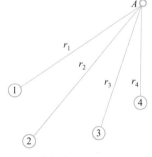

图 8-11 井群

$$z_1^2 = \frac{0.732Q_1}{k}\lg\frac{r_1}{r_{01}} + h_1^2$$

$$z_2^2 = \frac{0.732Q_2}{k}\lg\frac{r_2}{r_{02}} + h_2^2$$

$$\vdots$$

$$z_n^2 = \frac{0.732Q_n}{k}\lg\frac{r_n}{r_{0n}} + h_n^2$$

各井同时抽水，在 A 点形成共同的浸润面高度 z。可以证明，达西渗流为无旋流动，z_i^2 为各单井的速度势函数。根据势流叠加原理，井群在 A 点的 z^2 等于井群中各单井单独作用于该点 z_i^2 的叠加，即

$$z^2 = \sum_{i=1}^{n} z_i^2 = \sum_{i=1}^{n} \left(\frac{0.732Q_i}{k} \lg \frac{r_i}{r_{0i}} + h_i^2 \right) \tag{8-23}$$

当各井抽水状况相同，$Q_1 = Q_2 = \cdots\cdots = Q_n$，$h_1 = h_2 = \cdots\cdots = h_n$ 时，则

$$z^2 = \frac{0.732Q}{k} \left[\lg(r_1 r_2 \cdots\cdots r_n) - \lg(r_{01} r_{02} \cdots\cdots r_{0n}) \right] + nh^2 \tag{8-24}$$

井群也具有影响半径 R。若 A 点处于影响半径外，可认为 $r_1 \approx r_2 \cdots\cdots \approx r_n \approx R$，而 $z = H$，于是有

$$H^2 = \frac{0.732Q}{k} \left[n\lg R - \lg(r_{01} r_{02} \cdots\cdots r_{0n}) \right] + nh^2 \tag{8-25}$$

式(8-25)与式(8-26)相减，得井群的浸润面方程

$$z^2 = H^2 - \frac{0.732Q}{k} \left[n\lg R - \lg(r_1 r_2 \cdots\cdots r_n) \right]$$

$$= H^2 - \frac{0.732Q_0}{k} \left[\lg R - \frac{1}{n}\lg(r_1 r_2 \cdots\cdots r_n) \right] \tag{8-26}$$

式中　R——井群影响半井(m)，$R = 575S\sqrt{Hk}$；

　　Q_0——井群总产水量(m)，$Q_0 = nQ$。

对于含水层厚度为常数的自流井井群，用上述分析方法，可得其浸润面方程为

$$z = H - \frac{0.366Q_0}{kt} \left[\lg R - \frac{1}{n}\lg(r_1 r_2 \cdots\cdots r_n) \right] \tag{8-27}$$

或

$$S = H - z = \frac{0.366Q_0}{kt} \left[\lg R - \frac{1}{n}\lg(r_1 r_2 \cdots\cdots r_n) \right] \tag{8-28}$$

【例题 8-1】　为降低基坑水位，在其周围布置了 8 个普通完整井，如图 8-12 所示。已知潜水层厚度 $H = 10\text{m}$，井的半径 $r_0 = 0.1\text{m}$，井群的影响半径 $R = 500\text{m}$，土壤的渗透系数 $k = 0.00\text{lm/s}$。若从每口井中均匀抽水，且总抽水量 $Q = 0.02\text{m}^3/\text{s}$，试求井群中心 O 点地下水的水位可降低多少？

【解】　各单井距离 O 点为

$$r_2 = r_7 = 20\text{m}, \quad r_4 = r_5 = 30\text{m}$$

$$r_1 = r_3 = r_6 = r_8 = \sqrt{20^2 + 30^2} = 36\text{m}$$

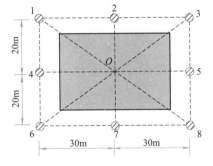

图 8-12　井群降低基坑水位

代入式(8-27)

$$z^2 = H^2 - \frac{0.732Q_0}{k} \left[\lg R - \frac{1}{8}\lg(r_1 r_2 \cdots\cdots r_8) \right]$$

$$= H^2 - \frac{0.732 \times 0.02}{0.001} \left[\lg 500 - \frac{1}{8}\lg(20^2 \times 30^2 \times 36^2) \right]$$

$$= 82.09\text{m}^2$$

$$z = 9.06\text{m}$$

井群中心 O 点的地下水位下降

$$S = H - z = 10 - 9.06 = 0.94\text{m}$$

小结及学习指导

1. 渗流模型是一种忽略土壤颗粒的假想流动空间，应充分理解渗流速度的概念。

2. 以渗流模型为基础，达西定律和杜比公式分别描述了均匀渗流和渐变渗流的水力关系，应理解其关系与应用范围。

3. 单井均为特定条件下渗流基本定律的应用，单井组成井群是以第 3 章流体动力学基础中的势流理论为基础的，学习中应注意联系。

习题

8-1 在实验室中用达西实验装置来测定土样的渗流系数。如圆筒直径 $D = 200\text{mm}$，两测压管间距 $l = 40\text{cm}$。测得通过流量 $Q = 100\text{mL/min}$，两测压管的水头差 $h_1 = 20\text{cm}$。试计算土样的渗透系数。

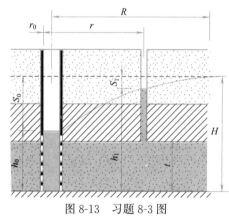

图 8-13　习题 8-3 图

8-2 某工地以潜水为给水水源。由钻探测知含水层为夹有砂粒的卵石层，厚度 $H = 6\text{m}$，渗流系数 k 为 0.00116m/s。现打一普通完整井，井的半径 $r_0 = 0.15\text{m}$，影响半径 $R = 150\text{m}$。试求井中水位降落 $S = 3\text{m}$ 时井的涌水量 Q。

8-3 用承压井取水。井的半径 $r_0 = 0.1\text{m}$，含水层厚度 $t = 5\text{m}$，在离井中心 $r_1 = 10\text{m}$ 处钻一观测钻孔，如图 8-13 所示。在取水前，测得地下水的水位 $H = 12\text{m}$。现抽水量 $Q = 36\text{m}^3/\text{h}$，井中水位降深 $S = 2\text{m}$，观测孔中水位降深 $S_1 = 1\text{m}$。试求含水层的渗流系数 k 值及承压井 $S = 3\text{m}$ 时的涌水量 Q。

第9章
波浪理论基础

本章知识点

【知识点】波浪运动基本方程，平面驻波，平面进行波。
【重点】平面驻波与平面进行波速度势的求解。
【难点】基本方程的初始条件与边界条件。

波浪是宽阔水面上水体的一种运动形式，是发生在水体表面的波动现象。波浪可在多种不同的干扰力作用下形成，如风的作用将形成风成波，水底地震将引起地震水波，月球等天体的运动将引起潮汐波，船舶航行将引起船形波等。

根据波浪形成后，引起其发生的力是否持续作用，波浪又可分为自由波和强迫波。所谓自由波是指引起波浪的外力撤除后，可自由运动和发展的波，也称为余波。而强迫波是指波浪形成后，引起波浪的外力仍持续作用。当波浪形成后，使水面趋于恢复水平的力主要为重力，因此这种波又称为重力波。

波浪现象的特征是水体的表面作有规律的起伏运动，水体质点则按一定规律呈现周期性的震荡运动。波浪在其产生前的净水面以上部分称为波峰，波峰的最高点称为波顶；净水面以下的部分称为波谷，波谷的最低点称为波底；两相邻波顶或波底的水平距离称为波长，以 λ 表示；波顶与波底的铅垂距离称为波高，以 h 表示；平分波高的中心线称为波浪平均线；波浪平均线超出净水面的高度称为超高，以 Δh 表示；波峰或波谷沿水平方向移动的波称为行进波，行进速度称为波速，以 c 表示；波峰或波谷沿水平方向没有移动的波称为驻波；波浪的相关参数如图 9-1 所示。

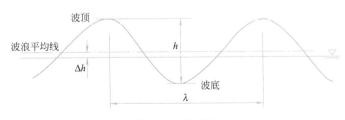

图 9-1　波浪参数

由于水体质点的运动均随时间而变，因此波浪现象属于非恒定运动。在土木工程中，波浪理论主要应用于桥墩、防波堤以及海上钻井平台等水中结构物受波浪作用时的荷载分析与计算等。

9.1　波浪运动基本方程

9.1.1　基本方程

波浪可以看成是不可压缩、均匀的理想液体、质量力只有重力的一种无旋运动。由第3章知，对于无旋运动，可引入速度势 φ，因此波浪运动的基本方程仍然是拉普拉斯方程

$$\nabla^2\varphi=0 \tag{9-1}$$

求解波浪运动问题的实质则是寻求满足一定边界条件和初始条件的拉普拉斯方程的解，然后根据柯西-拉格朗日积分

$$\frac{p}{\rho}=-\frac{\partial\varphi}{\partial t}-\frac{u^2}{2}-gz+f(t) \tag{9-2}$$

求出波浪内部的压强分布。

9.1.2　边界条件

水体的边界通常指与之相接触的固体壁面和其自由表面。对于二维波动，选取坐标系统 xOy，如图9-2所示。

在无渗漏固体壁面上

$$\frac{\partial\varphi}{\partial n}=0 \tag{9-3}$$

式中　n——固体壁面上的法向坐标。

若水底固体壁面的方程为

$$z=-h(x，y) \tag{9-4}$$

则式(9-3)可改写为

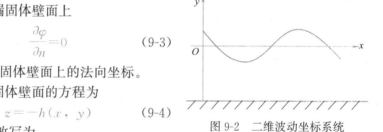

图9-2　二维波动坐标系统

$$\frac{\partial\varphi}{\partial x}\frac{\partial h}{\partial x}+\frac{\partial\varphi}{\partial y}\frac{\partial h}{\partial y}+\frac{\partial\varphi}{\partial z}=0 \tag{9-5}$$

若自由液面的铅垂位移为 $\zeta(x，y，t)$，则其方程可表示为

$$z=\zeta(x，y，t) \tag{9-6}$$

在自由液面上水体的压强为一常数，即大气压强，根据柯西-拉格朗日积分求得自由液面上的动力学边界条件

$$\frac{p_a}{\rho}=-\frac{\partial\varphi(x，y，t)}{\partial t}-\frac{u^2}{2}-g\zeta+f(t) \tag{9-7}$$

鉴于 $\dfrac{p_a}{\rho}$ 和 $f(t)$ 与坐标无关，因此可将其纳入速度势中，可令

$$\varphi_1=\varphi+\frac{p_a t}{\rho}-\int f(t)\mathrm{d}t \tag{9-8}$$

根据式(9-8)，式(9-2)可转换成

$$\frac{p-p_a}{\rho}=-\frac{\partial\varphi_1}{\partial t}-\frac{u^2}{2}-gz \tag{9-9}$$

由于式(9-8)对不同方向坐标求导后所得均为流速在该方向的分量，因此 φ_1 仍可看作是原运动的速度势，于是将式(9-8)代入式(9-7)并略去下标，可得自由液面上的动力学边界条件为

$$\frac{\partial \varphi(x, y, \zeta, t)}{\partial t} + g\zeta = 0 \qquad (9\text{-}10)$$

式(9-9)也就改写为

$$\frac{p - p_a}{\rho} = -\frac{\partial \varphi}{\partial t} - \frac{u^2}{2} - gz \qquad (9\text{-}11)$$

由于自由液面上水体质点始终位于自由液面上，故自由液面上的运动学条件可表示为

$$\frac{D}{Dt}(z - \zeta) = 0 \qquad (9\text{-}12)$$

展开后为

$$\frac{\partial \varphi}{\partial z} - \frac{\partial \zeta}{\partial t} - \frac{\partial \varphi}{\partial x}\frac{\partial \zeta}{\partial x} - \frac{\partial \varphi}{\partial y}\frac{\partial \zeta}{\partial y} = 0 \qquad (9\text{-}13)$$

实际上，上述边界条件的非线性问题导致了求解的复杂性。只有在波高和波长比 h/λ 很小的情况下，才能得出较为简单的解答。在这样一种条件下得出的波浪理论通常称为微波理论。对于微波可作如下三个假设：

(1) 质点运动速度很小，式(9-9)和式(9-11)中的 $\frac{1}{2}u^2$ 和其他项相比为高阶小量，可略去。

(2) 自由液面对水平面 $z=0$ 的偏离很小，因此在讨论自由液面边界条件时，可用水平面 $z=0$ 上的物理量代替自由液面 $z=\zeta$ 上的物理量。

(3) 自由液面上的切平面与水平面相差无几，相当于 $\frac{\partial \zeta}{\partial x}$ 和 $\frac{\partial \zeta}{\partial y}$ 也是小量。

假设(1)和(2)可使自由液面上的动力学边界条件式(9-9)简化为

$$\zeta = -\frac{1}{g}\frac{\partial \varphi(x, y, 0, t)}{\partial t} \qquad (9\text{-}14)$$

假设(3)可使自由液面上的运动学边界条件式(9-13)简化为

$$\frac{\partial \zeta}{\partial t} = \frac{\partial \varphi}{\partial z} \qquad (9\text{-}15)$$

联立式(9-14)和式(9-15)消去未知的 ζ，可求得由速度势表示的自由液面上的近似边界条件

$$\frac{\partial^2 \varphi}{\partial t^2} + g\frac{\partial \varphi}{\partial z} = 0 \qquad (9\text{-}16)$$

9.1.3　初始条件

波浪运动的初始条件可归结为三种情况：
(1) 已知初始时刻的自由液面的扰动为

$$z = \zeta(x, y, 0)$$

而液体质点在初始时刻的运动速度为零，于是根据式(9-14)可得初始条件如下。

当 $t=0$，$z=0$ 时

$$\frac{\partial \varphi}{\partial t}=-g\zeta=f(x,\ y) \tag{9-17}$$

$$\varphi=常数$$

（2）当波浪运动完全是由于原来处于静止的自由液面受到已知瞬时压力冲量所引起，即

$$\varphi_0(x,\ y,\ 0,\ 0)=-\frac{\Pi}{\rho}=F(x,\ y)$$

因此，第二种类型的初始条件可表示为

当 $t=0$，$z=0$ 时

$$\varphi=F(x,\ y)$$

$$\zeta=-\frac{1}{g}\frac{\partial \varphi}{\partial t}=0$$

$$\frac{\partial \varphi}{\partial t}=0 \tag{9-18}$$

（3）当上述两种初始扰动都存在时，初始条件应是如下形式

$$t=0,\ z=0：\varphi=F(x,\ y)$$

$$\frac{\partial \varphi}{\partial t}=f(x,\ y)$$

可以证明，满足上述边界条件及初始条件的拉普拉斯方程的解是唯一的。

通常，波动过程总可以描述成多个周期性谐波的叠加。也就是说，在每一个空间点上，流体的速度和压强均按周期变化的。因此可设流速势具有如下形式

$$\varphi(x,\ y,\ z,\ t)=\phi(x,\ y,\ z)\cos(\omega t+\varepsilon) \tag{9-19}$$

对于平面波，上式可简化为

$$\varphi=\phi(x,\ z)\cos(\omega t+\varepsilon) \tag{9-20}$$

将其代入拉普拉斯方程式(9-1)、边界条件式(9-3)和式(9-16)中，可得到关于 ϕ 的方程和边界条件，即

$$\nabla^2\varphi=0 \tag{9-21}$$

且在固壁处有

$$\frac{\partial \varphi}{\partial n}=0 \tag{9-22}$$

$$z=0：\frac{\partial \phi}{z}=\frac{\omega^2}{g}\phi \tag{9-23}$$

这仍然是求解拉普拉斯方程问题，当解得 ϕ 以后，φ 也就自然得出。

9.2　平面驻波

平面驻波是波动的一种简单形式，其特点是波中存在着自由液面高度恒

为零的节点，又称为驻点。驻点位置不随时间变化，整个波也不向左右传播。在同一瞬时，两节点间波面上各点到平衡位置的距离 z 只是位置 x 的谐和函数；而在同一 x 处的 z 值又随时间周期而变。

正弦曲线波形的平面驻波，根据式(9-14)和式(9-20)，设式(9-21)有如下特解

$$\phi(x,\ y)=B(z)\sin k(x-\xi) \tag{9-24}$$

式中 k 和 ξ 均为常数；$B(z)$ 为待定函数。若将式(9-22)代入式(9-18)，可得到关于 $B(z)$ 的方程

$$\frac{\mathrm{d}^2 B}{\mathrm{d}z^2}-k^2 B=0 \tag{9-25}$$

于是求解偏微分方程的问题就转化为求解常微分方程问题。式(9-25)的通解为

$$B(z)=c_1 \mathrm{e}^{kz}+c_2 \mathrm{e}^{-kz} \tag{9-26}$$

$B(z)$ 的定解取决于边界条件，现以有限等深水域边界为例求解 $B(z)$ 以及驻波运动的特点。

设底面方程为

$$z=-h_0=c$$

则底面的边界条件为

$$\left.\frac{\partial\phi}{\partial z}\right|_{z=-h_0}=0 \tag{9-27}$$

将式(9-26)代入式(9-24)，即

$$\phi(x,\ y)=(c_1\mathrm{e}^{kz}+c_2\mathrm{e}^{-kz})\sin k(x-\xi) \tag{9-28}$$

于是由式(9-27)可求得

$$c_1 k\mathrm{e}^{-kh_0}-c_2 k\mathrm{e}^{kh_0}=0 \tag{9-29}$$

因此可令

$$c_1=\frac{1}{2}c\mathrm{e}^{kh_0}$$

$$c_2=\frac{1}{2}c\mathrm{e}^{-kh_0}$$

代入式(9-28)和式(9-20)得

$$\phi=\frac{1}{2}c\left[\mathrm{e}^{k(z+h_0)}+\mathrm{e}^{-k(z+h_0)}\right]\sin k(x-\xi)$$

$$=c\,\mathrm{ch}\,k(z+h_0)\sin k(x-\xi) \tag{9-30}$$

$$\varphi=c\,\mathrm{ch}\,k(z+h_0)\sin k(x-\xi)\cos(\omega t+\varepsilon) \tag{9-31}$$

函数 φ 还应满足边界条件式(9-23)，由此可得

$$k\,\mathrm{sh}(kh_0)=\frac{\omega^2}{g}\mathrm{ch}(kh_0)$$

$$\omega^2=kg\,\mathrm{th}(kh_0) \tag{9-32}$$

根据动力学边界条件式(9-14)，自由液面的形状可表示为

$$\zeta=-\frac{1}{g}\left.\frac{\partial\varphi}{\partial t}\right|_{z=0}=\frac{c\omega}{g}\mathrm{ch}(kh_0)\sin k(x-\xi)\sin(\omega t+\varepsilon)$$

若令

$$\frac{c\omega}{g}\mathrm{ch}(kh_0)=a \tag{9-33}$$

且为了简便，设 $\xi=\varepsilon=0$
则有

$$\varphi=\frac{ag}{\omega}\frac{\mathrm{ch}k(z+h_0)}{\mathrm{ch}(kh_0)}\sin kx\cos\omega t \tag{9-34}$$

质点的速度分量亦可表示为

$$u_x=\frac{\partial\phi}{\partial x}=\frac{agk}{\omega}\frac{\mathrm{ch}k(z+h_0)}{\mathrm{ch}(kh_0)}\cos kx\cos\omega t$$

$$u_z=\frac{\partial\phi}{\partial z}=\frac{agk}{\omega}\frac{\mathrm{sh}k(z+h_0)}{\mathrm{ch}(kh_0)}\sin kx\cos\omega t$$

因此质点的运动轨迹是

$$x=x_0+a\frac{\mathrm{ch}k(z+h_0)}{\mathrm{sh}(kh_0)}\cos kx\sin\omega t$$

$$z=z_0+a\frac{\mathrm{sh}k(z+h_0)}{\mathrm{sh}(kh_0)}\sin kx\sin\omega t$$

式中 x_0 和 z_0 为质点在平衡点的位置。

9.3 平面进行波

平面进行波也是一种简单的波浪运动，与驻波相同的是其波形的轮廓线也是正弦曲线，与驻波不同的是其波形在保持不变的前提下按一定规律在水面上前进的。

于是平面进行波的速度可假设为

$$\varphi=B(z)\sin(kx-\omega t) \tag{9-35}$$

从式中可以看出在 $kx-\omega t=\mathrm{const}$ 的条件下，在相同的 z 处 φ 值将是相同的，这意味着波将以速度 ω/k 沿 x 轴传播。将上式代入式(9-1)仍可得

$$\frac{\mathrm{d}^2B}{\mathrm{d}z^2}-k^2B=0$$

其通解也是

$$B(z)=c_1e^{kz}+c_2e^{-kz} \tag{9-36}$$

现仍以有限等深水域边界为例分析进行波运动的特点。
设底面方程为

$$z=-h_0=c$$

则底面的边界条件为

$$\frac{\partial\phi}{\partial z}\bigg|_{z=-h_0}=0 \tag{9-37}$$

将式(9-35)和式(9-36)代入其中，得

$$c_1ke^{-kh_0}-c_2ke^{kh_0}=0$$

再令

$$c_1 = \frac{1}{2} c\, e^{kh_0}$$

$$c_2 = \frac{1}{2} c\, e^{-kh_0}$$

代回式(9-35)得

$$\varphi = \frac{1}{2} c \left[e^{k(z+h_0)} + e^{-k(z+h_0)} \right] \sin(kx - \omega t)$$

即

$$\varphi = c\, \mathrm{ch}\, k(z + h_0) \sin(kx - \omega t) \tag{9-38}$$

将上式代入自由液面上的边界条件式(9-16)，可得

$$-\omega^2 c\, \mathrm{ch}(kh_0) \sin(kx - \omega t) + kg c\, \mathrm{sh}(kh_0) \sin(kx - \omega t) = 0$$

$$\omega^2 = kg\, \mathrm{th}(kh_0) \tag{9-39}$$

自由液面的形状可表示为

$$\zeta = -\frac{1}{g} \frac{\partial \varphi}{\partial t} \bigg|_{z=0} = \frac{c\omega}{g} \mathrm{ch}(kh_0) \cos(kx - \omega t)$$

若令

$$\frac{c\omega}{g} \mathrm{ch}(kh_0) = a \tag{9-40}$$

则有

$$\varphi = \frac{ag}{\omega} \frac{\mathrm{ch}\, k(z + h_0)}{\mathrm{ch}(kh_0)} \sin(kx - \omega t) \tag{9-41}$$

波的相速度 $C = \dfrac{\omega}{k}$，由式(9-38)可得相速度为

$$C = \sqrt{\frac{g\, \mathrm{th}(kh_0)}{k}} = \sqrt{\frac{g\lambda}{2\pi} \mathrm{th}\left(\frac{2\pi h_0}{\lambda}\right)} \tag{9-42}$$

当 $kh_0 \gg 1$ 时，$\mathrm{th}(kh_0) \approx 1$，则

$$C = \sqrt{\frac{g}{k}} = \sqrt{\frac{g\lambda}{2\pi}} \tag{9-43}$$

这是无限深水域平面进行波的传播速度。而当深度非常小时，$\mathrm{th}(kh_0) \approx kh_0$，则

$$C = \sqrt{g h_0} \tag{9-44}$$

这是浅水中波的传播速度，它与波长无关。

质点的速度分量亦可表示为

$$u_x = \frac{\partial \varphi}{\partial x} = \frac{agk}{\omega} \frac{\mathrm{ch}\, k(z + h_0)}{\mathrm{ch}(kh_0)} \cos(kx - \omega t)$$

$$u_z = \frac{\partial \varphi}{\partial z} = \frac{agk}{\omega} \frac{\mathrm{sh}\, k(z + h_0)}{\mathrm{ch}(kh_0)} \sin(kx - \omega t)$$

质点的运动轨迹是

$$\frac{(x-x_0)^2}{\left[a\dfrac{\mathrm{ch}k(z+h_0)}{\mathrm{ch}(kh_0)}\right]^2} + \frac{(z-z_0)^2}{\left[a\dfrac{\mathrm{sh}k(z+h_0)}{\mathrm{ch}(kh_0)}\right]^2} = 1$$

式中 x_0 和 z_0 为质点在平衡点的位置。

由式(9-11)可得压强

$$\frac{p-p_a}{\rho} = ag\frac{\mathrm{ch}k(z+h_0)}{\mathrm{ch}(kh_0)}\cos(kx-\omega t) - gz \tag{9-45}$$

小结及学习指导

1. 波浪运动属于有势流动，以拉普拉斯方程作为基本方程，考虑无渗漏固体壁面和自由液面为边界条件以及 3 种初始条件，进行求解。

2. 平面驻波与平面进行波是波浪运动的两种简单形式，通过整个求解过程，可对波浪运动有一个初步认识，将为后续专门的波浪学习奠定基础。

附录

部分习题答案

第1章

1-1　39.88kg

1-2　$5.88 \times 10^{-6} m^2/s$

1-3　0.5mm

1-4　$1066 kg/m^3$

1-5　4Pa·s

1-6　0.2m/s

1-7　39.6N·m

1-8　$3.3 \times 10^4 ℃^{-1}$，$0.165m^3$；
$4.8 \times 10^4 ℃^{-1}$，$0.240m^3$

第2章

2-1　17.64kPa，14.29kPa

2-2　是，17.64kPa，14.29kPa

2-3　92.12kPa

2-4　$721 kg/m^3$

2-5　352.8kN，274.4kN

2-6　362.8kPa

2-7　20.78kPa，17.31kPa

2-8　（略）

2-9　69.85kN

2-10　176.4kN，距底 1.5m

2-11　0.44m

2-12　1.41m，2.59m

2-13　23.453kN，$\theta = 19.80°$

2-14　153.86kN

2-15　60.85kN，2.56kN

第3章

3-1　$35.86 m/s^2$

3-2　$13.06 m/s^2$

3-3　$\dfrac{b}{a} x - y = const$

3-4　$x^2 + y^2 = const$

3-5　$\dfrac{3}{2} x - y = const$

3-6　$0.242 r_0$

3-7　(1) $\omega_z = a$，$\varepsilon_{xy} = \varepsilon_{yz} = \varepsilon_{zx} = 0$

(2) $\omega_z = 0$，$\varepsilon_{xy} \neq 0$

3-8　10.93L/s

3-9　236mm

3-10　B→A

3-11　3.85m/s

3-12　51.15L/s

3-13　1.23m

3-14　(1)6.38m/s，向上；
(2)2.72m/s，向下

3-15　$1.50m^3/s$

3-16　5734N

3-17　$1.125m^3/s$，$0.375m^3/s$，
97.43kN

3-18　(1)$9.95m^3/s$，(2)21.89kN

3-19　0.034L/s，1.30m

3-20　$2.26m^3/s$

3-21　1.0m，14kN

3-22　75Pa，−36Pa

3-23　150min.

3-24　8320kN

3-25　(1)$0.0179m^3/s$，(2)3.60m

第4章

4-1　湍流，0.03m/s

4-2　湍流

4-3　0.74m

4-4　1.94cm

4-5　5.19L/s

4-6　0.18m，0.25m

4-7　0.59m/s，0.69m/s

4-8　(1)0.785，(2)0.886

4-9　12.82

4-10　$H > \dfrac{(1+\zeta)D}{\lambda}$

4-11　$v_2 = \dfrac{1}{2}v_1$，$D_2 = \sqrt{2}D_1$

4-12　3.12L/s，101Pa

4-13　0.022

4-14　43.9m

4-15　2.39L/s

第5章

5-1　0.64，0.62，0.97，0.06

5-2　(1)1.22L/s，(2)1.61L/s，(3)1.5m

5-3　(1)1.07m，1.43m；(2)3.56L/s

5-4　394s

5-5　690s

5-6　$\dfrac{4lD^{3/2}}{3\mu A\sqrt{2g}}$

5-7　14.13L/s，3.11m

5-8　2.14m³/s

5-9　334s

5-10　61L/s

5-11　106.38kPa

5-12　1.26

5-13　Q 减小，Q_1 减小，Q_2 增加

5-14　33.14m

第6章

6-1　3.08m³/s

6-2　$h=1.54m$，$b=3.08m$

6-3　$h=0.5m$，$b=2.0m$

6-4　0.487m，取 500mm

6-5　0.91m³/s

6-6　1.07m

6-7　0.60m，0.0077

6-8　2倍

6-11　0.28m³/s，0.20m

6-12　11km

第7章

7-1　0.27m³/s

7-2　2.5%

7-3　是；否

7-4　8.97m³/s，8.6m³/s

7-5　8.16m³/s

7-6　2.52m

7-7　$b=17.15m$，$h=4.09m$

7-8　0.57m

7-9　7m

7-10　2.20m

7-11　涵前水深小于1.2倍洞身净高（$H \leqslant 1.2h_{\mathrm{T}} = 2 \times 1.2 = 2.4m$），下游水深小于涵洞净高（$h < 2m$）；$Q = 5.69m³/s$

第8章

8-1　0.106mm/s

8-2　14.21L/s

8-3　0.00146m/s，54m³/h

主 要 参 考 文 献

[1] 吴玮，张维佳. 水力学[M]. 3 版. 北京：中国建筑工业出版社，2020.

[2] 刘鹤年，刘京. 流体力学[M]. 3 版. 北京：中国建筑工业出版社，2016.

[3] 李玉柱，贺五洲. 工程流体力学（上册）[M]. 北京：清华大学出版社，2006.

[4] 屠大燕. 流体力学与流体机械[M]. 北京：中国建筑工业出版社，1994.

[5] 龙天渝，蔡增基. 流体力学[M]. 3 版. 北京：中国建筑工业出版社，2019.

[6] 西南交通大学水力学教研室. 水力学[M]. 3 版. 北京：高等教育出版社，1983.

[7] 丁祖荣. 流体力学[M]. 北京：高等教育出版社，2018.

[8] 吴望一. 流体力学[M]. 北京：北京大学出版社，1998.

[9] 闻德苏. 工程流体力学（水力学）[M]. 3 版. 北京：高等教育出版社，2010.

[10] 潘文全. 流体力学基础（下册）[M]. 北京：机械工业出版社，1982.

[11] 迪尔比耶，等. 结构风荷载作用[M]. 薛素铎等，译. 北京：中国建筑工业出版社，2006.

[12] 李国强，等. 工程结构荷载与可靠度设计原理[M]. 4 版. 北京：中国建筑工业出版社，2016.

[13] M. C. Potter，D. C. Wiggert. Mechanics of Fluid[M]. 3 版. 北京：机械工业出版社，2003.

[14] J. F. Douglas，J. M. Gasiorek，J. A. Swaffield. Fluid Mechanics[M]. 3 版. 北京：世界图书出版公司北京公司，2000.

[15] Ranald V. Giles. Fluid Mechanics. and Hydraulics[M]. 2 版. 纽约：McGraw-Hill 图书公司，1962.

高等学校土木工程学科专业指导委员会规划教材
（按高等学校土木工程本科指导性专业规范编写）

征订号	书　名	作者	定价
V21081	高等学校土木工程本科指导性专业规范	土木工程专业指导委员会	21.00
V20707	土木工程概论（赠课件）	周新刚	23.00
V32652	土木工程制图（第二版）（含习题集、赠课件）	何培斌	85.00
V35996	土木工程测量（第二版）（赠课件）	王国辉	75.00
V34199	土木工程材料（第二版）（赠课件）	白宪臣	42.00
V20689	土木工程试验（含光盘）	宋彧	32.00
V35121	理论力学（第二版）（赠课件）	温建明	58.00
V23007	理论力学学习指导（赠课件素材）	温建明　韦林	22.00
V38861	材料力学（第二版）（赠课件）	曲淑英	48.00
V31273	结构力学（第二版）（赠课件）	祁皑	55.00
V31667	结构力学学习指导	祁皑	44.00
V36995	流体力学（第二版）（赠课件）	吴玮　张维佳	48.00
V23002	土力学（赠课件）	王成华	39.00
V22611	基础工程（赠课件）	张四平	45.00
V22992	工程地质（赠课件）	王桂林	35.00
V22183	工程荷载与可靠度设计原理（赠课件）	白国良	28.00
V23001	混凝土结构基本原理（赠课件）	朱彦鹏	45.00
V36802	钢结构基本原理（第二版）（赠课件）	何若全	54.00
V36125	土木工程施工技术（赠课件）	李慧民	45.00
V20666	土木工程施工组织（赠课件）	赵平	25.00
V34082	建设工程项目管理（第二版）（赠课件）	臧秀平	48.00
V32134	建设工程法规（第二版）（赠课件）	李永福	42.00
V37807	建设工程经济（第二版）（赠课件）	刘亚臣	45.00
V26784	混凝土结构设计（建筑工程专业方向适用）	金伟良	25.00
V26758	混凝土结构设计示例	金伟良	18.00
V26977	建筑结构抗震设计（建筑工程专业方向适用）	李宏男	38.00
V36790	建筑工程施工（建筑工程专业方向适用）（赠课件）	李建峰	78.00
V29056	钢结构设计（建筑工程专业方向适用）（赠课件）	于安林	33.00
V25577	砌体结构（建筑工程专业方向适用）（赠课件）	杨伟军	28.00
V25635	建筑工程造价（建筑工程专业方向适用）（赠课件）	徐蓉	38.00
V38250	高层建筑结构设计（建筑工程专业方向适用）（赠课件）	赵鸣　李国强	45.00
V25734	地下结构设计（地下工程专业方向适用）（赠课件）	许明	39.00
V27221	地下工程施工技术（地下工程专业方向适用）（赠课件）	许建聪	30.00
V36798	边坡工程（地下工程专业方向适用）（赠课件）	沈明荣	38.00
V35994	桥梁工程（赠课件）	李传习	128.00
V25562	路基路面工程（道路与桥工程专业方向适用）（赠课件）	黄晓明	66.00
V28552	道路桥梁工程概预算（道路与桥工程专业方向适用）	刘伟军	20.00
V26097	铁路车站（铁道工程专业方向适用）	魏庆朝	48.00
V27950	线路设计（铁道工程专业方向适用）（赠课件）	易思蓉	42.00
V35604	路基工程（铁道工程专业方向适用）（赠课件）	刘建坤　岳祖润	48.00
V30798	隧道工程（铁道工程专业方向适用）（赠课件）	宋玉香　刘勇	42.00
V31846	轨道结构（铁道工程专业方向适用）（赠课件）	高亮	44.00

注：本套教材均被评为《住房城乡建设部土建类学科专业"十三五"规划教材》。